新工科建设之路·人工智能系列教材

深度学习与 TensorFlow 实践

张玉宏 著

U0226290

电子工业出版社
Publishing House of Electronics Industry
北京·BEIJING

内 容 简 介

深度学习是人工智能的前沿技术。本书深入浅出地介绍了深度学习的相关理论和 TensorFlow 实践，全书共 8 章。第 1 章给出了深度学习的基本概况。第 2 章详细介绍了神经网络相关知识，内容包括 M-P 神经元模型、感知机、多层神经网络。第 3 章介绍了被广泛认可的深度学习框架 TensorFlow 2 的安装流程与新特性。第 4 章详细介绍了 TensorFlow 2 的相关语法。第 5 章介绍了 BP 算法和常见的优化方法。第 6 章介绍了 Keras 模块的使用。第 7 章和第 8 章分别详细讲解了卷积神经网络和循环神经网络，并给出了相关的实战项目。

本书结构完整、行文流畅，是一本零基础入门、通俗易懂、图文并茂、理论结合实战的深度学习书籍。对于计算机、人工智能及相关专业的本科生和研究生，这是一本适合入门与系统学习的教材；对于从事深度学习产品研发的工程技术人员，本书也有一定的参考价值。

未经许可，不得以任何方式复制或抄袭本书之部分或全部内容。

版权所有，侵权必究。

图书在版编目（CIP）数据

深度学习与 TensorFlow 实践/张玉宏著. —北京：电子工业出版社，2021.1

ISBN 978-7-121-40199-2

Ⅰ. ①深… Ⅱ. ①张… Ⅲ. ①机器学习 – 高等学校 – 教材②人工智能 – 算法 – 高等学校 – 教材 Ⅳ. ①TP18

中国版本图书馆 CIP 数据核字（2020）第 247981 号

责任编辑：孟 宇　文字编辑：李 蕊
印　　刷：北京虎彩文化传播有限公司
装　　订：北京虎彩文化传播有限公司
出版发行：电子工业出版社
　　　　　北京市海淀区万寿路 173 信箱　　邮编：100036
开　　本：787×1092　1/16　印张：19.75　字数：450 千字
版　　次：2021 年 1 月第 1 版
印　　次：2025 年 1 月第 6 次印刷
定　　价：79.00 元

凡所购买电子工业出版社图书有缺损问题，请向购买书店调换。若书店售缺，请与本社发行部联系，联系及邮购电话：（010）88254888，88258888。

质量投诉请发邮件至 zlts@phei.com.cn，盗版侵权举报请发邮件至 dbqq@phei.com.cn。

本书咨询联系方式：mengyu@phei.com.cn。

自序

当下，人工智能非常火爆，而深度学习矗立于人工智能的前沿。但是，在某种程度上，很多人对深度学习的态度可以用周敦颐的《爱莲说》里的名句"可远观而不可亵玩焉"来形容。

的确，在深度学习算法的加持下，出现了很多炫酷的应用，让我们应接不暇。大到名声赫赫的 AlphaGo，小到你手机里的美颜相机，都有深度学习的影子。

然而，"拥抱"深度学习，并成为这个社区的参与者，却并不容易。目前，有无数关于深度学习的书籍占据着我们的书架，也有数不尽的博客充斥着我们的屏幕。但很多时候，我们对深度学习的态度依然是"敬而远之"。这个"敬"可能是真实的（因为深度学习的确魅力十足），而这个"远"通常是被迫的（因为找到一本通俗易懂的有关深度学习的读物并非易事）。

于是，本书的特色就体现出来了。这是一本零基础入门、通俗易懂、图文并茂、理论结合实战的深度学习书籍。巧妙的比喻、合理的推断、趣味的故事，散落在书里，让一本科技图书也能妙趣横生。

2018 年，笔者出版了《深度学习之美》，该书面市后，受到了读者好评。在此基础上，本书做了很多升级和改善工作。例如，在内容上，更加简练；在代码上，升级为 TensorFlow 2；在排版上，提升为可读性更高的全彩留白排版。

当然，本书并非十全十美，但瑕不掩瑜，如果你想零基础入门深度学习，那么相信这本书一定能够给你提供很多帮助。

阅读准备

要想运行本书中的示例代码，需要提前安装如下系统及软件。

- 操作系统：Windows、macOS、Linux 均可。

- Python 环境：建议使用 Anaconda 安装，确保版本为 Python 3.6 及以上。

- sklearn：建议使用 Anaconda 安装 sklearn 0.22.1 及以上版本。

- TensorFlow：建议使用 Anaconda 安装 TensorFlow 2.0 及以上版本。

本书所有源代码和配套资源均可在线下载，下载网址：https://www.hxedu.com.cn，或在代码托管平台 GitHub 上下载，下载网址：https://github.com/yhily/deep-learning-resource。

联系作者

深度学习是一个前沿且广袤的研究领域，很少有人能对其每个研究方向都有深刻的认知。限于图书篇幅，很多深度学习的议题并未涉及。且笔者自认才疏学浅，书中难免会出现理解偏差和错缪之处。若读者朋友们在阅读本书的过程中发现任何问题，希望能及时与笔者联系，笔者将在第一时间修正并对此不胜感激。

邮件地址：zhangyuhong001@gmail.com。

致谢

本书能得以面市，得益于多方面的帮助和支持。在信息获取上，笔者学习并吸纳了很多精华知识，书中也尽可能地给出了文献出处，如有疏漏，望来信告知。在这里，对这些高价值资料的提供者、生产者表示深深的敬意和感谢。同时，感谢自然科学基金（项目编号：61705061，61975053，U1904120）和河南工业大学思政课程教学改革基金（机器学习，项目编号：PX-2220620）的部分支持。

此外，很多人在这本书的出版过程中扮演了重要角色，例如电子工业出版社的孟宇编辑在选题策划和文字编辑上，河南工业大学的陈伟楷、潘世泽、张开元和石岩松等在文稿校对上，都付出了辛勤的劳动，在此对他们一并表示感谢。

张玉宏

2020 年 8 月于美国卡梅尔

目　　录

Deep Learning
&
TensorFlow

第1章　深度学习导论

在本章，我们首先讨论人工智能与深度学习之间的联系，然后描述关于人工神经网络的发展简史。最后，我们讨论学习、机器学习和深度学习的内涵，并辅以生活中的例子，解读深度学习的内涵。

1.1 从人工智能到深度学习

近年来，人工智能的发展产生了里程碑式的突破，这个突破的典型代表就是深度学习（Deep Learning）。当下，我们正处在人工智能第三次浪潮的巨变时代之中，以深度学习为代表的联结主义学派正给我们带来智能时代的红利。下面，我们就先谈谈联结主义的发展史。

1.1.1 从感知机到深度学习

我们主要讨论联结主义的发展历程。联结主义与本章讨论的主题遥相呼应。我们知道，人类"观察大脑"的历史其实由来已久，但由于对大脑缺乏"深入认识"，因此常常"绞尽脑汁"也难以"重现大脑"[1]。

自 20 世纪 40 年代起，科学家们对大脑科学的研究，让这一困境开始得以缓解。1943 年，神经生理学家 W. McCulloch 和数学家 W. Pitts 共同发表了一篇开创性的论文[2]，提出了"M-P 神经元模型"，其核心思想是通过基于逻辑门的数学模型来模拟大脑神经元的行为，他们的研究工作开创了人工神经网络方法。

20 世纪 40 年代，加拿大心理学家唐纳德·赫布（Donald Hebb）一直致力于研究神经元在心理过程中的作用。1949 年，他出版《行为的组织》一书[3]，书中提出了赫布定律（Hebb's rule）。在本质上，该定律是心理学和神经科学结合的产物，其中还夹杂着某些合理的猜想。因此，赫布定律也称为赫布假说（Hebb's postulate）。该理论经常被简化为"连在一起的神经元会被一起激活"。

赫布假说是第一个对神经元如何发挥功能做出符合情理解释的机制。通过这个机制，可以对神经元的连接实施编码。赫布认为，人脑神经细胞突触上的强度是可以变化的。概念和记忆是细胞集（即相互激发的神经元群体）在大脑中表示出来的。每个细胞集既可以包含来自不同大脑区域的神经元，又可以和其他集合相互重叠。

其实这就是"联合学习"（Associative Learning）概念的起源。在这种学习中，如果在时间上很接近的两个事件重复发生，那么最终会在大脑中形成关联，这个概念在心理学上也称为联想学习。在这种学习中，通过对神经元的刺激，使得神经元之间的突触连接强度增强。这样的学习方法被称为赫布型学习（Hebbian Learning）。

神经网络的发展与心理学有着密切联系。开启深度学习之旅的杰弗里·辛顿（Geoffrey Hinton）与心理学渊源颇深，其本科所学专业是心理学，第一篇重要的关于反向传播算法的论文亦是和另一位心理学家合作的。

后来，联结主义学派（Connectionism）[①]的科学家们考虑使用调整网络参数权值的方法，来完成基于神经网络的机器学习任务。在某种程度上，这个假说就奠定了今日人工神经网络（包括深度学习）的理论基础。

联结主义的兴起，标志着神经生理学和非线性科学向人工智能领域的结合，这主要表现为人工神经网络（Artificial Neural Network，ANN）的兴起。人工神经网络的研究进展，自然得益于对于生物神经网络（Biological Neural Network，BNN）的"仿生"。联结主义认为，人工智能源于仿生学，人的思维就是某些神经元的组合。其理念在于，在网络层次上模拟人的认知功能，用人脑的并行处理模式来表现认知过程。

1958 年，美国人工智能领域的著名心理学家 F. Rosenblatt 提出了由两层（含输入层）神经元组成的神经网络，并将其命名为"感知机"（Perceptron）。Rosenblatt 在理论上证明了，（不含输入层的）单层神经网络在处理线性可分的模式识别问题时，可以做到收敛。

> 输入层通常代表输入的数据，有些文献并不把输入层算作正式的网络层。

但在本质上，应该清楚认识到，感知机是一种简易的线性分类器，其功能非常有限。它的训练机制如下：若分类器预测是正确的，则无须修正权值；若预测有误，则用学习率（Learning Rate）乘以差错（期望值与实际值之间的差值）来对应调整权值。

后来，Rosenblatt 因"感知机"而名声大振，很多新闻媒体（包括纽约时报）都先后报道了他的研究成果。俗话说：有人的地方，就有江湖。Rosenblatt 的高调，引起了联结主义的奠基人、图灵奖得主马文·明斯基（M. Minsky，1927 年—2016 年）的不满。在学术会议上，他与 Rosenblatt 争辩，认为神经网络并不能解决所有问题。

经过充分的理论研究，1969 年，Minsky 和他的同事 S. Papert 合作撰写了学术著作《感知机》[4]，在书中他们认为："人工神经网络被认为充满潜力，但实际上无法实现人们期望的功能"。Minsky 与其著作《感知机》如图 1-1 所示。

鉴于 Minsky 的学术地位（1969 年，获得计算机科学界最高奖项——图灵奖），他的论断直接将对人工智能的研究推入一个长达近 20 年的低谷，史称"人工智能的冬天（AI Winter）"。

---

① 很多文献混用"连接主义"和"联结主义"，其实二者有着微妙的区别。"连接"强调的是物理的勾连。而"联结"显然不是简单的"连接"，而是在共同目标的基础上，利用数据驱动的方式达成的有机勾连。因此，使用"联结主义"更能体现神经网络的"内涵"。故本书统一采用"联结主义"。

图 1-1　Minsky（左）与其著作《感知机》（右）

感知机的失败，导致了人工神经网络研究的日渐势微，但这仅仅是信息科学和神经网络科学结合的挫折，并没有影响生物神经网络的持续崛起。1958 年，著名神经生物学家 Hubel 与 Wiesel 研究发现，动物大脑皮层对视觉信息的处理是分级、分层进行的。正是这个重要的生理学发现，使得二人获得了 1981 年的诺贝尔医学奖。

这个重要科学发现的意义并不局限于生理学领域，它也间接促成了 50 年后人工智能的突破性发展。Hubel 与 Wiesel 等人对大脑的 "深入认识" 启迪了计算机科学家，这为科研人员从 "观察大脑" 到 "重现大脑" 搭起了桥梁。

感知机之所以无法解决非线性可分问题，原因就是作为一个单层神经网络的感知机，结构过于简单。简单的结构，其表征能力自然就不强。如果想提升网络表征能力，那么网络结构势必要向复杂网络层进发。

事实上，按照这个思路，可以在输入层和输出层之间添加一层神经元，将其称之为隐含层（Hidden Layer），形成多层感知机模型。

1974 年，哈佛大学博士生 P. Werbos 在其博士论文中首次提出了通过误差的反向传播（Back Propagation，BP）来训练人工神经网络[5]。令人遗憾的是，Werbos 的研究并没有得到应有的重视。原因也很简单，那时正值神经网络研究的低潮期，这篇文章显然不合时宜。

直到 10 多年后的 1986 年，加拿大多伦多大学教授杰弗里·辛顿（Geoffrey Hinton）等人重新设计了 BP 算法[6]，极大简化了神经网络的训练，终于唤醒了沉睡多年的 "人工智能" 公主。

在此后的 20 多年里，BP 算法最成功的应用案例莫过于在美国纽约大学任教的杨立昆（Yann LeCun，又译扬·勒丘恩）于 1998 年提出的卷积神经网络（Convolutional Neural Network，CNN）[7]。

鉴于 Minsky 的 "贡献"，他被 "戏称" 为给白雪公主（人工智能）吃了毒苹果的巫婆。

亦有文献将 "隐含层" 称为 "隐藏层" 或 "隐层"。

由于 CNN 的特殊结构，因此它在一些数据集上（如手写体数字识别、文档分类等）取到了良好的效果。于是，在 20 世纪 80 年代末和 90 年代初，人工神经网络的研究与应用达到巅峰。

但随后，神经网络又陷入衰落。其中一个重要原因在于，基于 BP 算法的神经网络无法有效支撑更深层次的神经网络。究其原因，是因为 BP 算法存在严重的"梯度扩散（Gradient Diffusion）"现象。梯度是调整整个网络权值的向导，如果梯度一旦消失，就对网络权值训练没有任何指导意义。此外，由于 BP 算法依赖于梯度调参，因此也容易让神经网络陷入局部最优解。

此外，人们也发现，随着网络的层数加深，网络的输出结果对于初始几层网络权值的影响越来越小，从而导致整个网络的训练过程无法保证收敛。因此，BP 算法多用于浅层网络结构（通常小于或等于 7），这就限制了 BP 算法的数据表征能力，从而也就限制了 BP 算法的性能上限。

与此同时，20 世纪 90 年代，俄罗斯统计学家 V. Vapnik 提出了大名鼎鼎的支持向量机（Support Vector Machine，SVM）。因 SVM 具有高效的学习算法，且不存在局部最优解的问题，使得很多神经网络的研究者逐渐转向 SVM 的研究上来。就这样，多层前馈神经网络的研究再次受到冷落[10]。2006 年，时隔近 30 年，杰弗里·辛顿再次厚积而薄发，与他博士学生 Salakhutdinov 一起，在世界著名学术刊物《科学》上发表了一篇关于深度学习的开山之作《用神经网络降低数据的维数》[8]。杰弗里·辛顿与他开启深度学习时代的论文如图 1-2 所示。

💡 SVM 也可看作一个特殊的两层神经网络。

💡 从论文题目可以看出杰弗里·辛顿的小心翼翼，他打着数据降维的旗号，发表了有关神经网络的论文。

Science
ΛΛΑΑS

www.sciencemag.org/cgi/content/full/313/5786/504/DC1

Supporting Online Material for

Reducing the Dimensionality of Data with Neural Networks

G. E. Hinton* and R. R. Salakhutdinov

*To whom correspondence should be addressed. E-mail: hinton@cs.toronto.edu

Published 28 July 2006, *Science* **313**, 504 (2006)
DOI: 10.1126/science.1127647

图 1-2 杰弗里·辛顿与他开启深度学习时代的论文①

① 鉴于在人工神经网络领域做出的杰出贡献，2018 年，杰弗里·辛顿和另外两位学者共同获得计算机界的诺贝尔奖——图灵奖。

在这篇文章中，杰弗里·辛顿提出了"深度信念网络（Deep Belief Network，DBN）"的概念，并给出了以下两个重要结论：

（1）具有多个隐含层的人工神经网络，具有更优秀的特征学习能力。每一层特征的抽取都比前一层抽象，从而学习得到的特征能对数据进行更好的刻画。深度学习的分层预训练，在本质上，就是对输入数据进行逐级抽象，这暗合生物大脑的认知过程。大脑在认知过程中，会将听到的声波信号或看到的视觉图像逐层抽象，最终抽象成语义符号。

> 预训练实际上为神经网络找了一个较好的连接权重初始值。"良好的开端是成功的一半"，这句话也适用于神经网络。

（2）通过逐层初始化的"逐层预训练"（Layer-Wise Pre-Training）来克服训练上的困难，从而可以方便地让神经网络中的权值找到一个接近最优解的初始值，然后再通过"微调"（Fine-Tuning）技术来对整个网络进行优化训练。这样就大幅减少了训练多层神经网络所需的时间。

就这样，杰弗里·辛顿开辟了联结主义（人工神经网络）的新天地。随后，深度学习的相关研究，如雨后春笋一般铺陈开来。

1.1.2 深度学习的巨大影响

图 1-3 深度学习入围 2013 年世界十大突破性技术

近年来，作为人工智能领域最重要的进展——深度学习，在诸多领域都有很多惊人的表现。例如，它在棋类博弈、计算机视觉、语音识别及自动驾驶等领域，表现得与人类一样好，甚至更好。早在 2013 年，深度学习就被麻省理工学院的《MIT 科技评论》（MIT Technology Review）评为世界十大突破性技术之一，如图 1-3 所示。

另一个更具有划时代意义的案例是，2016 年 3 月，围棋世界顶级棋手李世石以 1：4 不敌谷歌公司研发的阿尔法围棋（AlphaGo，亦被音译为阿尔法狗，见图 1-4），这标志着人工智能在围棋领域已经开始"碾压"人类。在 2016 年年末至 2017 年年初，AlphaGo 的升级版 Master（大师）又在围棋快棋对决中，以 60 场连胜横扫中、日、韩顶尖职业高手，一时震惊世人。而背后支撑 AlphaGo 具备如此强悍智能的"股肱之臣"之一，正是深度学习。

"忽如一夜春风来，千树万树梨花开"。一时间，深度学习这个本专属于计算机科学的术语，成为学术界、工业界甚至风险投资界等众多领域的热词。的确，它已对我们的工作、生活甚至思维都产生了深远的影响。

图 1-4　AlphaGo

例如，有人就认为，深度学习不仅是一种算法的升级，还是一种全新的思维方式。我们完全可以利用深度学习通过对海量数据的快速处理，来消除信息的不确定性，从而帮助我们认知世界。它带来的颠覆性在于，将人类过去痴迷的算法问题演变成数据和计算问题。现在，"算法为核心竞争力"正在转变为"数据为核心竞争力"。

在人工智能领域，深度学习之所以备受瞩目，是因为从原始的输入层开始，再到中间每一个隐含层的数据抽取变换，到最终的输出层的判断，所有特征的提取全过程是一个没有人工干预的训练过程。这个自主特性在机器学习领域是革命性的。

知名深度学习专家吴恩达（Andrew Ng）曾表示："我们没有像通常（机器学习）做的那样，自己来框定边界，而是直接把海量数据投放到算法中，让数据自己说话，系统会自动从数据中学习。"负责谷歌大脑项目（Google Brain Project）的计算机科学家杰夫·迪恩（Jeff Dean）则说："在训练的时候，我们从来不会告诉机器：'这是一只猫'。实际上，是系统自己发明或者领悟了'猫'的概念。"

1.2　从学习到机器学习

1.2.1　什么是学习

说到"深度学习"，追根溯源，我们需要先知道什么是"学习"。"学习"这个词听起来很普通，从小到大，写作文、引用名人名言的时候，估计我们谁都没少说过学习有多重要的话。例如，孔子说"学而时习之"，培根说"知识就是力量"。

可到底什么是学习呢？或许我们太过于"身处其中"，反而说不清楚。著名学者赫伯特·西蒙（Herbert Simon，1975 年图灵奖获得者，1978 年诺贝尔经济学奖获得者）曾对"学习"下过一个定义：

"如果一个系统，能够通过执行某个过程，就此改进了它的性能，那么这个过程就是学习"。

从赫伯特·西蒙的观点可以看出，学习的核心目的就是改善自身性能。

其实对于人而言，这个定义也是适用的。例如，我们现在正在学习深度学习的知识，其本质目的就是为了提升自己在深器学习方面的认知水平。如果我们仅仅是低层次的重复性学习，而没有达到认知升级的目的，那么即使表面看起来非常勤奋，其实也仅仅是一个"伪学习者"，因为我们没有改善性能。

按照这个解释，"好好学习，天天向上"就会具有新的含义：如果没有性能上的"向上"，即使非常辛苦地"好好"，即使长时间地"天天"，那么也都无法算作"学习"。

1.2.2 什么是机器学习

遵循赫伯特·西蒙的观点，对于计算机系统而言，通过运用数据及某种特定的方法（如统计方法或推理方法）来提升机器系统的性能，就是机器学习（Machine Learning，ML）。

英雄所见略同。卡耐基·梅隆大学的机器学习和人工智能教授 T. Mitchell，在他的经典教材《机器学习》中也给出了更为具体（其实也很抽象）的定义[9]：

对于某类任务（Task，简称 T）和某项性能评价准则（Performance，简称 P），如果一个计算机程序在 T 上，以 P 作为性能的度量，随着经验（Experience，简称 E）的积累，不断自我完善，那么我们称这个计算机程序从经验 E 中进行了学习。

> 如果你去读 Mitchell 的英文原著，就会发现，这里 T、P 和 E 实际上是押韵的，谁说押韵只是东方人爱干的事呢？

例如，对于学习围棋的程序 AlphaGo，它可以通过和自己下棋获取经验，那么，它的任务 T 是"参与围棋对弈"，它的性能 P 是用"赢得比赛的百分比"来度量的。类似地，学生的任务 T 是"上课看书、写、作业"，学生的经验 E 就是它不同的读书和刷题，其性能 P 用"考试成绩"来衡量。

因此，Mitchell 认为，对于一个学习问题，我们需要明确三个特征：任务的类型、衡量任务性能提升的标准及获取经验的来源。

事实上，看待问题的角度不同，机器学习的定义也略有不同。例如，支持向量机（SVM）的主要提出者 Vapnik，在其著作《统计学习理论的本质》中就提出[10]，"机器学习就是一个基于经验数据的函数估计问题"。

而在另一本由斯坦福大学统计系的 T. Hastie 等人编写的经典著作《统计学习基础》中给出这样的定义[11]，机器学习就是"抽取重要的模式和趋势，理解数据的内涵表达，即从数据中学习"。

这三个有关机器学习的定义，各有侧重，各有千秋。Mitchell 的定义强调学习的效果；Vapnik 的定义侧重机器学习的可操作性；而 Hastie 等人的定义则突出了学习任务的分类。但其共同的特点在于，都强调了经验和数据的重要性，以及都认可机器学习提供了从数据中提取知识的方法。

当下，我们正处于大数据时代。众所周知，大数据时代的一个显著特征就是，"数据泛滥成灾，信息超量过载，然而知识依然匮乏不堪"[12]。因此，能自动从大数据中获取知识的机器学习，必然会在大数据时代的舞台上扮演重要角色。

1.2.3　机器学习的 4 个象限

一般来说，知识在两个维度上可分成 4 类，知识的 4 个象限如图 1-5 所示。从是否可统计上看，可分为可统计的知识和不可统计的知识这两个维度；从能否推理上看，可分为可推理的知识和不可推理的知识这两个维度。

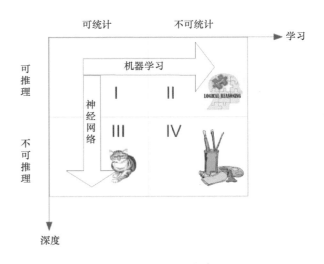

图 1-5　知识的 4 个象限

在横向上，对于可推理的知识，可以通过机器学习的方法最终完成这个推理。传统的机器学习方法就是试图找到举一反三的方法，向可推理但不可统计的象限进发（象限 II）。目前看来，这个象限的研究工作（基于符号推理的机器学习）陷入了不温不火的境地，能不能峰回路转，还有待时间的检验。

而在纵向上，对于可统计但不可推理的（象限III）知识，可通过神经网络这种特定的机器学习方法，达到性能提升的目的。目前，基于深度学习的棋类博弈（AlphaGo）、计算机视觉（猫、狗识别）、自动驾驶等都是在该象限中取得了耀眼的成就。

从图 1-5 可知，深度学习属于统计学习的范畴。用李航博士[13]的话来说："统计机器学习的对象，其实就是数据。"这是因为对于计算机系统而言，所有的"经验"都是以数据形式存在的。作为学习的对象，数据的类型是多样的，可以是数字、文字、图像、音频、视频，也可以是它们的各种组合。

统计机器学习就是从数据出发，提取数据的特征（由谁来提取，是一个大是大非的问题，下面将进行介绍），抽象出数据的模型，发现数据中的知识，最后再回到数据的分析与预测中去。

经典机器学习通常使用人类的先验知识，把原始数据预处理成各种特征（Feature），然后对特征进行分类。然而，这种分类的效果很大程度上取决于特征选取的好坏。传统的机器学习专家把大部分时间都花在如何寻找更加合适的特征上。因此，早期的机器学习专家非常辛苦。传统的机器学习，其实可以有一个更合适的称呼——特征工程（Feature Engineering）。

当然，这种"辛苦"，也是有价值的。这是因为，特征是由人找出来的，自然也就能够为人所理解。性能的好坏，机器学习专家可以"冷暖自知"。于是，参数调整得以灵活，可解释性也得到保障。

1.3　深度学习的内涵

1.3.1　什么是深度学习

> 表示学习：模型自动学习数据的隐式特征，数据表示和任务高度耦合，多为联合训练，它不依赖于专家经验，但需要大量训练数据。

后来，机器学习专家发现，可以让神经网络自己学习如何抓取数据的特征，这种学习方式的效果似乎更佳。于是，兴起了特征的表示学习（Representation Learning）的风潮。这种学习方式对数据的拟合也更加灵活好用。于是，人们终于从自寻特征的痛苦中稍稍解脱出来。

"凡事都有两面性"，这种解脱也是要付出代价的。那就是深度学习算法自己习得的特征仅存在于机器空间，完全超越了人类理解的范畴，对人而言，这就是一个黑盒世界。

为了让神经网络的学习性能表现得更好，人们只能依据经验不断尝试性地进行大量重复的网络参数调整，这同样苦不堪言。于是，对"人工智能"就有这样的调侃："有多少人工，就有多少智能"。

再后来，网络进一步加深，出现了多层次的"表示学习"，它把学习的性能提升到另一个高度。这种学习的层次多了，其实也就是套路深了。于是，人们就给它取了一个特别的名称——深度学习（Deep Learning，DL）。

简单来说，深度学习就是一种包括多个隐含层（越多即为越深）的多层感知机。它通过组合低层特征，形成更为抽象的高层表示，用以描述被识别对象的高级属性类别或特征。能自动生成数据的中间表示（虽

然这个表示并不能被人类理解）是深度学习区别于其他机器学习算法的
独门绝技。

　　深度学习的学习对象同样是数据。与传统机器学习不同的是，它需要
大量的数据，也就是"大数据（Big Data）"。有一个观点在工业界一度很
流行，那就是在大数据条件下，简单的学习模型会比复杂模型更加有效。
而简单的模型，最后会趋向于无模型，也就是无理论。

　　在当下，深度学习领跑人工智能。事实上，人工智能的研究领域很
广，包括机器学习、计算机视觉、专家系统、规划与推理、语音识别、自
然语言处理和机器人等。而机器学习又包括深度学习、监督学习和无监督
学习等。简单来讲，机器学习是实现人工智能的一种方法，而深度学习仅
仅是实现机器学习的一种技术而已（见图 1-6）。

> 💡 2008 年《连线》
> （Wired）主编克里
> 斯·安德森（Chris
> Anderson）发表题为
> "理论的终结：数据洪
> 流让科学方法依然过
> 时"的文章，一石激起
> 千层浪。

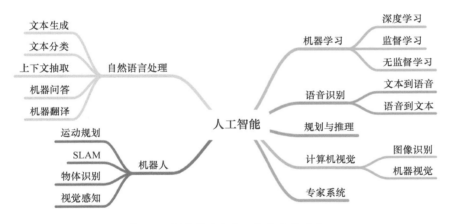

图 1-6　深度学习在人工智能中的地位

　　需要说明的是，对人工智能做任何形式的划分，都可能是有缺陷的。
在图 1-6 中，人工智能的各类技术分支，彼此泾渭分明。但实际上，它们
之间却可能阡陌纵横。例如，深度学习可以是无监督的，语音识别也可以
用深度学习来完成。再如，图像识别、机器视觉更是当前深度学习经典的
用武之地。

　　一言以蔽之，人工智能并不是一棵有序的树，而是一团彼此缠绕的灌
木丛。有时候，一个分藤蔓比另一个分藤蔓生长得快，并处于显要地位，
那么它就是当时的研究热点。但有时候，事与愿违，被打入"冷宫"二十
载，欲说还休。深度学习的前身——神经网络的发展，就经历了这样的几
起几落。今天，我们见证了深度学习的如日中天，但它会不会也有"虎落
平阳"的一天呢？从事物的发展规律来看，这一天肯定会到来！

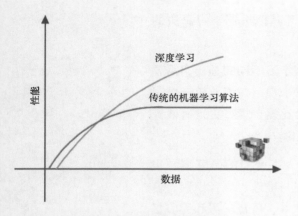

图 1-7 深度学习与传统的机器学习算法的区别

在图 1-6 中，既然我们把深度学习与传统的监督学习和无监督学习单列出来，自然是有一定道理的。这是因为，深度学习是高度数据依赖型的算法。它的性能通常是随着数据量的增加而不断增强的，也就是说，它的可扩展性（Scalability）显著优于传统的机器学习算法（见图 1-7）。

但如果训练数据比较少，那么深度学习的性能并不见得比传统机器学习好。其潜在的原因在于，作为复杂系统代表的深度学习算法，只有数据量足够多时，才能通过训练在深度神经网络中"恰如其分"地表征出蕴含于数据之中的模式。

1.3.2 生活中的深度学习

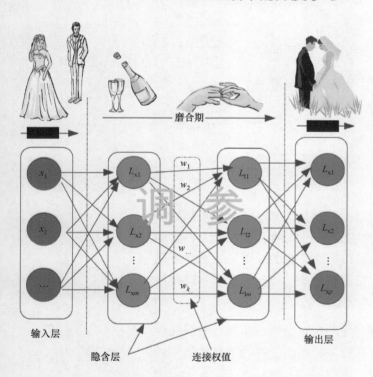

图 1-8 恋爱中的深度学习

在计算机的思维（如各种电子算法）中，总能找到人类生活实践的影子。例如，现在火热的深度学习，与人们的恋爱过程也有相通之处。如果以恋爱为例来说明深度学习的思想，倒也非常传神，如图 1-8 所示。我们知道，男女恋爱大致可分为以下三个阶段。

第一阶段是热恋期，相当于深度学习的输入层。对方吸引你，肯定是有很多因素的，例如外貌、身高、身材、性格、学历等，这些都是输入层的参数。对于喜好不同的人，他们对输出结果的期望是不同的，自然他们对这些参数设置的权值也是不一样的。例如，有些人是奔着结婚去的，那么他们对对方的性格可能给予更高的权值，

否则，外貌的权值可能会更高。

第二阶段是磨合期，对应于深度学习的隐含层。在这期间，恋爱双方都要经历各种历练和磨合。张灿写了一首七绝：

书画琴棋诗酒花，当年件件不离他。

而今七事都更变，柴米油盐酱醋茶。

这首诗说的就是在过日子的洗礼中各种生活琐事的变迁。恋爱是过日子的一部分，需要双方不断磨合。磨合中的权值取舍，就相当于深度学习中隐含层的参数调整，这些参数需要不断地训练和修正。恋爱双方相处，磨合是非常重要的。陪陪她（他），就增加了参数调整的机会。参数调整得好，输出的结果才能是你想要的。

第三阶段是稳定期，自然相当于深度学习的输出层。输出结果是否合适，预期目标能否达成，高度取决于隐含层参数"磨合"得怎么样。

1.3.3 有没有浅度学习

有了"深度"学习，读者很容易会思考有没有相应的"浅度"学习呢？答案是，当然有。传统意义上的人工神经网络主要由输入层、隐含层、输出层构成，其中隐含层也叫多层感知机（Multi-Layer Perceptron）。

正如其名称，多层感知机是寥寥数层（通常小于 7 层）的神经网络，由于梯度递减或梯度爆炸等训练问题，算法的训练难度较大，故感知机的层数通常并不多，这种浅层神经网络通常被称为浅层感知机。

相比而言，区别于传统的浅层学习，深度学习强调模型结构的深度，隐含层远远不止一层。通常来说，层数越多的网络，通常具有更强的抽象能力（即数据表征能力），也就能够产生更好的分类识别的结果。

2012 年，杰弗里·辛顿团队在 ImageNet[①]中首次使用深度学习完胜其他团队，那时的网络层深度只有个位数。2014 年，谷歌团队把网络增至 22 层，问鼎当年的 ImageNet 冠军。到了 2015 年，微软研究院团队设计的基于深度学习的图像识别算法——残差网（ResNet），把网络层做到了 152 层[14]。没过多久，在 2016 年，中国知名人工智能公司商汤科技（SenseTime）更是叹为观止地把网络层做到了 1200 多层，这可能是当前在 ImageNet 上最深的一个网络。

毫无疑问的是，如果深度神经网络的层数再往"深处"做，也可能会达到 2000 层、3000 层。但我们很快会发现，任何时候都可能存在"过犹不及"的情况。因为深度学习的层次不断叠加，表征能力可能增强了，但

2016 年发表的残差网论文，目前谷歌学术引用次数已超 5 万次，论文第一作者为华人青年计算机科学家何凯明，这是一颗冉冉升起的学术明星。

---

① ImageNet 是一个计算机视觉系统识别项目，是目前世界上最大的图像识别数据库，包含 14 197 122 张图片，21 841 个标注的子集。它由美国斯坦福华裔计算机科学家李飞飞教授主持构建。

带来的通信成本（如梯度弥散或维度爆炸等）会淹没性能的提升。因此，我们需要清醒地认识到，对于构建出来的深度模型，"深度"仅仅是手段，"表示学习"才是目的。

1.4　本章小结

在本章，我们首先讨论了深度学习的发展脉络。从分析中，我们知道，深度学习属于机器学习一个新兴起的分支。

机器学习的核心要素就是通过运用数据，依据统计或推理的方法令计算机系统的性能得到提升。而深度学习则把由人工选取对象特征变为通过神经网络自己选取特征。为了提升学习的性能，神经网络表示学习的层次较多（较深）。

深度学习通过自动完成逐层特征变换，将样本在原空间的特征表示变换到一个新特征空间，从而使分类或预测更加准确。深度学习利用了大数据来自动获得事物特征，让"数据自己说话"，因此更能刻画数据丰富的内在信息。

本章仅仅给出机器学习和深度学习的概念性描述，从第 2 章开始，我们将开始人工神经网络的学习，它是深度学习的基础。

1.5　思考与习题

通过本章的学习，请思考如下问题。

1. 什么是学习？什么是机器学习？两者有什么联系？

2. 机器学习的 4 个象限分别都是什么含义？深度学习属于哪个象限？

3. 深度学习的最核心特征是什么？你认为用恋爱的例子比拟深度学习贴切吗？为什么？

4. 为什么非要用"深度"学习，"浅度"不行吗？深度学习和浅度学习有本什么本质区别？

参　考　资　料

[1] 张玉宏. 深度学习之美：AI 时代的数据处理与最佳实践. 北京：电子工业出版社，2018.

[2]   MCCULLOCH W S, PITTS W. A logical calculus of the ideas immanent in nervous activity[J]. The bulletin of mathematical biophysics, 1943, 5(4): 115–133.

[3]   HEBB D O. The organization of behavior: a neuropsychological theory[M]. Science Editions, 1949.

[4]   MINSKY M, PAPERT S A. Perceptrons: An Introduction to Computational Geometry[M]. MIT Press, 2017.

[5]   WERBOS P J. Beyond regression: new tools for prediction and analysis in the behavioral sciences[D]. Harvard University, 1974.

[6]   Rumelhart D E, Hinton G E, Williams R J. Learning representations by back-propagating errors[J]. nature, 1986, 323(6088): 533-536.

[7]   LECUN Y, BOTTOU L, BENGIO Y, et al. Gradient-based learning applied to document recognition[J]. Proceedings of the IEEE, 1998, 86(11): 2278–2324.

[8]   Hinton G E, Salakhutdinov R R. Reducing the dimensionality of data with neural networks[J]. science, 2006, 313(5786): 504-507.

[9]   MITCHELL T M. Machine Learning[M]. 第 1 版. New York: McGraw-Hill Education, 1997.

[10] VAPNIK V. The nature of statistical learning theory[M]. Springer science & business media, 2013.

[11] HASTIE T, TIBSHIRANI R, FRIEDMAN J. The elements of statistical learning: data mining, inference, and prediction[M]. Springer Science & Business Media, 2009.

[12] 张玉宏. 品味大数据[M]. 北京: 北京大学出版社, 2016.

[13] 李航. 统计学习方法[M]. 第 2 版. 北京: 清华大学出版社, 2019.

[14] HE K, ZHANG X, REN S, et al. Deep residual learning for image recognition[C]// Proceedings of the IEEE conference on computer vision and pattern recognition, 2016: 770-778.

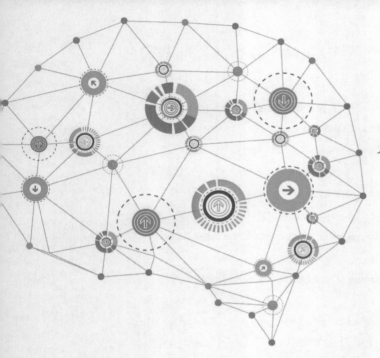

Deep Learning
&
TensorFlow

第2章 神经网络学习

神经网络学习是深度学习的基础。在本章，我们将重点讨论神经网络的理论基础、神经网络的原子单元——感知机、多层前馈网络、常用的损失函数和激活函数。

2.1　人工神经网络的定义

在人工智能领域，有个派别名曰"鸟飞派"。说的是，如果我们想要学飞翔，就得向飞鸟学习。实际上，"鸟飞派"就是"仿生派"，即把进化了几百万年的生物作为模仿对象，搞清楚它的原理后，再复现这些对象的输出属性。人工神经网络便是其中的研究成果之一[①]。

那么，什么是人工神经网络呢？有关人工神经网络的定义有很多。这里，我们给出芬兰计算机科学家 T. Kohonen 的定义（他以提出"自组织神经网络"而名扬人工智能领域）："人工神经网络是一种由具有自适应性的简单单元构成的广泛并行互联的网络，它的组织结构能够模拟生物神经系统对真实世界所做出的交互反应。"

在生物神经网络中，人类大脑通过增强或者弱化突触进行学习的方式，最终会形成一个复杂的网络，便于构建特征的分布式表示（Distributed Representation）。

作为处理数据的一种新模式，人工神经网络的强大之处在于，它拥有很强的学习能力。在得到一个训练集合之后，通过学习，提取到所观察事物的各个部分的特征，通过训练调整网络神经元之间链接的权值，直到顶层的输出得到正确的答案。

在机器学习中，我们常常提到神经网络，实际上是指神经网络学习。那为什么我们要用神经网络学习呢？作为机器学习的重要支脉，神经网络学习是怎么看待学习的呢？

> 如果不做特殊说明，"神经网络"特指人工神经网络，全书同。

生物神经网络（Biological Neural Networks，BNN，见图 2-1）的工作机理，极大启发了工作在人工智能领域的科研人员，在此基础上，他们提出了所谓的人工神经网络。

我们知道，人工神经网络性能的好坏，高度依赖于神经系统的复杂程度：它通过调整内部大量"简单单元"之间的互联权值，达到处理信息的目的，并具有自学习和自适

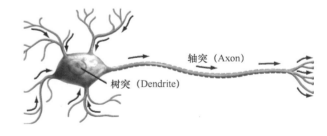

图 2-1　生物神经网络

[①] 客观来讲，到目前为止，科学家对人脑的认知还处于初级阶段。对自己都不太了然的事物进行模仿，自然也是非常浅薄的。所以说，人工神经网络是生物神经网络的模仿，在学术上讲，是不够严谨的。

如果把能完成任务的信息定义为知识，那么这些神经元之间海量连接的权值，凝聚成一种另类"知识"，不过"不为人所知"罢了。

应的能力。即使到了现在的深度学习网络，学习的核心依然还是调整权值（即不同神经元之间的连接强度）。

2.2 神经网络的原子单元——感知机

前文提及的"简单单元"在生物神经网络中称其为神经元（Neuron），而在人工神经网络中，最简单的单元莫过于感知机（Perceptron）了。下面我们讨论一下何为感知机。

2.2.1 感知机的形式化描述

在认识感知机之前，我们先来简单了解一下它的历史。1943 年，McCulloch 和 Pitts 在合作的论文《神经活动中思想内在性的逻辑演算》中，提出了人工神经元的数学模型，即一直沿用至今的"M-P 神经元模型"[1]，从而开创了人工神经网络研究的时代。

1949 年，心理学家赫布（Hebb）提出神经元学习法则——赫布型学习。随后，美国神经学家 Rosenblatt 进一步推动人工神经网络的发展。

1958 年，Rosenblatt 发表论文《感知机：大脑中信息存储和组织的概率模型》[2]。在这篇论文中，Rosenblatt 正式提出并命名了可以模拟人类感知能力的机器模型，称之为"感知机"（也有文献译作"感知器"）。

在 M-P 神经元模型中，如图 2-2 所示，神经元接收来自 n 个其他神经元传递过来的输入信号。这些信号的表达通常通过神经元之间连接的权值（Weight）大小来表示，神经元将接收到的输入值按照某种权值叠加起来。叠加起来的刺激强度 S 可用式（2-1）表示：

$$S = w_1 x_1 + w_2 x_2 + ... + w_n x_n = \sum_{i=1}^{n} w_i x_i \qquad (2\text{-}1)$$

从式（2-1）可以看出，当前神经元按照某种"轻重有别"的方式汇集了所有其他外联神经元的输入，并将其作为一个结果输出。

但这种输出，并非"不加修饰"地直接输出，而是与当前神经元的阈值（Threshold）进行比较，然后通过激活函数（Activation Function）向外表达输出，在概念上，就称为感知机，其模型可用式（2-2）表示。

$$y = f\left(\sum_{i=1}^{n} w_i x_i - \theta \right) \qquad (2\text{-}2)$$

其中，θ 是所谓的"阈值"，f 是激活函数，y 是最终的输出。

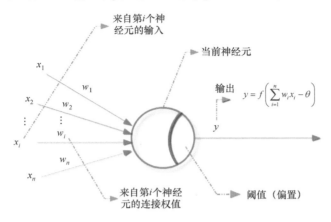

图 2-2　M-P 神经元模型

> 粗略对比图 2-1 和图 2-2，就会发现，两者的确有相似之处。这种相似性，就是一种模型的"仿生"学。

2.2.2　感知机名称的由来

有了 Pitts 等人打好的坚实理论基础，赫布假说又进一步拓展了 Rosenblatt 的视野。1958 年，Rosenblatt 提出了感知机模型，并将赫布假说工程化。利用自己设计的感知机，Rosenblatt 做了一个在当时看来令人惊叹的实验（见图 2-3），实验的训练数据是 50 组图片，每组图片由一张标识向左和一张标识向右的图片组成。

每次练习都以输入神经元为开端，先给每个输入神经元都赋上随机的权值，然后计算它们的加权输入之和。若加权和为负数，则预测结果为 0；否则预测结果为 1（这里的 0 或 1 对应于图片的"左"或"右"，在本质上，感知机实现的就是一个二分类）。若预测是正确的，则无须修正权值；若预测有误，则用学习率（Learning Rate）乘以差错（期望值与实际值之间的差值）来对应地调整权值。Rosenblatt 提出的感知机模型如图 2-4 所示。

图 2-3　Rosenblatt（右）和合作伙伴调试感知机

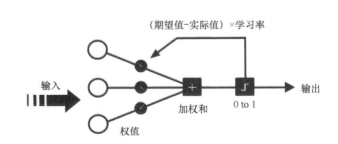

图 2-4　Rosenblatt 提出的感知机模型

经过不断地调试与学习，这部感知机就能"感知"出最佳的连接权值。然后，对于一张全新的图片，在没有任何人工干预的情况下，它能"独立"判定出图片标识向左还是向右。这个过程与小孩子的学习过程相似。小孩子成长的第一阶段（从出生到 2 岁，相当于婴儿期）就是感知阶段。此阶段的小孩子主要靠感觉和动作探索周围的世界，逐渐形成物体永存性观念，慢慢就有了自己对事物的独立判断。

2.2.3　感性认识感知机

"麻雀虽小，五脏俱全"。感知机虽然简单，但已初具神经网络的必备要素。现在我们知道，所谓感知机其实就是一个由两层神经元构成的网络结构，它在输入层接收外界的输入，通过激活函数（含阈值）实施变换，最后把信号传送至输出层，因此它也被称为"阈值逻辑单元"。

感知机是有监督的学习，可以用它来做一些分类任务。下面我们就列举一个区分"西瓜和香蕉"的经典案例，来看看感知机是如何工作的。

为了简单起见，我们假设西瓜和香蕉都仅有两个特征：形状和颜色，这两个特征都是基于视觉刺激而最易得到的，其他特征暂不考虑。

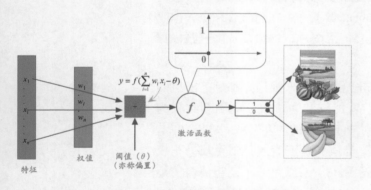

假设特征 x_1 代表输入颜色，特征 x_2 代表形状，权值 w_1 和 w_2 的默认值暂且都设为 1。为了进一步简化，我们把阈值 θ 设置为 0。为了标识方便，我们将感知机输出数字化，若输出为 1，则代表判定为西瓜；若输出为 0，则代表判定为香蕉，示意图如图 2-5 所示。

图 2-5　感知机学习算法（此处 n 取值为 2）

为了方便机器计算，我们对颜色和形状这两个特征给予不同的值，以示区别。例如，若颜色为绿色，则 x_1 取值为 1，而若颜色为黄色，则 x_1 取值为-1；类似地，若形状这个特征为圆形，则 x_2 取值为 1；若形状为月牙形，则 x_2 取值为-1，如表 2-1 所示。

> 权值大小表明我们对特征的关注程度。
>
> 阈值大小决定了外界刺激有多大才能激发神经元进入兴奋状态。

表 2-1　西瓜与香蕉的特征值表

品类	颜色（x_1）	形状（x_2）	品类	颜色（x_1）	形状（x_2）
西瓜	1（绿色）	1（圆形）	香蕉	-1（黄色）	-1（月牙形）

这样一来，可以很容易根据式（2-2）描述的感知机模型，对西瓜和香蕉做鉴定（计算结果），其结果如图 2-6(a)所示。图中 S 是"不加

修饰"的加权求和。这里的"不加修饰"是指还没有被激活函数做所谓的"非线性变换"。

 $S = w_1 x_1 + w_2 x_2 - \theta = 1 \times 1 + 1 \times 1 - 0 = 2$

 $S = w_1 x_1 + w_2 x_2 - \theta = 1 \times (-1) + 1 \times (-1) - 0 = -2$

(a)"率性"感知机简单输出

从图 2-6(a)所示的计算结果可以看到，对西瓜的判定计算结果是 2，而对香蕉的为-2。我们先前预定的规则是：若函数输出为 1，则判定为西瓜；若输出为 0，则判定为香蕉。如何将 2 或-2 这样的分类结果转换成预期的分类表达呢？这时就需要激活函数发挥作用了。

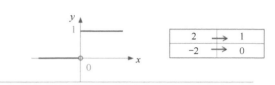

(b)"圆滑"激活函数按需输出

图 2-6 感知机的输出

这里，我们使用了最简单的阶跃函数（Step Function）。在阶跃函数中，输出规则非常简单：当 $x > 0$ 时，y 输出为 1；否则输出为 0。通过激活函数的"润滑"后，结果就变成我们想要的样子了，如图 2-6(b)所示。这样我们就完成了西瓜和香蕉的判定。

从上面的简易案例中，我们获得了对神经元的感性认识，原来它们就是一个个具体的数字：表示特征值 x_1 与 x_2，它们可以取值不同，如 1 和 1，也可以是-1 和-1，甚至是其他值。由于表示特征值处于输入的位置，因此被称为输入层神经元。

类似地，输出层神经元也是一个数字，如图 2-6 中的 S，它的输出根据输入变化而变化，即"2"或"-2"。

那什么又是神经元之间的连接呢？原来就是不同数字之间的操作：如 $1 \times 1 + 1 \times 1 = 2$，输出层神经元 f 之所以等于 2，是因为两个输入层神经元（分别取值为 1 和 1）分别与权值（分别取值 1 和 1）进行乘法（×）和加法（+）操作后，得到了输出结果。当某个数字（神经元）在某种"操作"下影响到另外一个数字（神经元）时，就可视为这两个神经元相互连接。

看到这里，不知道你是否会想起古希腊哲学普罗泰格拉（Protagoras）的那句名言，"人是万物的尺度（Man is the measure of all things）"。

所谓的人工神经元，原来不过是"数字"！所谓的神经元连接，原来也不过是"数字之间的操作"。一切全凭人来诠释，是不是有点神奇！

这里需要说明的是，对象的不同特征（如水果的颜色或形状等）只要用不同数值区别表示即可，具体用什么样的值，其实并无大碍。

或许你会疑惑，这里的阈值 θ 及两个连接权值 w_1 和 w_2，为什么就这么巧分别是 0、1、1 呢？如果取其他数值，会有不同的判定结果吗？

💡 激活函数虽名叫"激活"，但其实际上更重要的功能是做非线性变换。非线性变换的目的是让神经网络的输出更容易向目标值靠拢。

💡 数字原本在，究竟所为何意，它会根据人的理解不同，而被赋予不同的意义。

事实上，我们并不能一开始就知道这几个参数的取值，而是一点点通过"试错"（Try-Error）试出来的，而这里的"试错"其实就是感知机的学习过程！

下面，我们就聊聊最简单的神经网络——感知机是如何学习的。

2.2.4 感知机是如何学习的

中国有句古话："知错能改，善莫大焉"。说的就是，犯了错误而能改正，没有比这更好的事了。放到机器学习领域，这句话显然属于"监督学习"的范畴了。因为"知错"，就表明事先已有了事物的评判标准，如果某人的行为不符合（或说偏离）这些标准，那么就要根据"偏离的程度"，来"改善"这个人的行为。

下面，我们就根据这个思想来制定感知机的学习规则。从前面的讨论中，我们已经知道，感知机学习属于"监督学习"（即分类算法）。感知机有明确的结果导向性，不管是什么样的学习规则，只要能达到良好的分类目的，就是好的学习规则。

我们知道，对象本身的特征值一旦确定下来就不会变化，可将其视为常数。因此，所谓的神经网络的学习，就是通过数据驱动的方式，来不断调整神经元之间的连接权值和神经元内部阈值，直到输出符合预期的值（这个结论对于深度学习而言，依然是适用的）。

假设我们的规则如下

$$w_{\text{new}} \leftarrow w_{\text{old}} + \varepsilon$$
$$\theta_{\text{new}} \leftarrow \theta_{\text{old}} + \varepsilon$$

（2-3）

其中，$\varepsilon = y - y'$，y 为期望输出，y' 是实际输出。也就是说，ε 是二者的"落差"。在后面的内容中，读者可以看到，这个"落差"就是整个网络中权值和阈值的调整动力。很显然，如果 ε 为 0，即没有误差可言，那么新、旧权值和阈值都是一样的，网络就稳定可用了。

下面，我们就用上面的学习规则来模拟感知机的学习过程。假设 w_1 和 w_2 的初值随机分配为 1 和-1（请注意，已不再是前面提到的 1 和 1 了），阈值 θ 依然为 0（事实上为其他初值也是可行的，这里仅为说明问题而做了简化），那么我们遵循如下步骤，即可完成判定西瓜的学习。

（1）计算判定西瓜的"率性"输出值为

$$S = w_1 x_1 + w_2 x_2 - \theta$$
$$= 1 \times 1 + (-1) \times 1 - 0$$
$$= 0$$

将这个输出值代入如图 2-6(b)所示的阶跃函数中，可得实际输出 $y'=f=0$。

（2）显然，针对西瓜，我们期望输出的正确判定是 $y=1$，而现在实际输出 $y'=0$，也就是说，实际输出有误。这时，就需要纠偏。而纠偏，就需要利用式（2-3）的学习规则。于是，我们需要计算出误差 ε。

（3）计算误差 ε：

$$\begin{aligned}\varepsilon &= y - y' \\ &= 1 - 0 \\ &= 1\end{aligned}$$

现在，把 ε 的值代入式（2-3）的规则中，更新网络的权值和阈值，即

$$\begin{aligned}w_{1\text{new}} &= w_{1\text{old}} + \varepsilon \\ &= 1+1 \\ &= 2\end{aligned}$$

$$\begin{aligned}w_{2\text{new}} &= w_{2\text{old}} + \varepsilon \\ &= (-1)+1 \\ &= 0\end{aligned}$$

$$\begin{aligned}\theta_{\text{new}} &= \theta_{\text{old}} + \varepsilon \\ &= 0+1 \\ &= 1\end{aligned}$$

那么，在新一轮的网络参数（权值、阈值）重新学习后，我们再次输入西瓜的属性值，测试一下能否正确进行判定：

$$\begin{aligned}S &= w_1 x_1 + w_2 x_2 - \theta \\ &= 2\times1 + 0\times1 - 1 \\ &= 1\end{aligned}$$

再经过激活函数（阶跃函数）处理后，输出结果 $y'=f=1$，即判定正确。

我们知道，一个对象的类别判定正确，不能算好。于是，在判定西瓜正确后，我们还要尝试在这样的网络参数下，测试香蕉的判定是否也是正确的，即

$$\begin{aligned}S &= w_1 x_1 + w_2 x_2 - \theta \\ &= 2\times(-1) + 0\times(-1) - 1 \\ &= -3\end{aligned}$$

类似地，经过激活函数（阶跃函数）处理后，实际输出结果 $y'=f=0$，判定也正确，误差 ε 为 0。

在这个示例中，仅仅经过一轮"试错法"，我们就完成了参数的训练，但我们需要知道，这只是一个"Hello World！"版本的神经网络！事实上，在有监督的学习规则中，我们需要根据输出与期望值的"落差"，经过多轮重试，反复调整神经网络的权值，直至这个"落差"收敛到我们能够忍受的范围内，训练才宣告结束。

我们刚刚只是给出了感知机学习的一个感性例子，下面我们要给出感知机学习的形式化描述。

2.2.5　感知机训练法则

通过前面的分析可知，感知机也能比较容易地实现逻辑上的"与（AND）""或（OR）""非（NOT）"等原子布尔函数（Primitive Boolean Function）的，如图 2-7 所示。

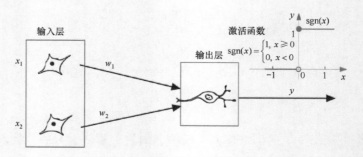

图 2-7　感知机实现逻辑运算

下面举例说明。首先，我们注意到 $y=f(\sum\limits_{i=1}^{n}w_ix_i-\theta)$，假设 f 是如图 2-7 所示的阶跃函数（通常标记为 $\mathrm{sgn}(x)$），通过合适的权值和阈值即可完成常见的逻辑运算（既然是逻辑运算，x_1 和 x_2 都只能取值为 0 或 1），如下述情况所示。

（1）"与（$x_1 \wedge x_2$）"：当 $w_1=w_2=1$，$\theta=2$ 时，有

$$y=f(1\times x_1+1\times x_2-2)$$
$$=f(x_1+x_2-2)$$

此时，仅当 $x_1=x_2=1$ 时，$y=1$；而在其他情况下（如 x_1 和 x_2 无论哪一个取 0），$y=0$。这样，我们在感知机中就完成了逻辑"与"的运算。

（2）类似地，"或（$x_1 \vee x_2$）"：当 $w_1=w_2=1$，$\theta=0.5$ 时，有

$$y = f(1 \times x_1 + 1 \times x_2 - 0.5)$$
$$= f(x_1 + x_2 - 0.5)$$

此时，当 x_1 或 x_2 中有一个为 1 时，$y = 1$；而在其他情况下（即 x_1 和 x_2 均都取 0），$y = 0$。这样，我们就完成了逻辑"或"运算。

（3）同理，"非（$\neg x_1$）"：当 w_1=0.6，w_2=0，θ=0.5 时，有

$$y = f(-0.6 \times x_1 + 0 \times x_2 - (-0.5))$$
$$= f(-0.6 \times x_1 + 0.5)$$

此时，当 x_1=1 时，$y = 0$；当 $x_1 = 0$ 时，$y = 1$。这样，就完成了逻辑"非"的运算（当然，若以 x_2 做"非"运算，则也是类似操作，得到的结果是相同的，这里不再赘述）。

更一般地，当我们给定训练数据时，神经网络中的参数（权值 w_i 和阈值 θ）都可以通过不断地"纠偏"学习得到。为了方便，我们通常把阈值 θ 视为 w_0，而其输入值 x_0 固定为−1，阈值 θ 就可视为一个"哑元节点（Dummy Node）"。这样一来，权值和阈值的学习可以"一统天下"，称为"权值"的学习，其形式化描述为式（2-4）。

> 亦有资料将哑元节点固定设置为 1，其实差别不大，主要取决于表达式 w_0 前面的正负号。

$$S = w_1 x_1 + w_2 x_2 + ... + w_n x_n - \theta$$
$$= w_n x_n + ... + w_2 x_2 + w_1 x_1 + w_0 x_0 \qquad (2\text{-}4)$$
$$= \sum_{i=0}^{n} w_i x_i$$

如此一来，感知机的学习规则就更加简单明了，如图 2-8 所示。

对于训练样例($\boldsymbol{x}$，y)（需要注意的是，这里粗体字 $\boldsymbol{x}$ 表示一个特征向量），若当前感知机的实际输出 y' 不符合预期，即存在"落差"，则感知机的 3 个权值可依据式（2-5）的规则统一进行调整。

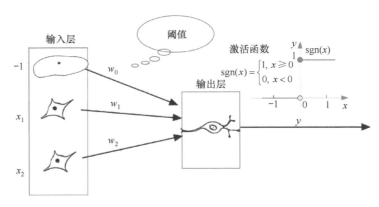

图 2-8 含有哑元节点的感知机

$$w_{inew} \leftarrow w_{iold} + \Delta w_i \qquad (2\text{-}5)$$
$$\Delta w_i \leftarrow \eta(y_i - y_i')x_i$$

其中，$\eta \in (0,1)$ 称为学习率。式（2-5）其实是感知机的权值公式（2-3）的一般化描述。由式（2-5）可知，若($\boldsymbol{x}$，y)预测正确，则可知 $y - y' = 0$，感知机的权值不会发生任何变化（因为 $\Delta w_i = 0$），否则就会根据"落差"的程度做对应调整。

这里需要注意的是，学习率 η 的作用是"缓和"每一步权值调整的强度。它本身的值是比较难确定的，若 η 太小，则网络调参的次数较多，从而收敛速度很慢；若 η 太大，则权值更新的步子迈得太大，可能会错过网络参数的最优解。因此合适的 η，在某种程度上，依赖于人工经验（即属于超参数范畴）。通常，将 η 的初值设为一个较小的数（如 0.01）。

2.2.6 感知机中的激活函数

如前所述，激活函数的主要作用是非线性变化，它能让神经元的输出更加符合我们的预期，也就是说，增强了神经网络的表达能力。前面我们提到了，神经元的工作模型存在"激活（1）"和"抑制（0）"两种状态的跳变，那么理想的激活函数就应该是如图 2-9(a)所示的阶跃函数（常标记为 sgn(x)）。

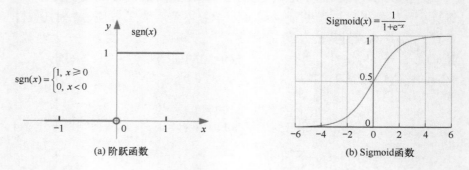

图 2-9 典型的神经元激活函数

但事实上，在实际使用中，这类函数具有不光滑、不连续等众多不"友好"的特性，使用得并不广泛。为什么说它"不友好"呢？这是因为在训练网络权值时，通常依赖于对某个权值求偏导数、寻极值，而不光滑、不连续等通常意味着该函数无法"连续可导"。

因此，我们通常用函数 Sigmoid 来代替阶跃函数，如图 2-9(b)所示。无论输入值 x 的范围有多大，该函数都可以将输出"挤压"在[0, 1]区间内，故此该函数又被称为"挤压函数（Squashing Function）"。

2.2.7 感知机的几何意义

下面我们来分析一下感知机的几何意义。由感知机的功能函数定义可知，它由两个函数复合而成，内部为神经元的输入汇集函数，外部为激活函数，将汇集函数的输出作为激活函数的输入。若识别对象 x 有 n 个特征，内部函数就是式（2-1）的输入汇集。

若令其等于零，即 $w_1x_1 + w_2x_2 + ... + w_nx_n = 0$，该方程可视为一个在 n 维空间的超平面 P。那么感知机以向量的模式写出来就是 $\boldsymbol{w} \cdot \boldsymbol{x} = 0$，如图 2-10 所示，这里，"$\boldsymbol{w} \cdot \boldsymbol{x}$"表示输入向量 $\boldsymbol{x}$ 和权值向量 $\boldsymbol{w}$ 的内积。

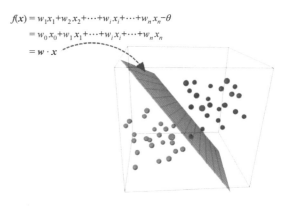

$$f(\boldsymbol{x}) = w_1x_1 + w_2x_2 + \cdots + w_ix_i + \cdots + w_nx_n - \theta$$
$$= w_0x_0 + w_1x_1 + \cdots + w_ix_i + \cdots + w_nx_n$$
$$= \boldsymbol{w} \cdot \boldsymbol{x}$$

这样一来，超平面一侧的实例 $\boldsymbol{w} \cdot \boldsymbol{x} > 0$，它表示点 $\boldsymbol{x}$ 落在超平面的正半空间，此时激活函数 $\sigma(\boldsymbol{w} \cdot \boldsymbol{x}) = 1$，即感知机的输出为 1（判定为正类）；而超平面的另外一侧实例 $\boldsymbol{w} \cdot \boldsymbol{x} < 0$，表示点 $\boldsymbol{x}$ 落在超平面的负半空间，此时激活函数 $\sigma(\boldsymbol{w} \cdot \boldsymbol{x}) = 0$，即感知机的输出为 0（判定为负类）。

图 2-10　感知机的超平面

于是，感知机可看作一个由超平面划分空间位置的识别器。当特征数量 n 为两三个维度时，人们尚可利用它的几何空间来直观解释这个分类器，但当 n 更大时，人们很难再用它的几何意义来研究神经网络。

> 亦有资料将输出为"1"表示正类，而输出"–1"表示负类。只要正负类的输出有区分度即可，无需拘泥于具体数字。

2.2.8　实战：基于 Python 的感知机实现

按照前文的描述，可将感知机描述为一个线性方程。完整的感知机算法如范例 2-1 所示。

范例 2-1　感知机的构建（Perceptron.py）

```
01  class Perceptron(object):
02      def __init__(self, input_para_num, acti_func):
03          self.activator = acti_func
04          self.weights =[0.0 for _ in range(input_para_num)]
05      #对象的"非正式"字符串表示形式
06      def __str__(self):
07          return 'final weights\n\tw0 = {:.2f}\n\tw1 = {:.2f}\n\tw2 = {:.2f}' \
                    .format(self.weights[0],self.weights[1],self.weights[2])
08      def predict(self, row_vec):
09          act_values = 0.0
10          for i in range(len(self.weights)):
11              act_values += self.weights[i] * row_vec[i]
12          return self.activator(act_values)
13      #训练权值
14      def train(self, dataset, iteration, rate):
15          for i in range(iteration):
16              for input_vec_label in dataset:
17                  prediction = self.predict(input_vec_label)
18                  self._update_weights(input_vec_label, prediction, rate)
```

```
19      #私有方法：更新内部权值
20      def __update_weights(self, input_vec_label, prediction, rate):
21          delta = input_vec_label[-1] - prediction
22          for i in range(len(self.weights)):
23              self.weights[ i ] += rate * delta * input_vec_label[ i ]
```

代码解析

第 01 行，声明了一个感知机类 Perceptron。

第 02～04 行，设计了感知机类 Perceptron 的构造方法__init__()。在 Python 中，类的构造方法名称固定为__init__()。它的存在价值具有两层含义：第一层是在对象生命周期中做数据成员的初始化，每个对象都必须被正确初始化后才能正常工作。第二层是__init__()方法的参数值，它可以有多种形式，通过这个"窗口"，可以把外界的信息传递给刚创建的对象。

第 02 行，初始化感知机，设置输入参数的个数及激活函数。第 04 行，使用了列表表达式，并用下画线 "_" 作为读取 range()方法的 "匿名" 变量，实际上这个表达式根本无意读取变量，而仅想利用其中隐含的 for 循环，将 weights 中的元素逐个初始化为 0.0。

第 06～07 行，重载内置方法__str__()，实现的功能是返回一个字符串，描述学习到的权值，其中 w0 为偏置项（第 07 行）。__str__()通过内置方法 str()进行调用，返回类型必须是一个 string 对象。需要注意的是，第 07 行跨越两行，实际上是一条语句，由于第 07 行写不下，就用反斜杠 "\" 作为续行表示。同时，这里使用 Python 3 推荐的格式化输出方法 format()。

第 08～12 行，定义 predict()方法，它针对每个输入向量，输出感知机的计算结果（即输出预测标签）。

第 14 行，定义方法 train()，其功能就是训练权值参数。针对输入训练数据和每组向量（该向量包括预期的分类标签），根据训练轮数及学习率来不断更新神经元的权值。

我们使用_update_weights()方法来完成更新权值的工作。由 Python 的命名规则可知，凡是以单个下画线 "_" 开头的变量，若出现在类中，则表示是类中的私有成员。因此，_update_weights()方法是 Perceptron 类中的私有方法，仅供类中的其他方法（如 train()方法）调用。这个方法就是按照感知机训练规则来更新权值的。

范例 2-1 完成了感知机的构建，但是如果想利用感知机来解决问题，那么还得针对具体问题进行具体分析。假设我们的问题是训练感知机来完成逻辑上的 "与（AND）" 操作，这时需要指定对应的训练集合和激活函数。设计的 Python 代码如范例 2-2 所示。

范例 2-2　实现 AND 操作的感知机（Perceptron.py）

```
01    # 定义激活函数
02    def func_activator(input_value):
03        return 1.0 if input_value >= 0.0 else 0.0
04    def get_training_dataset():
05        # 构建训练数据
06        dataset = [[-1, 1, 1, 1], [-1, 0, 0, 0], [-1, 1, 0, 0], [-1, 0, 1, 0]]
07        # 期望的输出列表，注意要与输入一一对应
08        # [-1,1,1] -> 1, [-1, 0,0] -> 0, [-1, 1,0] -> 0, [-1, 0,1] -> 0
09        return dataset
10    def train_and_perceptron():
11        p = Perceptron(3, func_activator)
12        # 获取训练数据
13        dataset = get_training_dataset()
14        p.train(dataset, 10, 0.1)          #指定迭代次数：10 轮，学习率设置为 0.1
15        #返回训练好的感知机
16        return p
17    if __name__ == '__main__':
18        # 训练 and 感知机
19        and_perceptron = train_and_perceptron()
20        # 打印训练获得的权值
21        print (and_perceptron)
22        # 测试
23        print ('1 and 1 = %d' % and_perceptron.predict([-1, 1, 1]))
24        print ('0 and 0 = %d' % and_perceptron.predict([-1, 0, 0]))
25        print ('1 and 0 = %d' % and_perceptron.predict([-1, 1, 0]))
26        print ('0 and 1 = %d' % and_perceptron.predict([-1, 0, 1]))
```

运行结果

```
final weights
        w0 = 0.20
        w1 = 0.10
        w2 = 0.20
1 and 1 = 1
0 and 0 = 0
1 and 0 = 0
0 and 1 = 0
```

代码分析

需要说明的是，范例 2-2 不能单独运行，它需要与范例 2-1 配合起来才能运行。下面简单介绍一下部分代码的功能。

对于监督学习，为了训练一个神经网络模型，通常要提供一些训练样本来训练神经网络。每个训练样本既包括输入特征（如图片的灰度值），

又包括对应的判定标签（即分类信息，英文记作 label），如手写数字图片是 1、2、3 或 4 等。

很明显，感知机属于有监督学习范畴。完成 AND（与）功能的训练数据，其实就是它的真值表。该真值表很简单，共有 4 条信息。由于 AND 是一个二元操作，因此它的输入和对应的输出标签可分别描述为[1,1] →1, [1,0] → 0, [0,1] → 0, [0,0] → 0，但考虑到我们把阈值当作一个哑元（Dummy）（即把 "−1" 视为固定输入，偏置 θ 作为权值 w_0），故真值表可修改为[−1, 1, 1] →1、[−1, 1, 0] → 0、[−1, 0, 1] → 0 和[−1, 0, 0] → 0。

为方便数据处理，我们把输出的分类信息（即标签）也合并到输入列表的最后一列，进而构建出来训练集合，如[−1, 1, 1, 1]、[−1, 1, 0, 0]、[−1, 0, 1, 0]和[−1, 0, 0, 0]。这 4 条训练数据又可以合并为 Python 中的一个列表（见范例 2-2 中第 06 行）。当然，将训练数据的输入和输出（标签）分开存放也是可行的，很多算法也是这么做的。分开还是合并，取决于问题的场景。

第 10 行，定义了函数 train_and_perceptron()，它的功能是使用上面构建的 AND 真值表训练感知机。

第 11 行，创建一个感知机对象，构造方法的参数有两个。第一个参数表明每一个训练数据的维度，AND 是二元函数，把哑元 "−1" 算上，共 3 个参数；第二个参数指定了激活函数为 func_activator（第 02 行）。

第 21 行，用 print()函数输出一个感知机对象 and_perceptron。这时系统会自动调用在范例 2-1 中设计的__str__()方法，于是就会输出指定的字符串（3 个训练后的权值）。

若我们把范例 2-2 中第 06 行的训练集合换成如下集合

```
dataset = [[-1, 1, 1, 1], [-1, 0, 0, 0],
           [-1, 1, 0, 1], [-1, 0, 1, 1]]
```

并对第 23～26 行的输出语句稍加改动，则运行程序将得到如下结果。

```
final weights
    w0 = 0.10
    w1 = 0.10
    w2 = 0.10
1 or 1 = 1
0 or 0 = 0
1 or 0 = 1
0 or 1 = 1
```

是的，这就是一个能够实现 "或（OR）" 功能的感知机。类似地，我们也很容易实现 "非（NOT）" 功能的感知机。但是，无论我们把训练的迭代次数增加多少次，都无法实现"异或（XOR）"功能的感知机，因为单层感知机表征能力非常有限。下面我们就讨论一下感知机的表征能力。

2.2.9　感知机的表征能力

　　从本质上看，感知机是一个二分类的线性判别模型，它旨在通过最小化损失函数来优化分类超平面，从而达到对新实例的准确预测。

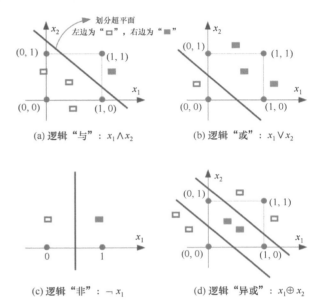

　　由于感知机只有输出层神经元可以进行激活函数的处理，也就是说，它只拥有单层的功能神经元，因此它的学习能力是相对有限的。布尔代数中的基本操作，如"与""或""非"等，都是线性可分（Linearly Separable）的[①]。感知机对于处理这类线性可分问题，并没有太大压力。

　　人工智能泰斗之一马文·明斯基（M. Minsky）已在理论上证明，若两类模式是线性可分的，则一定存在一个线性超平面可以将它们区分开来，如图 2-11(a) ~ (c)所示。也就是说，这样的感知机，其学习过程一定会稳定（收敛）下来，因此神经网络的权值可以通过学习得到[3]。

图 2-11　线性可分的"与"、"或"、"非"和线性不可分的"异或"

　　但是，对于线性不可分原子布尔函数（如"异或"操作），不存在简单的线性超平面将其区分开来，如图 2-11(d)所示。在这种情况下，感知机的学习过程就会发生"振荡（Fluctuation）"，权值向量就难以求得合适的解。这里稍微为非专业读者解释一下，什么是"异或"？所谓"异或（XOR）"就是当且仅当输入值 x_1 和 x_2 相异时，输出为 1；反之，只要 x_1 与 x_2 相同，输出就为 0，如图 2-12 所示。

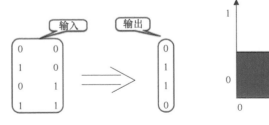

图 2-12　"异或"操作的输入与输出之间的关系

---

① 对于二维（两个特征）数据集，直观来看，如果存在一条直线（实际上是一个超平面）能够把这两个特征完全区分开，那么这个数据集就是线性可分的。

曾经作为感知机忠实支持者的 Minsky，在发现感知机模型居然连稀松平常的"异或（XOR）"操作都难以实现时，不免叹息——面对这更加纷杂的非线性世界，感知机如何能处理得了啊？

感慨之余，Minsky 对"感知机"逐渐感到失望。1972 年，Minsky 和同事 S. Papert 出版了《感知机：计算几何简介》[4]一书，在书中，他们论述了感知机模型存在的两个关键问题。

（1）单层神经网络无法解决线性不可分的问题，典型的证据就是不能实现"异或门电路（XOR Circuit）"的功能。

（2）更为严重的问题是，即使增加隐层的数量，由于没有行之有效的学习算法，且没有足够的算力去完成神经网络模型训练所需的超大计算（如调整网络中的权值参数），感知机也"委以重任"。

2.3 多层前馈网络

2.3.1 多层网络解决"异或"问题

Minsky 对感知机的批评是致命的，刚刚起步的联结主义学派跌入低谷近 20 年[5]。而解决 Minsky 所诟病的"异或"问题，关键在于，能否解决线性不可分问题。那么，该如何解决这个"异或"的线性不可分问题呢？

"异或"线性不可分的症结在于，单层的感知机网络太过"单纯"，数据拟合能力（或称数据表征能力）太弱。简单来说，解决"异或"线性不可分的方案，就是使用更加复杂的网络，即利用多层前馈网络。这是因为，复杂网络的表征能力比较强。按照这个思路，可以在输入层和输出层之间添加一层神经元，将其称之为隐含层。这样一来，隐含层与输出层中的神经元都拥有激活函数。假设各个神经元的阈值均为 0.5，权值在图 2-13 中已给出，这样就可实现"异或"功能（在后续的章节中，我们会给出多层感知机解决"异或"问题的 Python 实战案例）。

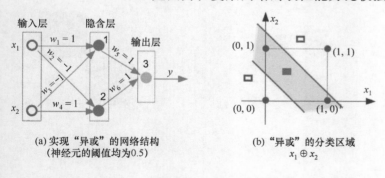

(a) 实现"异或"的网络结构
（神经元的阈值均为0.5）

(b) "异或"的分类区域
$x_1 \oplus x_2$

图 2-13　可解决"异或"问题的两层感知机

下面我们来详细描述这个实现过程。假设在如图 2-13(a)所示的神经元

（实心圆）中，其激活函数依然是阶跃函数（函数 sgn()），它的输出规则非常简单，即当 $x \geq 0$ 时，$f(x)$ 输出为 1；否则输出 0。

那么，当 x_1 与 x_2 相同（假设均为 1）时，神经元 x_1 对隐含层神经元 1 和 2 的权值分别为 $w_1=1$ 和 $w_2=-1$，神经元 x_2 对隐含层神经元 1 和 2 的权值分别为 $w_3=-1$ 和 $w_4=1$。于是，对于隐含层神经元 1 来说，其输出可以表述为

$$
\begin{aligned}
f_1 &= \text{sgn}(w_1 x_1 + w_2 x_2 - \theta) \\
&= \text{sgn}(1 \times 1 + (-1) \times 1 - 0.5) \\
&= \text{sgn}(-0.5) \\
&= 0
\end{aligned}
$$

类似地，对于隐含层神经元 2 有

$$
\begin{aligned}
f_2 &= \text{sgn}(w_3 x_1 + w_4 x_2 - \theta) \\
&= \text{sgn}((-1) \times 1 + 1 \times 1 - 0.5) \\
&= \text{sgn}(-0.5) \\
&= 0
\end{aligned}
$$

然后，对于输出层神经元 3，这时 f_1 和 f_2 均是它的输入，于是有

$$
\begin{aligned}
y = f_3 &= \text{sgn}(f_1 w_5 + f_2 w_6 - \theta) \\
&= \text{sgn}(0 \times 1 + 0 \times 1 - 0.5) \\
&= \text{sgn}(-0.5) \\
&= 0
\end{aligned}
$$

也就是说，x_1 和 x_2 同为 1 时，输出为 0，满足了"异或"的功能。读者朋友也可以尝试推导一下 x_1 和 x_2 同为 0 时的情况，这时输出也为 0，同样满足"异或"的功能。

那么当 x_1 和 x_2 不相同（假设 $x_1=1$，$x_2=0$）时，对于隐含层神经元 1 有

$$
\begin{aligned}
f_1 &= \text{sgn}(w_1 x_1 + w_2 x_2 - \theta) \\
&= \text{sgn}(1 \times 1 + (-1) \times 0 - 0.5) \\
&= \text{sgn}(0.5) \\
&= 1
\end{aligned}
$$

类似地，对于隐含层神经元 2 有

$$
\begin{aligned}
f_2 &= \text{sgn}(w_3 x_1 + w_4 x_2 - \theta) \\
&= \text{sgn}((-1) \times 1 + 1 \times 0 - 0.5) \\
&= \text{sgn}(-1.5) \\
&= 0
\end{aligned}
$$

然后，对于输出层神经元 3，这时 f_1 和 f_2 均是它的输入，于是有

之所以称为隐含层神经元，并不是因为它们不存在，而是因为它们没有预期的输出值，因此信息流过它们时，人们无法度量它们的误差。无法被感知，即为隐含。

$$y = f_3 = \text{sgn}(f_1 w_5 + f_2 w_6 - \theta)$$
$$= \text{sgn}(1 \times 1 + 0 \times 0 - 0.5)$$
$$= \text{sgn}(0.5)$$
$$= 1$$

不失一般性，由于 x_1 和 x_2 的地位是可以互换的。也就是说，当 x_1 和 x_2 取值不同时，感知机输出为 1。因此，从上面分析可知，如图 2-13 所示的两层感知机就可以实现"异或"功能。这里，网络中的权值和阈值都是我们事先给定的，而实际上，它们是需要神经网络自己通过反复"试错"学习得来的，而且能够完成"异或"功能的网络权值也不是唯一的。

2.3.2 多层前馈神经网络

更一般地，常见的多层前馈神经网络结构如图 2-14 所示。在这种结构中，将若干个单层神经网络连接在一起，前一层的输出作为后一层的输入，这样构成了多层前馈神经网络（Multi-layer Feedforward Neural Networks）。更确切地说，每一层神经元仅与下一层的神经元全连接，但在同一层之内，神经元之间彼此不连接，而且跨层之间的神经元，彼此也不相连。

之所以加上"前馈"这个定语，是想特别强调，这样的网络是没有反馈的。也就是说，位置靠后的层次不会把输出反向连接到之前的层次上作为输入，输入信号单向向前传播。很明显，相比于纵横交错的人类大脑神经元的连接结构，多层前馈神经网络的结构做了极大简化，但即使如此，它也具备很强的表征能力。

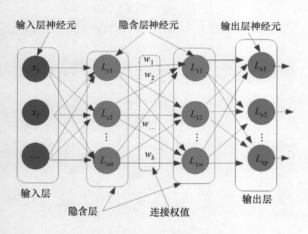

图 2-14　常见的多层前馈神经网络结构

这种表征能力强大到什么程度呢？奥地利学者库尔特·霍尼克（Kurt Hornik）等人的论文可以解释这个问题[6]。1989 年，霍尼克等人发表的论文证明，对于任意复杂度的连续波莱尔可测函数（Borel Measurable Function）f，仅仅需要一个隐含层，只要这个隐含层包括足够多的神经元，前馈神经网络使用挤压函数作为激活函数，就可以以任意精度来近似模拟 f，即

$$f : \mathbf{R}^N \rightarrow \mathbf{R}^M \tag{2-6}$$

若想提高 f 的近似精度，可通过单纯地增加神经元的数目实现。换句话说，可将多层前馈神经网络视为一个通用函数的模拟器（Universal Approximators）。对于这个定理证明的可视化描述，读者可参阅迈克

尔·尼尔森（Michael Nielsen）撰写的系列博客。

2.3.3　机器学习本质与通用近似定理

所谓机器学习，就是找到一个函数，实现特定
的功能。函数在形式上可近似等同于在数据对象中
通过统计或推理的方法，寻找一个有关特定输入和
预期输出映射 f （见图 2-15）。

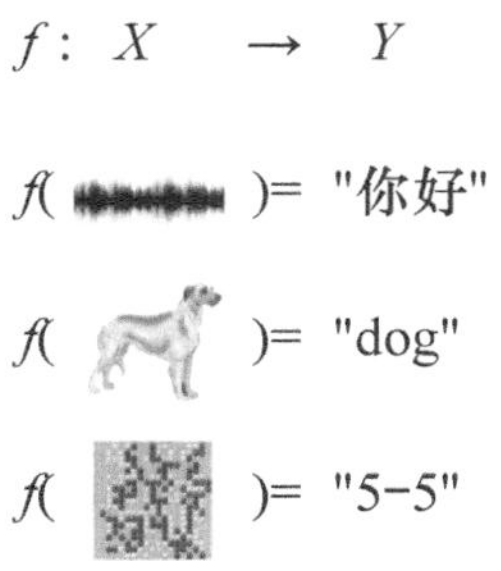

$$f: X \quad \rightarrow \quad Y$$

$$f(\text{▬▬▬▬})= \text{"你好"}$$

$$f(\quad)= \text{"dog"}$$

$$f(\quad)= \text{"5-5"}$$

图 2-15　机器学习近似于寻找一个好用的函数

通常，我们把输入变量（特征）空间记为大写的
X，把输出变量空间记为大写的 Y。那么机器学习的本
质，就是在形式上完成如下变换：$Y = f(X)$。

在这样的函数中，针对语音识别功能，若输入一
个音频信号，则这个函数 f 就能输出诸如"你好""How are you？"等这
类识别信息。

针对图片识别功能，若输入的是一张图片，则在这个函数的加工下，
就能输出（或称识别出）一个或猫或狗的判定。

针对下棋博弈功能，若输入的是一个围棋的棋谱局势（如
AlphaGo），则它能输出这盘围棋下一步的"最佳"走法。

而对于具有智能交互功能的系统（如微软的小冰），当我们给这个函
数输入诸如"How are you？"这类问题时，它就能输出诸如"I am fine,
thank you，and you？"等智能的回应。

每个具体的输入都是一个实例（Instance），它通常由特征向量构成。
在这里，将所有特征向量存在的空间称为特征空间（Feature Space），特征
空间的每一个维度都对应于实例的一个特征。

而人工神经网络最"神奇"的地方可能就在于，它可在理论上证明：
"一个包含足够多隐含层神经元的多层前馈神经网络能以任意精度模拟任
意预定的连续函数"[6]。

这个定理也被称为通用近似定理（Universal Approximation Theorem）。这
里的"Universal"也有人将其翻译成"万能的"，由此可以看出，这个定理的
能量有多强。

深度学习相当于函数逼近问题，即函数或曲面的拟合。但这种函数逼
近的思想并不是神经网络的原创。事实上，数学领域中的函数逼近已经非
常普遍（如泰勒级数展开、傅里叶变换等），数学领域常用三角多项式、

> 💡 这种函数逼近的理
> 念，有点类似于一种哲
> 学思想——"还原论"。
> 还原论认为，可以将复
> 杂的系统、事务、现象
> 化解为更为基础元素的
> 组合。

B-Spline、一般 Spline 及小波函数等作为基础函数，然后实施各种线性组合，来拟合更为复杂的函数[7]。所不同的是，神经网络常用的基础函数是非线性的神经网络函数（如 sigmoid 或 ReLU 等激活函数）。

通用近似定理告诉我们，不管函数 $f(x)$ 在形式上有多复杂，我们总能确保找到一个神经网络，对任何可能的输入 x，以任意高的精度近似输出 $f(x)$（见图 2-16）。即使函数有多个输入和输出，即 $f = f(x_1, x_2, x_3, \cdots, x_m)$，通用近似定理的结论也是成立的。换句话说，神经网络在理论上可近似解决任何问题。有关神经网络可以计算任意函数的可视化证明，感兴趣的读者可以参阅尼尔森的博客文章[8]。

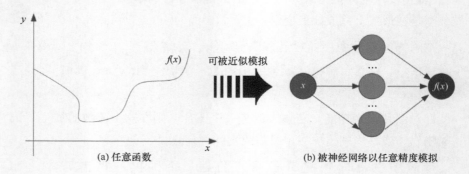

图 2-16　通用近似定理

在使用通用近似定理时，需要注意以下两点。

（1）定理说的是，可以设计一个神经网络尽可能好地去"近似"某个特定函数，而不是说"准确"计算这个函数。我们通过增加隐含层神经元的个数来提高近似精度。

（2）被近似的函数必须是连续函数。若函数是非连续的，即有极陡跳跃的函数，神经网络就"爱莫能助"了。

即使函数是连续的，有关神经网络是否能解决所有问题，也是有争议的。原因很简单，虽然通用近似定理在理论上堪称完美，但是在实际操作中却难以实现。

例如，深度学习新秀、生成对抗网络（GAN）的提出者伊恩·古德费洛（Ian Goodfellow）就曾说过："仅含有一层的前馈网络，的确足以有效地表示任何函数，但是，这样的网络结构可能会格外庞大，进而无法正确地学习和泛化。"

古德费洛的言外之意是说，"广而浅薄"的神经网络在理论上是万能的，但在实践中却不是那么回事。因此，网络向"深"的方向去做才是正途。事实上，通用近似定理早在 1989 年就被提出来了，到 2006 年深度学

数学家通常考虑的是某个问题解的存在性。而工程师则要考虑找到问题解的可行性。

数学家负责将"梦想"弄得很丰满，而工程师负责把"现实"弄得不那么骨感。

习才开始厚积薄发，这期间神经网络并没有因为这个理论而得到蓬勃发展。因此，这从某种程度上验证了古德费洛的判断。

然而，如何确定隐含层的个数是一个超参数问题，即不能通过网络学习自行得到，而是需要人们通过试错法外加经验甚至直觉来调整。

2.3.4 神经网络结构的设计

如果说神经网络需要向"纵深"方向发展，那么该如何设计神经网络的拓扑结构呢?

对于前馈神经网络，输入层和输出层的设计比较直观。假如我们尝试判断一张手写数字图片上是否写着数字"2"。很自然地，我们可以把图片中的每个像素的灰度值作为网络的输入。在输入层，每个像素都是一个数值（若是彩色图，则是表示红、绿、蓝的 3 通道数组），而把包容这个数值的容器"视作"一个神经元。

如果图片的维度是 16×16，那么可以将输入层神经元设计为 256 个（即输入层是一个包含 256 个灰度值的神经元），每个输入层神经元接收的输入值就是归一化处理之后的灰度值。0 代表白色像素，1 代表黑色像素，灰度像素的值介于 0 到 1 之间。也就是说，输入向量的维度（像素个数）要与输入层神经元的个数相同。

而对输出层而言，它的神经元个数和输入层神经元的个数是没有对应关系的，而是与待分事物类别有一定的相关性。例如，对于如图 2-17 所示的前馈神经网络拓扑结构，如果我们的任务是识别手写数字，而数字有 0 ~ 9 共 10 类。那么，如果在输出层采用 softmax 回归函数，那么输出层神经元数量仅为 10 个，分别对应数字"0 ~ 9"的分类概率。

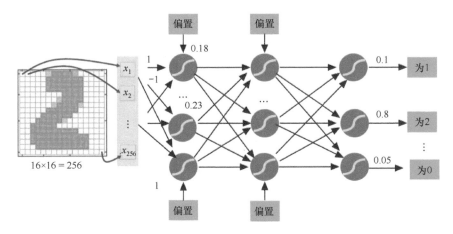

图 2-17　前馈神经网络拓扑结构

最终的分类结果择其大者而判之。例如，如果判定为"2"的概率（如 80%）远远大于判定其他数字的概率，那么整个神经网络的最终判定就是数字"2"，而非其他数字。

相比于神经网络输入层与输出层设计的直观明了，前馈神经网络的隐含层设计可就没有那么简单了。说好听点，它是一门艺术，依赖于工匠的打磨；说刻薄点，它就是一个体力活，需要不断地重复试错。

我们可以把隐含层暂定为一个黑箱，它负责输入层和输出层之间的非线性映射变化，具体功能有点"剪不断，理还乱"（这是神经网络理论的短板所在）。隐含层的层数不固定，每层的神经元个数也不固定，它们都属于超参数，是人们根据实际情况不断调整选取的。

我们把神经元与神经元之间的互相影响程度称为权值，权值的大小就是连接的强弱，它"告诉"下一层相邻神经元更应该关注哪些像素图案。

除了连接权值，神经元内部还有一个施加于自身的特殊权值，即偏置（Bias）。偏置可看成一个门槛（Threshold），高过这个门槛，神经元就被激发（Fired），否则就"寂寥无声"。偏置的大小，表明神经元是否更容易被激活。也就是说，它决定了神经元连接加权之和至少要有多大，才能让激发变得有意义。

神经网络结构设计的目的在于，让神经网络以更佳的性能来学习。而这里的所谓"学习"，如前所言，就是找到合适的权值和偏置，让损失函数的值最小。

2.4 神经网络中的损失函数

每 4 年举行一次联邦计算研究会议（ACM FCRC），在计算机领域颇有影响力，历次会议均有众多顶级学者出席。最近一届会议于 2019 年在美国亚利桑那州的凤凰城举行。

在 ACM FCRC 2019 会议上，图灵奖得主、著名深度学习学者杨立昆（Yann LeCun）指出，*"预测是智能的、不可或缺的组成部分，当实际情况和预测出现差异时，实际上就是学习的过程。"*

那么如何来衡量实际情况与预测之间的差异呢？这就要用到了一个专门的函数——损失函数（Loss Function）。

在机器学习的"监督学习"算法中，在假设空间 $\mathbb{F}$ 中构造一个决策函数 f，对于给定的输入 X，$f(X)$ 给出的实际输出 $\hat{y}$ 和原来的预测值 y（代表的是正确答案）可能不一致。于是，我们需要定义一个损失函数来度量这二者之间的"落差"程度。这个损失函数通常记作

$$L(y, \hat{y}) = L(y, f(X)) \qquad (2\text{-}7)$$

为了方便起见，损失函数的值为非负数。

通常，损失函数是针对一个样本实例而言的。但神经网络的训练通常是一批又一批（Batch）的样本批量训练，这时的损失函数有一个类似名称，即代价函数（Cost Function），表示为

$$J = \sum_{i=1}^{N} f(y_i, \hat{y_i}) \qquad (2\text{-}8)$$

其中，N 为一批参与训练的样本数量。

此外，目标函数（Objective Function）是一个更通用的术语，表示任意希望被优化的函数，用于机器学习领域和非机器学习领域（如运筹优化）。目标函数可以是损失函数或代价函数，为了提高模型的泛化性能，还可以添加部分正则化（Regularization）优化策略。

下面我们列出神经网络常用的 3 种代价函数。

（1）平均绝对误差（Mean Absolute Error，MAE）代价函数，也称为 L1 Loss，即

$$J_{\text{MAE}} = \frac{1}{N} \sum_{i=1}^{N} |y_i - \hat{y}_i| \qquad (2\text{-}9)$$

（2）均方差（Mean Squared Error，MSE）代价函数，也称为 L2 Loss，即

$$J_{\text{MSE}} = \frac{1}{N} \sum_{i=1}^{N} (y_i - \hat{y}_i)^2 \qquad (2\text{-}10)$$

MAE 和 MSE 的主要区别在于，MSE 损失相比 MAE 损失通常可以更快地收敛，但 MAE 损失对于孤立点（Outlier）更加健壮，即更不易受到孤立点的影响。这是因为 MSE 的平方项，放大了孤立点带来的差异。

（3）交叉熵代价（Cross Entropy Loss，CE）函数，即

$$J_{\text{CE}} = -\sum_{i=1}^{N} y_i^{c_i} \log \hat{y}_i^{c_i} \qquad (2\text{-}11)$$

其中，c_i 是样本 x_i 的目标类。通常这个应用于多分类的交叉熵代价函数也被称为 Softmax Loss。若从不确定性上考虑，则交叉熵表示的是在给定的真实分布下，使用非真实分布所指定的策略来消除系统的不确定性所需要付出的努力大小。

💡 正则化是为了防止过拟合，也就是让模型在训练集合和测试集合中都表现得较好，即提高模型的泛化能力。

💡 注意，这里的"Error"，不要理解为"错误"，而应该将其当成神经网络参数调整的"信息差"，类似于水力发电的"水流落差"。没有这个差值，网络调参就无从谈起。

一个好的代价函数需要相对准确地描述这种"信息差"。

通常来说，代价函数或损失函数的值越小，说明实际输出和预测输出之间的差值越小，也就说明我们构建的模型越好。这些代价函数和损失函数非常有用，因为我们就是靠它们来"监督"机器学习算法，使其朝着预测目标前进的，因此，它们是监督学习的核心标志之一。

2.5 常用的激活函数

前面我们提到，神经网络可以近似模拟任何函数，而"模拟"函数的过程中，离不开非线性变换。如果没有非线性变换会发生什么呢？通过前面的分析，我们知道，神经元与神经元的连接都是基于权值的线性组合。根据线性代数的知识，线性的组合依然是线性的，换句话说，如果全连接层没有非线性部分，那么在模型上叠加再多的网络层，意义都非常有限，因为这样的多层神经网络最终会"退化"为一层神经元网络，深度神经网络就无从谈起了。

为了避免这种情况发生，就得请"激活函数"出山了。神经元之间的连接是线性的，但激活函数可不一定是线性的。有了非线性的激活函数，无论多么玄妙的函数，在理论上，它们都能被近似地表征出来。加入（非线性的）激活函数后，深度神经网络才具备了分层的非线性映射学习能力。因此，激活函数是深度神经网络中不可或缺的部分。

这时，选取合适的激活函数就显得非常重要了。下面我们简单介绍常见的激活函数。

2.5.1 Sigmoid 函数

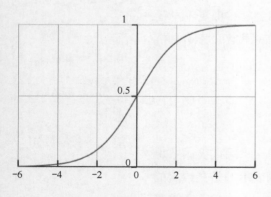

图 2-18　激活函数 Sigmoid

在前面的章节中，我们提到了常用的激活函数 Sigmoid，其形式化的公式为式（2-12），图形如图 2-18 所示。

$$\text{Sigmoid}(x) = \frac{1}{1 + e^{-x}} \qquad (2\text{-}12)$$

Sigmoid 函数的优势在于，它可以将一个实数输入映射到(0,1)范围内，在物理意义上最接近生物神经元的休眠和激活之间的状态。例如，Sigmoid 函数可以用于深度学习模型 LSTM（Long Short-Term Memory，长短期记忆）中的各种门（Gate）上，模拟门的关闭和开启状态。此外，Sigmoid 函数还可以用于表示概率，并且还可用于输入的归一化处理。

凡事都有两面性。Sigmoid 函数也有缺点，那就是它存在饱和性。具体来说，当输入数据 x 很大或者很小时，Sigmoid 函数的导数迅速趋近于 0。这就意味着，很容易产生所谓的梯度消失现象。要知道，如果没有了梯度作为指导，那么神经网络的参数训练就如同"无头苍蝇"，毫无方向可言。

此外，从图 2-18 可以看出，Sigmoid 函数的另一个不足之处在于，它的输出不是以 0 为中心的。有时我们更偏向于当激活函数的输入是 0 时，输出也是 0 的函数。

因为上面两个问题的存在，导致参数收敛速度很慢，严重影响了训练的效率。因此在设计神经网络时，采用 Sigmoid 函数作为激活函数的场景并不多。

2.5.2　Tanh 函数

Tanh 函数同样也是常用的激活函数，它将一个实数输入映射到(-1,1)范围内，其示意图如图 2-19 所示。当输入为 0 时，Tanh 函数输出为 0，符合我们对激活函数的要求。

Tanh 函数的取值可以是负值，在某些需要抑制神经元的场景，需要用到它的这个特性。例如，在 LSTM 中，就用 Tanh 函数的负值区来模拟"遗忘"。

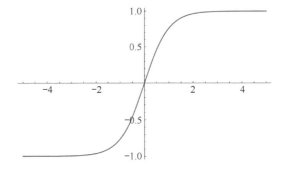

图 2-19　激活函数 Tanh

Tanh 函数的形式化描述为

$$\text{Tanh}(x) = \frac{\sinh(x)}{\cosh(x)} = \frac{e^x - e^{-x}}{e^x + e^{-x}} = 2\text{Sigmoid}(2x) - 1 \qquad (2\text{-}13)$$

由式（2-13）可见，Tanh 函数和 Sigmoid 函数之间存在一定的线性关系，因此，两者的形状是类似的，只是尺度和范围不同。因此，Tanh 函数同样存在与 Sigmoid 函数类似的缺点——梯度弥散（Gradient Vanishing），导致训练效率不高。

因此，如何防止神经网络陷入梯度弥散的境地，或者说如何提升网络的训练效率，一直都是深度学习非常热门的研究课题。目前，在卷积神经网络中，最常用的激活函数就是修正线性单元 ReLU（Rectified Linear Unit）。

整个神经网络的计算，在本质上，都是基于梯度的计算。在 Sigmoid 函数或 Tanh 函数的尾部，梯度趋近于 0，多层传播后，梯度几乎消失，而梯度是网络调参的依据，梯度没有了，调参就失去了方向。

2.5.3　ReLU 函数

ReLU 函数是由 Krizhevsky 和 Hinton 等人在 2010 年提出来的[9]。标准的 ReLU 函数非常简单，即 $f(x) = \max(x, 0)$。简单来说，当 $x > 0$ 时，输出为 x；当 $x \leqslant 0$ 时，输出为 0。如图 2-20(a)所示，注意，该图是一条曲线，只不过它在原点处不那么圆滑而已。

为了让它在原点处圆滑可导，Softplus 函数也被提出来了，它的函数形式为 $f(x) = \ln(1 + e^x)$。Softplus 函数是对 ReLU 函数平滑逼近的解析形式，其图形如图 2-20(b)所示。更巧的是，Softplus 函数的导数恰好就是 Sigmoid 函数。由此可见，这些非线性函数之间存在着一定的联系。

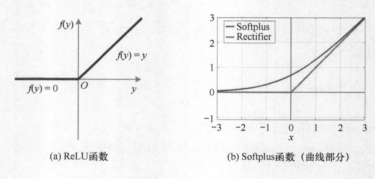

(a) ReLU函数　　　　　(b) Softplus函数（曲线部分）

图 2-20　ReLU 函数和 Softplus 函数

不要小看这个看起来有点简陋的函数，ReLU 函数的优点很多，或许"简单就是美"。相比于 Sigmoid 函数，ReLU 函数的优点主要体现在如下三个方面。

（1）单侧抑制。观察图 2-20(a)，当输入小于 0 时，神经元处于抑制状态；反之，当输入大于 0 时，神经元处于激活状态。ReLU 函数相对简单，求导计算方便。这导致 ReLU 函数得到的 SGD（Stochastic gradient descent，随机梯度递减）的收敛速度比 Sigmoid/Tanh 函数的收敛速度快得多。

（2）相对宽阔的兴奋边界。观察图 2-18 至图 2-20，Sigmoid 函数的激活状态（$f(x)$的取值）集中在中间的狭小空间$(0, 1)$内，Tanh 函数有所改善，但也局限于$(-1, 1)$内，而 ReLU 函数则不同，只要输入大于 0，神经元就一直处于激活状态。

（3）稀疏激活。相比于 Sigmoid 之类的激活函数，稀疏性是 ReLU 函数的优势所在。Sigmoid 函数将处于抑制状态的神经元设置为一个非常小的值，但即使这个值再小，后续的计算也少不了它们的参与，这样操作计算负担很大。但观察图 2-20 可知，ReLU 函数直接将处于抑制状态的神经元"简单粗暴"地设置为 0，这样一来，使得这些神经元不再参与后续的计算，从而造成了网络的稀疏性，如图 2-21 所示。

正是因为这些原因，圆滑可导的近似函数 Softplus 在实际任务中并不比"简单粗暴"的 ReLU 函数效果更好，这是因为 Softplus 函数带来了更多的计算量。

这些细小的变化，让 ReLU 函数在实际应用中大放异彩，它能有效缓解梯度消失的问题。这是因为，当 $x > 0$ 时，它的导数恒为 1，保持梯度不衰减，从而缓解梯度消失的问题。

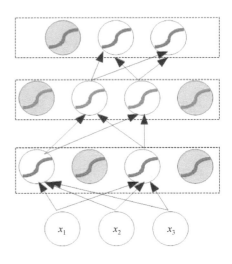

图 2-21　ReLU 函数产生稀疏连接关系

除此之外，ReLU 函数还减少了参数之间相互依存的关系（因为进行了网络瘦身），使其收敛速度远远快于其他激活函数，最后还在一定程度上缓解了过拟合问题的发生（对 Dropout 机制比较熟悉的读者可能会发现，这与 Dropout 的迭代过程十分像）。ReLU 函数的卓越表现，让深度学习的三位大师 Yann LeCun、Yoshua Bengio 和 Geoffery Hinton 在 2015 年表示，ReLU 函数是深度学习领域最受欢迎的激活函数。

ReLU 函数有如此神奇的作用，其实还有一个原因，那就是该函数的模型正好暗合生物神经网络的工作机理。2003 年，纽约大学教授 Peter Lennie 的研究发现[10]，大脑同时被激活的神经元只有 1% ~ 4%，即神经元同时只对输入信号的少部分进行选择性响应，大量信号被刻意屏蔽了，这进一步表明了神经元工作的稀疏性。

> 显然，激活函数的种类远不止这些。还有渗漏型整流线性单元（Leaky ReLU[11]）、指数线性单元（ELU[12]）、高斯误差线性单元（GELU[13]）及周期激活函数（SIREN [14]），请感兴趣的读者自行查阅相关文献。

其实，这是容易理解的，因为生物生存也是需要成本的。进化论告诉我们，作为人体最为耗能的器官——大脑要尽可能地节能，这样才能在恶劣的环境中生存。

2.6　实战：利用 sklearn 搭建多层神经网络

如果基于"自己动手，丰衣足食"的原则，自己实现机器学习的各种经典算法，这固然好，因为能让自己对机器学习算法的细节都有了然于胸的认知。

但从范例 2-1 的实现代码中，或许你能感受到，即使我们使用了简捷而高效的 Python 来编写代码，即使仅仅实现一个感知机模型，Python 的代码量依然不容小觑，何况我们写的代码可能还并不专业，对很多意外情况（如数值计算的稳定性）可能考虑不足，导致算法性能难以保证。

"君子生非异也，善假于物也"。在任何时候，善于借助外物来达成自己目的的，都是一种难得的能力。sklearn 是机器学习框架的佼佼者，借助这样的"外物"，我们能较为方便地完成对包含多层感知机这样的经典机器算法的学习。下面，我们先简单介绍一下 sklearn，让读者对这个机器学习框架有个感性的认识。

2.6.1　sklearn 简介

sklearn 是一款开源的 Python 机器学习库，它基于 Numpy 和 Scipy，提供了大量用于数据挖掘和分析的工具，包括数据预处理、交叉验证、算法与可视化算法等一系列接口，并涵盖了几乎所有经典机器学习算法（包括多层感知机算法，但相对保守的 sklearn 并不包括新兴起的深度学习算法）。

作为一款成熟的机器学习框架，sklearn 提供很多实用的 API（Application Programming Interface，应用程序接口）。通过 sklearn，有时我们仅使用寥寥数行代码，就可以很好地完成机器学习任务的流程。sklearn 不仅功能强大，更为可贵的是，其官方文档还很齐全，它针对每种算法都提供了简明扼要的参考用例。

2.6.2　sklearn 的安装

下面首先讨论 sklearn 的安装。如果我们利用 Anaconda①安装 Python，那么 Anaconda 通常都假设你是数据分析的学习者或从业者，sklearn 则是默认标配之一。这意味着无须二次安装 sklearn，在使用前，直接导入该模块即可。我们可在"IPython"环境下（或在 Jupyter 环境②中）使用如下指令③进行测试。

---

① Anaconda 是一个用于科学计算的 Python 发行版，支持 Windows、Linux 及 macOS 三大系统。请读者自行从官方网站下载与自己操作系统匹配的发行版，然后安装即可。
② Jupyter Notebook 是基于网页的用于交互计算的应用程序，内置于 Anaconda 中。其可被应用于全过程计算：开发、文档编写、运行代码和展示结果。
③ 注意，IPython 代码左边有个标识为"In [n]:"，n 为输入代码编号。"Out[n]: "表示上一行 In [ ]代码输出的结果，它们都是 IPython 的交互式提示信息，不是代码的一部分。

```
In [1]: import sklearn          #导入 sklearn 模块
In [2]: sklearn.__version__     #测试版本号，注意 version 左右各有两个下画线
Out[2]: '0.23.2'
```

若正常输入 In [1]后没有出现错误，则说明 sklearn 模块被成功导入。In [2]处输出的是 sklearn 的版本号 。

若确定未安装 sklearn，则可通过如下指令安装（需要注意的是，在安装时，命令行 scikit-learn 必须全部小写）。

```
conda install scikit-learn
```

或者利用 pip3 安装[①]。

```
pip3 install scikit-learn
```

2.6.3 sklearn 搭建多层神经网络实现红酒分类

在 sklearn 中，内置了多种知名的数据集，其中一种就是自带的数据集（Packaged Dataset）。在成功安装 sklearn 软件包后，只需调用对应的数据导入方法，即可完成数据的加载。这些导入数据方法的命名规则是 sklearn.datasets.load_<name>，而这里的<name>就是对应的数据集名称。常用的数据集名称如表 2-2 所示。

表 2-2 常用的数据集名称

导入数据的函数名称	对应的数据集
load_boston()	波士顿房价数据集
load_breast_cancer()	乳腺癌数据集
load_iris()	鸢尾花数据集
load_diabetes()	糖尿病数据集
load_digits()	手写数字数据集
load_linnerud()	体能训练数据集
load_wine( )	葡萄酒分类数据集

下面我们基于 Jupyter 的 Notebook 作为交互平台，来分步骤讲解如何利用 sklearn 搭建神经网络。

一、认知分析的数据集

俗话说"巧妇难为无米之炊"。同样，做机器学习任务，没有数据，也是寸步难行的。由表 2-2 可知，load_wine()专门用于导入葡萄酒分类数

① pip 是 Python 包管理工具，该工具提供了对 Python 包的查找、下载、安装、卸载的功能。pip3 是 Python 3 版本的安装工具。

据集。该数据集来自由 Forina 于 1986 年提供的意大利地区的葡萄酒数据资料[15]，里面包含了由三种不同葡萄制成的葡萄酒。

当前，我们的任务是利用多层反馈神经网络学习算法，通过分析酒类的化学成分（共计 13 个特征）对葡萄酒进行分类。为了方便读者理解，我们把范例 2-3 用 Jupyter 来分步实现，并辅以说明（完整代码参见随书源代码 sklearn-wine.py）。下面我们先导入数据。

```
In [3]:
01   from sklearn.datasets import load_wine
02   wine = load_wine()
```

需要注意的是，在上述代码的第 01 行中，当我们要导入某个方法时，不需要添加方法后面的那对圆括号。在第 02 行中，变量名 wine [1]实际上是一个 Dictionary 类型的对象，它与 Map 容器类似，我们可以用它的keys()方法输出它所包含的属性值。

```
In [4]: wine.keys()
Out[4]:dict_keys(['data', 'target', 'target_names', 'DESCR', 'feature_names'])
```

在 sklearn 框架中，基本上所有内置的数据集（见表 2-2）都有 5 个属性值[2]。下面简单介绍它们代表的含义。

首先，第 1 个关键字给出的 data，它并不是泛指数据，而是特指除标签外的特征数据，针对葡萄酒数据集，它指的是前面的 13 个特征值。

相对而言，第 2 个关键字 target 的本意是"目标"，这里它是指标签（Label）数据。针对红酒这个数据集，就是指红酒的品级。

顾名思义，第 3 个关键字 target_names 的含义就是给出目标的名称。

第 4 个关键字是 DESCR，它其实是英文单词"description"的简写。顾名思义，它指的是当前数据集的详细描述，类似于数据集的说明文档。例如，这个数据从哪里来，它有什么特征等，每个特征是什么数据类型，如果引用数据集，那么需要引用哪些论文，诸如此类。

第 5 个关键字是 feature_names。实际上，它给出的就是 data 对应的各个特征的名称。对于葡萄酒数据集而言，它指的就是影响葡萄酒品质的 13 个特征值的名称。

我们可分别尝试输出这 5 个关键字，来感性认识一下它们的含义。首先，我们先输出葡萄酒数据集合的第 1 个关键字——data。

[1] 需要说明的是，此处 wine 仅为我们临时采用的变量名，可以用任何合法的 Python 变量名称代替它。
[2] 部分数据集有 filename 属性，而没有 target_names 属性。

```
In [5]: wine.data
Out[5]:
array([[1.423e+01, 1.710e+00, 2.430e+00, ..., 1.040e+00,
        3.920e+00, 1.065e+03],
       ..., （省略大部分数据）
       [1.413e+01, 4.100e+00, 2.740e+00, ..., 6.100e-01,
        1.600e+00, 5.600e+02]])
```

从输出结果可以看出，wine.data 输出的是除 target（即标签）外的所有特征数据，由于难以显示完毕，所以 Jupyter 会省略大部分数据。

如果我们想知道 wine 中一共有多少条记录，每条记录有多少个特征，那么利用它的"shape（尺寸）"属性即可获得。

```
In [6]: wine.data.shape
Out[6]: (178, 13)
```

该属性以元组的形式返回数据集合中的行和列的数量，从输出结果可以看出，共有 178 条记录，每条记录共有 13 个特征。

下面，我们再输出它的目标（target），看看它是什么样的数据，类似于 wine.data 的输出，利用 wine.target 即可完成输出。

```
In [7]: wine.target
Out[7]:
array([0, 0, 0, 0, 0, 0, 0, 0, 0, 0, 0, 0, 0, 0, 0, 0, 0, 0,
       0, 0, 0, 0, 0, 0, 0, 0, 0, 0, 0, 0, 0, 0, 0, 0, 0, 0,
       0, 0, 0, 0, 0, 0, 0, 0, 0, 0, 0, 0, 0, 0, 0, 0, 0, 0,
       0, 0, 0, 0, 0, 1, 1, 1, 1, 1, 1, 1, 1, 1, 1, 1, 1, 1,
       1, 1, 1, 1, 1, 1, 1, 1, 1, 1, 1, 1, 1, 1, 1, 1, 1, 1,
       1, 1, 1, 1, 1, 1, 1, 1, 1, 1, 1, 1, 1, 1, 1, 1, 1, 1,
       1, 1, 1, 1, 1, 1, 1, 1, 1, 1, 1, 1, 1, 1, 1, 1, 1, 1,
       1, 1, 1, 1, 2, 2, 2, 2, 2, 2, 2, 2, 2, 2, 2, 2, 2, 2,
       2, 2, 2, 2, 2, 2, 2, 2, 2, 2, 2, 2, 2, 2, 2, 2, 2, 2,
       2, 2, 2, 2, 2, 2, 2, 2, 2, 2, 2, 2, 2, 2, 2, 2])
```

上面 target 输出显示的每条记录对应的葡萄酒品类（由于 sklearn 倾向于支持数值特征，因此葡萄酒的三个品类被数字化为第 0 类、第 1 类和第 2 类，即三种品级）。我们很容易猜到，它共有 178 组数据，这是因为每组特征都对应一个目标（红酒的品级）。当然，我们可以用它的 shape 属性来验证我们的猜想。

```
In [8]: wine.target.shape
Out[8]: (178,)
```

从输出来看，这是一个包含一个元素的元组。因为输出是一个元组对象，所以即使只有一个元素（178），元组的那个标志性存在———一对圆括号，也是少不了的。如果你想通过 target 来得知共有多少条记录，那么也需要中规中矩地通过访问元组元素的语法来获得，即通过元组的方括号和下标 0 来获取。

```
In [9]: wine.target.shape[0]
Out[9]: 178
```

如果我们想知道 target（即分类的标签）到底是什么？就可以用 wine 对象的 target_names 来查看。

```
In [10]:  wine.target_names
Out[10]:  array(['class_0', 'class_1', 'class_2'], dtype='<U7')
```

可能 sklearn 想让用户专注于算法的设计，所以只给出了葡萄酒的笼统分类："class_0"、"class_1" 和 "class_2"。但实际上，这三类葡萄酒都是 "享有盛名" 的，它们分别是巴罗洛（Barolo）、格里诺利诺（Grignolino）和巴贝拉（Barbera）。如果你具备一些葡萄酒知识，就会知道，Barolo 自古以来就一直被视为是贵族饮用酒，在意大利被冠以 "葡萄酒的国王和国王的葡萄酒（King of the wine and wine for Kings）" 称号。

为什么我们要介绍上述背景呢？其实这是有原因的。我们知道，品酒，需要有品位。同样，"品" 数据，也需要算法工程师对数据有一定的认知，否则，缺少必要的领域知识，就只是一台数据分析机器，得出的结论可能会让领域专家 "贻笑大方"，或者得出明显有悖于行业常识的分析谬误，自己还可能浑然不知。

接下来，或许你也想知道，这酒品分类依据的 13 个特征，分别是什么呢？这时，我们就可以借助 feature_names 来输出各个特征的名称。通常来说，sklearn 都有良好的命名规则，能够 "见名知意"，因此，表示各个特征名称的关键字能在一定程度上能够帮助我们理解数据。

```
In [11]:  wine.feature_names
Out[11]:  ['alcohol', 'malic_acid', 'ash', 'alcalinity_of_ash', 'magnesium',
 'total_phenols', 'flavanoids', 'nonflavanoid_phenols', 'proanthocyanins',
 'color_intensity', 'hue', 'od280/od315_of_diluted_wines', 'proline']
```

从输出结果可以看出葡萄酒数据集合中（data）的 13 个特征（feature）名称。如果我们对这些特征还是不甚了然，该如何是好呢？这时，wine 的第 4 个关键字 DESCR 就起作用了，它会给你 "描述" 这个数据集的详细信息，包括数据的来源、特征的名称及各个特征的统计特性（如最大值、最小值、均值和方差）等。

为了加深读者的理解，这里我们给出这 13 个特征的中文描述，如表 2-3 所示。

表 2-3　葡萄酒各个特征的含义

名　称	含　义
Alcohol	酒精浓度
Malic acid	苹果酸含量（g/L）
Ash	灰分
Alkalinity of ash	灰分的碱度
Magnesium	镁（元素）含量
Total phenols	苯酚类化合物（mg/L）
Flavanoids	黄酮类化合物（mg/L）
Nonflavanoid	非黄酮类化合物（mg/L）
Proanthocyanins	原花青素（mg/L）
Color intensity	色泽深度
Hue	色调
OD280/OD315	经稀释后葡萄酒的吸光度比值
Proline	脯氨酸

为了扩展读者的一些领域知识，我们简单介绍表 2-3 中的含义。Alcohol 为葡萄酒中的酒精浓度；Malic acid 为葡萄酒中所含的苹果酸含量，其浓度会随葡萄成熟而减少；Ash 灰分是指加热葡萄酒，把水蒸发掉后的矿物质；Alkalinity of ash 为灰分的碱度；Magnesium 为镁含量，葡萄摄取的土壤中镁元素的含量；Total phenols 为苯酚类化合物，它会随着特定葡萄品种的栽培和酿造方式不同，而影响葡萄酒的品质和口味；Flavanoids 和 Nonflavanoid 为葡萄酒中的黄酮类化合物及非黄酮类化合物，酚类化合物中有 90%为黄酮类聚合物。

Proanthocyanins 为原花青素，它是一种特别的黄酮类化合物，能有效促进血液循环及预防心脏疾病；Color intensity 为葡萄酒的色泽深度；Hue 为葡萄酒的色调；OD280/OD315 为经稀释后葡萄酒的吸光度比值；Proline 为脯氨酸，它是 24 种氨基酸之一，通常在白葡萄中含量比较高，该特征意在检测是否为纯葡萄酿造或有无掺杂糖。

目前为止，我们对如何利用 sklearn 加载内置数据已有所了解。接下来，我们结合 Pandas 来处理数据。

二、利用 Pandas 处理数据

如前介绍，wine.data 是仅包含特征信息的 NumPy 数组，它直接作为 Pandas①的数据源。在使用 Pandas 前，需要实现加载这个第三方工具包。

---

① Pandas 是一种由 Python 编写的用于数据处理和分析的软件库。

```
In [12]:
01    import pandas as pd        #导入 Pandas 包
02    df_wine = pd.DataFrame(wine.data)
03    df_wine.head()              #验证语句，非必需。
```

输出结果

	0	1	2	3	4	5	6	7	8	9	10	11	12
0	14.23	1.71	2.43	15.6	127.0	2.80	3.06	0.28	2.29	5.64	1.04	3.92	1065.0
1	13.20	1.78	2.14	11.2	100.0	2.65	2.76	0.26	1.28	4.38	1.05	3.40	1050.0
2	13.16	2.36	2.67	18.6	101.0	2.80	3.24	0.30	2.81	5.68	1.03	3.17	1185.0
3	14.37	1.95	2.50	16.8	113.0	3.85	3.49	0.24	2.18	7.80	0.86	3.45	1480.0
4	13.24	2.59	2.87	21.0	118.0	2.80	2.69	0.39	1.82	4.32	1.04	2.93	735.0

简单解释一下上述代码。第 01 行加载 Pandas。第 02 行将前面由 sklearn 读取的特征数据（wine.data）作为 Pandas 的数据源，将其返回的结果赋值给 df_wine（这是一个 DataFrame 对象）。第 03 行输出数据集的前 5 行，Pandas 中的 head( )默认返回前 5 行数据，也可以通过显式设置 head(n)，来返回前 n 行的数据，此处 n 为行号。

从上面的输出可以看出，Pandas 并没有输出每列的属性名，而是用阿拉伯数字 0,1,…,12 来代表这 13 个特征名称，这样的数字编号让用户难以理解数据各个属性的含义。这时，我们可以给 Pandas 的 columns 属性赋值，手动添加它的特征名称，相关代码如下。

```
In [13]:
01    df_wine.columns = wine.feature_names    #将属性名赋值给 Pandas 的 DataFrame
02    df_wine.head()            #再次输出前 5 行，以验证设置前后的变化
```

输出结果

	alcohol	malic_acid	ash	akcalinity_of_ash	magnesium	total_phenols	flavanoids	nonflavanoid	proanthocyanins	c
0	14.23	1.71	2.43	15.6	127.0	2.80	3.06	0.28	2.29	
1	13.20	1.78	2.14	11.2	100.0	2.65	2.76	0.26	1.28	
2	13.16	2.36	2.67	18.6	101.0	2.80	3.24	0.30	2.81	
3	14.37	1.95	2.50	16.8	113.0	3.85	3.49	0.24	2.18	
4	13.24	2.59	2.87	21.0	118.0	2.80	2.69	0.39	1.82	

从上面输出结果可以看出，Pandas 的各列已成功拥有了名称，输出结果的可读性提高了。

在前面的讨论中，我们已经提到，sklearn 将数据集的特征和标签分开存储。如果我们希望这两类"合二为一"该怎么办呢？这在 Pandas 是容易做到的，添加一列存储标签信息即可。

```
In [14]:
01   df_wine['wine_class']= wine.target    #为 DataFrame 增加一列 wine_class
02   df_wine.tail()                        #显示数据集合的最后 5 行
```

输出结果

nols	flavanoids	nonflavanoid_phenols	proanthocyanins	color_intensity	hue	od280/od315_of_diluted_wines	proline	wine_class
1.68	0.61	0.52	1.06	7.7	0.64	1.74	740.0	2
1.80	0.75	0.43	1.41	7.3	0.70	1.56	750.0	2
1.59	0.69	0.43	1.35	10.2	0.59	1.56	835.0	2
1.65	0.68	0.53	1.46	9.3	0.60	1.62	840.0	2
2.05	0.76	0.56	1.35	9.2	0.61	1.60	560.0	2

从上面输出结果的最后一列可以看到，DataFrame 的确增加了一个新列 wine_class，它的值就是葡萄酒的分类信息。

三、分割数据集合

如前所述，通常我们至少要把整个数据集合分割为两部分：训练集合和测试集合。训练集合用于训练，测试集合用于测试。为了保证数据分割的随机性和专业性，sklearn 提供了专门的函数 train_test_split()。

在前面，为了回顾 Pandas 的使用，我们利用 Pandas 将数据集合中的 data（特征数据）和 target（标签数据）合二为一。这是因为，除 sklearn 外，数据集合的特征数据和标签数据通常是存在一个文件中的，这是一种更普遍的状态。

为了处理方便，train_test_split()要求特征数据和标签数据必须是分开的。那么怎样把一个原本完整的数据分开呢？若使用 Pandas 对数据进行处理，则通过 drop()方法实现。

```
In [15]:
01   #将名为 wine_class 的列删除，剩余部分（特征）赋值给 X
02   X = df_wine.drop('wine_class', axis = 1)
03   #将名为 wine_class 的列赋值给 y
04   y = df_wine ['wine_class']
```

在上述代码中，第 01 行的 drop()函数"指名道姓"地删除名为 wine_class 的数据，为了准确起见，还指定了删除数据所处的坐标轴（axis），其值为 1，表示删除 wine_class 所在列。

另外，在 sklearn 中，我们还常有不成文的约定：通常用大写的 X 表示特征向量（这里共有 13 个），而用小写的 y 表示预测的目标值（这里有 1 个）。如果仅操作 sklearn 自带的数据集，那么上述代码可简写为如下方式。

```
X = wine.data
y = wine.target
```

如果对 Python 语法比较熟悉，那么上述语句还能合并为一行代码。

```
X, y = wine.data, wine.target
```

下面，我们就利用函数 train_test_split()分别把 X 和 y 分割为两个测试集合和训练集合。由于 X 和 y 都被分割为两部分，因此需要 4 个变量来分别接收它们。

```
In [16]:
01   from sklearn.model_selection import train_test_split
02   X_train, X_test, y_train, y_test = train_test_split(X, y, test_size = 0.3,
                                          random_state = 0)
```

上述代码的第 01 行需要导入训练集合与测试集合的分割函数 train_test_split。第 02 行表示实施分割任务，将 X（第 1 个参数表示特征数据）和 y（第 2 个参数表示标签数据）分割为两部分，其中测试集合占 30%（第 3 个参数的值可以自定义，默认值为 0.25）。第 4 个参数表示配合抽取数据的随机种子，如果 random_state 取值为 0 或 None，那么每次生成的数据都是随机，抽样结果可能都不一样。如果 random_state 取值为某个整数值，那么每次抽取的数据都是相同的，这对需要重复验证的实验比较有用。

如前所述，train_test_split 函数同时返回 4 个值（实际上返回的是一个把这 4 个元素打包的元组），分别赋值给 X_train、X_test、y_train、y_test，这 4 个接收变量的名称自然可以不同，但它们的逻辑顺序一定要正确，它们依次分别为训练集合的特征数据、测试集合的特征数据、训练集合的标签数据和测试集合的标签数据。

四、构造多层感知机模型

在数据分割完成后，下面我们就可以构造多层感知机模型了。

```
In [17]:
01   from sklearn.neural_network import MLPClassifier      #导入多层感知机分类器
02   #创建多层感知机分类器模型
03   model = MLPClassifier(solver = "lbfgs",hidden_layer_sizes=(100,))
```

在上述有效 Python 代码中，第 01 行导入多层感知机分类器（Multi-layer Perceptron Classifier，MLPClassifier），这里的多层通常不超过 7 层，即浅度神经网络。这个模型是由 sklearn 提供的，无须自己编写。

第 03 行创建一个多层感知机分类器模型的实例 model，该模型共有 20 多个参数，若不显式地给这些参数赋值，则通常会启用该参数的默认值。例如，感知机模型中的激活函数选项包括{identity, logistic, tanh, relu}。由于修正线性单元 ReLU 性能较好，因此，ReLU 就是激活函数的默认值（注意，作为参数值时，这些值必须是用引号引起来的全部小写的字符串）。

这里我们仅给出两个自定义的参数。第一个参数是 solver，其含义为"解题者"。为何有这样的称谓呢？我们知道，每个机器学习模型实际上都对应一个代价函数。为了达到某种性能指标，通常需要找到这个函数的最优解（或次优解），但这类目标函数可能会有成千上万个未知参数，故求函数的显式通解一般来说是不可能的。因此，另外一种常见的方法就是按照某种策略试探性地获得最优解或次优解，这种策略通常就称为优化算法。

这就好比爬山，山顶最高峰是一定存在的（这好比目标函数存在最优解），那么如何最快或最稳妥地爬到山顶，就需要大家"各显神通"了。

很显然，不同的自身条件，需要采用不同的爬山策略。挑山工和探险客就不太可能采取相同的策略。类似地，不同的数据特性也可能需要采用不同的"solver"。对于机器学习而言，常见的 solver 包括但不限于：lbfgs（拟牛顿法优化器，适合于大规模数值计算）、sgd（传统的随机梯度递减优化器，收敛较慢且容易陷入局部最优解）和 adam（自适应矩估计优化器）。由于 adam 收敛速度快，因此在多层感知机分类器中，它被设置为默认优化器。

多层感知机分类器的第二个重要参数就是 hidden_layer_sizes，该参数非常重要，因为它决定着神经网络的拓扑结构。我们知道，神经网络通常由 3 部分构成：输入层、隐含层和输出层，如图 2-14 所示。

在设置神经网络中的这些参数时是有规律可循的。由于输入层和输出层神经元的数量取决于数据特性和用户的目标，因此这些神经元的数量基本都是固定的。例如，针对当前判定葡萄酒种类的案例，我们要依据 13 个特征来判定，那么输入层就是 13 个神经元，而输出是某葡萄酒的种类，一个神经元就能完成这个输出，因此输出层神经元的个数为 1。

作为算法工程师，目前你所能决定的就是隐含层的拓扑结构[①]。我们把这种不能通过学习得到而是凭人为经验设定的参数，称为超参数（Hyper Parameters）。相比而言，模型可以根据数据自动学习出来的变量就是参数。例如，神经网络中神经元彼此连接的权值和偏置等都属于参数。

我们通过设置 hidden_layer_sizes 来决定神经网络的拓扑结构，它的赋值是一个元组对象。元组的结构和元素内涵都是有讲究的：元组内的元素个数就是隐含层的层数，每个元素具体的数字就是某个隐含层神经元的个数，元素的先后顺序就是隐含层的先后顺序。

例如，有多少个隐含层、每个隐含层有多少个神经元这类参数就属于超参数。在设置这些参数时，设计人员之于神经网络，就好比有了"上帝之眼"，"超参数"的"超"就来自这层含义。

[①] 为了简化描述，这里没有考虑算法工程师所做的特征选择。事实上，算法工程师可以通过分析数据来删除某些无用特征，或人为构造某些有用特征。

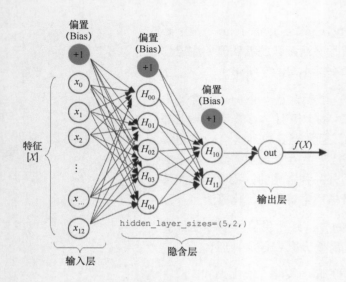

图 2-22 神经网络拓扑结构的设计

例如，"hidden_layer_sizes=(100,)"表示有一个隐含层，该层有 100 个神经元。若再加上输入层和输出层，则这个神经网络的拓扑结构就是 3 层。又如，"hidden_layer_sizes=(5,2,)"表示有 2 个隐含层，第 1 个隐含层有 5 个神经元，第 2 个隐含层有 2 个神经元。在整体上，若再加上输入层和输出层，则这个神经网络的拓扑结构就是 4 层（见图 2-22）。需要说明的是，超参数的设置大多是经验之谈，需要多次"折腾"才能找到比较合适的参数值。

五、训练模型与预测

当神经网络结构搭建好后，下面的工作（训练模型和使用模型预测新样本）就水到渠成了。

```
In [18]:
01   #训练模型
02   model.fit(X_train, y_train)
```

然后，在 sklearn 中，模型的训练统称为 fit()。"fit"本身的含义是"拟合"。本质上讲，所谓的模型训练，实际上就是在训练集合上做数据拟合，以找到最佳的网络参数。由于分类属于典型的有监督学习，因此函数 fit()提供两个参数，前者 X_train 是特征数据，后者 y_train 是标签（目标）数据。

在模型训练完毕后，就可以测试模型的性能了。下面的代码就是利用训练得到的模型分别在训练结合和测试集合上进行预测。

```
In [19]:
01   #在训练集合和测试集合上进行预测
02   y_predict_on_train = model.predict(X_train)
03   y_predict_on_test = model.predict(X_test)
04   #模型评估
05   from sklearn.metrics import accuracy_score
06   print('训练集合的准确率为: {:.2f}%'.format(100 * accuracy_score(y_train, y_
     predict_on_train)))
07   print('测试集合的准确率为: {:.2f}%'.format(100 * accuracy_score(y_test, y_
     predict_on_test )))
```

输出结果

训练集合的准确率为: 32.26%
测试集合的准确率为: 35.19%

从输出结果可以看出，预测的效果非常不好。一开始，模型的性能不好，这非常正常。作为算法工程师，我们的调参的工作才刚刚开始。下面我们就示范如何调参及做数值预处理，其对神经网络性能的影响，甚至达到"云泥之别"。

首先，我们使用两层隐含层，每层 10 个神经元，其他代码不变，看看效果是否有所改善。

需要说明的是，如果随机种子不固定，每次运行 train_test_split，产生的训练集合测试集都是不同的，因此本例的输出结果浮动较大。

```
In [20]:
……
model = MLPClassifier(solver = "lbfgs",hidden_layer_sizes= (10,10,))
……
```

运行结果

```
训练集合的准确率为：39.52%
测试集合的准确率为：40.74%
```

从输出结果可以看到，性能稍有改善，但还是不尽人意。其实主要原因在于，我们没有对数据进行预处理。

我们知道，葡萄酒数据集合中共有 13 个特征，从前面可知，这些特征的量纲可能不在一个量级上（可参考 In [13]的输出）。例如，第 13 个特征脯氨酸含量的取值范围都是超过 1000 的，而有些特征，如第 2 个特征苹果酸含量的取值范围小于 3。同样是取值变化 1，对脯氨酸而言，取值浮动不过是千分之一，而对苹果酸而言，浮动就超过了 30%。所以，不同取值范围的特征放在一起，取值范围大的特征的变化很容易"湮没"取值范围小的特征的变化。

因此，为了公平起见，通常需要将样本的不同特征需要做一些数据预处理，其中归一化（Normalization）处理就是常见的方法之一，该方法将所有特征值映射到[0,1]范围内处理，这是常见的数据预处理手段。

归一化机制有很多，最简单的方法是：对于给定的特征，首先找到它的最大值（MAX）和最小值（MIN），然后对于某个特征值 x 进行归一化处理，其归一化值 x' 可表示为

$$x' = \frac{x - \text{MIN}}{\text{MAX} - \text{MIN}} \tag{2-14}$$

数据预处理对模型性能影响很大。如果你给模型"吃的是草"（Raw Data，原始数据），就别指望它给你"挤出的是奶"（好的性能）。下面我们对数据做缩放预处理，这时需要导入标准缩放模块 StandardScaler。

```
In [21]:
01   from sklearn.preprocessing import StandardScaler
02   scaler = StandardScaler()
```

```
03   scaler.fit(X_train)
04   #对训练集合和测试集合均做缩放处理
05   X_train = scaler.transform(X_train)
06   X_test = scaler.transform(X_test)
```

然后，其他参数均保持不变，我们再次看看模型的性能如何。

```
In [22]:
01   #导入多层感知机分类器
02   from sklearn.neural_network import MLPClassifier
03   #创建多层感知机分类器
04   #使用一层网络
05   model = MLPClassifier(solver = "lbfgs",hidden_layer_sizes=(100,))
06   #solver : {'lbfgs', 'sgd', 'adam'}, default 'adam'
07   #训练感知机
08   model.fit(X_train, y_train)
09   #在训练集合和测试集合上做预测
10   y_predict_on_train = model.predict(X_train)
11   y_predict_on_test = model.predict(X_test)
12   #模型评估：查看预测准确率
13   from sklearn.metrics import accuracy_score
14   print('训练集合的准确率为: {:.2f}%'.format(100 * accuracy_score(y_train, y_
     predict_on_train)))
15   print('测试集合的准确率为: {:.2f}%'.format(100 * accuracy_score(y_test, y_
     predict_on_test )))
```

输出结果

训练集合的准确率为：100.00%
测试集合的准确率为：96.30%

从输出结果可以看出，经过数据预处理后，多层感知机模型性能达到较为完美状态，训练集的预测准确率为 100%，测试集的预测准确率也到达 96%以上。这给我们的启示是，数据预处理是非常重要的，这项工作有时占整个机器学习任务的大部分工作量。因此，有人就指出，数据预处理和特征工程决定了机器学习的上限，而模型和算法只是逼近这个上限而已。

在本例中，由于机器学习任务相对简单，因此我们并没有使用特征工程。其实，在传统的机器学习任务中，特征工程也是一个非常重要的"工序"，它的核心任务就是，将原始数据转化为有用的特征，以便更好地表示预测模型处理的实际问题，提高对未知数据预测的准确率。

六、查看模型参数

神经网络模型的核心就是找到各个神经元的连接权值（包括偏

置），它们是支撑模型的关键。我们可以很容易利用如下代码输出这些关键参数。

事实上，这种输出并不是必需的，这么做仅是为了加深读者对回归模型的理解。

```
In [23]: model.coefs_[0]    #输出偏置参数权值
Out[23]:
array([[ 0.17798393, -0.36654496,  0.16594866, ...,  0.2636895 ,
        -0.11608851,  0.04236262],
       ……（手工删除大部分输出）

       [ 0.11228491, -0.13218683, -0.17687496, ...,  0.03586755,
        -0.04372992,  0.10494191]])
In [29]: model.coefs_[1]
Out[29]:
array([[-1.26675870e-01, -1.04478871e-01, -5.89352607e-03],
       [-4.38184749e-01,  4.14986656e-01, -3.85983596e-01],
       [-2.66283325e-01,  6.97096981e-03, -1.87502942e-01],
       ……（手工删除大部分输出）
       [-7.55132807e-02,  1.66824857e-01, -4.14050105e-02],
       [ 6.04796639e-02,  1.72572687e-01, -9.87014511e-03]])
```

至此，我们把利用 sklearn 构造神经网络解决分类任务的流程详细地执行了一遍。为了辅助读者理解，我们添加了很多额外的代码。而实际上，如果我们对这个流程熟稔于心后，本例相关的核心代码不过 20 多行而已（参见随书源代码），这就是利用机器学习框架带来的便捷。

但如前所言，sklearn 虽好用，但相对保守，它对新生事物——深度学习并不支持，所以为了完成深度学习任务，我们还需要借助另外一个学习框架——Tensorflow，这正是我们下一章将要讨论的问题。

2.7 本章小结

在本章中，我们首先讲了人工神经网络中"学习"的本质，神经元之间的联系强度（也称为权值）的变化。人工神经网络性能的好坏高度依赖神经系统的复杂程度，它通过调整内部大量神经元之间的互联权值，达到处理信息的目的，并具有自学习和自适应的能力。

然后，我们系统描述了人工神经元的载体——感知机的运行机理，并用西瓜和香蕉的判定案例，感性地谈了谈感知机的工作流程。然后，我们又给出了感知机的形式化学习规则及感知机的表征能力。

你能想象吗？左边显示的大量参数，就是神经网络从数据中学习得到的"暗知识"[16]。

暗知识是由一种机器发现的，而人类无法理解的知识。

当机器掌握了这些暗知识，就可以完成指定的任务了。

简单来说，感知机就是一个由两层神经元构成的网络结构，输入层接收外界的输入，通过激活函数（阈值）变换，把信号传送至输出层，因此它也被称为"阈值逻辑单元"，正是这种简单的逻辑单元，慢慢演进，越来越复杂，构成了多层前馈神经网络。

接着，我们又讨论了多层前馈神经网络。多层前馈神经网络的最大优势就是提高了表征能力，它能简单、优雅地解决困扰 Rosenblatt 的"感知机异或难题"，然后我们基于多层神经网络，结合优秀的机器学习框架——sklearn，给出了如何利用多层神经网络解决葡萄酒的分类问题。

2.8 思考与习题

通过本章的学习，请思考并解决如下问题。

1. 借助机器学习框架 sklearn，利用该框架的 Perceptron 模型，重新实现范例 2-1 和范例 2-2 代码实现逻辑操作"与（AND）""或（OR）"和"非（NOT）"等功能，感受使用框架带来的便捷之美。

2. 单纯利用感知机（没有隐含层的神经网络），其功能就足够强大到解决部分实际问题，请参考表 2-2，导入鸢尾花数据集，并对鸢尾花进行分类预测。

3. 借助机器学习框架 sklearn，利用该框架的 MLPClassifier 模型，解决 Rosenblatt 之痛——"异或（XOR）"问题。

4. 物理学家张首晟曾指出："人类看到飞鸟遨游天空，便有了飞翔的梦想。但是早期的仿生却都失败了。理论物理指导我们理解了飞行的第一性原理，就是空气动力学，造出的飞机不像鸟却比鸟飞得更高、更远。人工智能也是一样，人类的大脑给了我们智能的梦想，但不能简单地停留在神经元的仿生，而要理解智慧的第一性原理，才能有真正的大突破！"针对人工神经网络的发展，你对此观点有什么感悟？

参考资料

[1] MCCULLOCH W S, PITTS W. A logical calculus of the ideas immanent in nervous activity[J]. The bulletin of mathematical biophysics, 1943, 5(4): 115–133.

[2] ROSENBLATT F. The perceptron: a probabilistic model for information storage and organization in the brain.[J]. Psychological review, 1958, 65(6): 386.

[3] 周志华. 机器学习[M]. 北京: 清华大学出版社, 2016.

[4] MINSKY M, PAPERT S A. Perceptrons: An introduction to computational geometry[M]. USA: MIT press, 2017.

[5] 张钹, 朱军, 苏航. 迈向第三代人工智能[J]. 中国科学: 信息科学, 2020, 50: 1281-1302.

[6] HORNIK K, STINCHCOMBE M, WHITE H. Multilayer feedforward networks are universal approximators[J]. Neural networks, 1989, 2(5): 359–366.

[7] 邱锡鹏. 神经网络与深度学习[M]. 北京: 机械工业出版社, 2020.

[8] MICHAEL A. NIELSEN. A visual proof that neural nets can compute any function[EB/OL]. Neural Networks and Deep Learning, . http://neuralnetworksanddeeplearning. com/chap4.html.

[9] NAIR V, HINTON G E. Rectified linear units improve restricted boltzmann machines[C]//Proceedings of the 27th international conference on machine learning (ICML-10). 2010: 807–814.

[10] LENNIE P. The cost of cortical computation[J]. Current biology, 2003, 13(6): 493-497.

[11] Maas A L, Hannun A Y, Ng A Y. Rectifier nonlinearities improve neural network acoustic models[C]//Proc. icml. 2013, 30(1): 3.

[12] CLEVERT D A, UNTERTHINER T, HOCHREITER S. Fast and accurate deep network learning by exponential linear units (ELUs)[J]. arXiv preprint arXiv:1511.07289, 2015.

[13] HENDRYCKS D, GIMPEL K. Gaussian error linear units (GELUs)[J]. arXiv preprint arXiv:1606.08415, 2016.

[14] SITZMANN V, MARTEL J N P, BERGMAN A W, et al. Implicit Neural Representations with Periodic Activation Functions[J]. arXiv preprint arXiv:2006.09661, 2020.

[15] FORINA M, ARMANINO C, CASTINO M, 等. Multivariate data analysis as a discriminating method of the origin of wines[J]. Vitis, 1986, 25(3): 189–201.

[16] [美]王维嘉. 暗知识：机器认知如何颠覆商业和社会[M]. 北京：中信出版社. 2019.

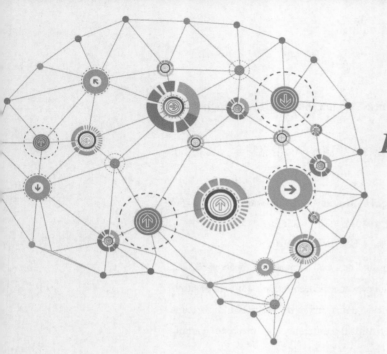

Deep Learning
&
TensorFlow

第 3 章　初识 TensorFlow

它山之石，可以攻玉。为了提高机器学习项目的开发效率，通常需要计算框架为我们助上一臂之力。由谷歌荣誉出品的 TensorFlow，则是深度学习框架的杰出代表作。在本章，我们主要介绍 TensorFlow 的安装和 TensorFlow 2 的新特性。

《荀子·劝学》中有句名言，"君子生非异也，善假于物也"。说的是，君子的资质与一般人没什么区别，之所以君子高常人一等，是因为他能善于利用外物。因此，善于利用已有条件，是君子成功的一个重要途径。这句话对从事深度学习工作的算法工程师而言，同样是适用的。

在前面的章节中，通过对 sklearn 的初步使用，我们已经感受到，利用计算框架可以给我们带来更多开发的便捷和高效。对深度学习而言，TensorFlow 也是一个备受业界推崇的计算框架，值得我们掌握。

3.1　TensorFlow 概述

我们知道，在与计算机相关的很多领域（如大数据处理、分布式计算和智能搜索等）中，Google（谷歌）公司都有卓越的表现，为计算机世界贡献了很多划时代的产品。在人工智能领域，它的贡献依然可圈可点。2011 年，Google 公司开发了它的第一代分布式机器学习系统 DistBelief[1]。著名计算机科学家杰夫·迪恩（Jeff Dean）和深度学习专家吴恩达（Andrew Y. Ng）都是这个项目的核心成员。

通过迪恩等人设计的 DistBelief，Google 可利用数据中心数以万计的 CPU 核，并以此建立深度神经网络。借助 DistBelief，Google 的语音识别准确率比之前提高了 25%。除此之外，DistBelief 在图像识别上也大显神威。

很显然，DistBelief 已然具备一定程度的自学能力。当然，这套系统的计算开销亦不容小觑。它由 1000 台机器组成，共包括 16 000 个内核，训练的神经网络参数高达百亿级别。

一开始，DistBelief 作为谷歌 X-实验室的"黑科技"也是闭源的，可能是 Google 想让开源社区来维护 DistBelief。现如今，开源社区之所以红红火火，就是因为，根据相关规则，使用开源代码的个人和机构，必须让自己在开源代码的基础上再开发代码，继续保持开源。这样一来就形成了"人人为我，我为人人"的发展态势，进而形成了群策群力力量大的格局。因此，在 2015 年 11 月，Google 将 DistBelief 的升级版实现正式开源，其协议遵循 Apache 2.0。而这个升级版的 DistBelief 也有了一个新的名称，它就是本章的主角——TensorFlow[2]，其图标如图 3-1 所示。

为什么要取这么一个名字呢？这自然也是有讲究的。TensorFlow 的命

图 3-1　TensorFlow
的图标

名源于其运行原理，"Tensor" 的本意是 "张量[①]"，"张量" 通常表示多维数组。在深度学习项目中，数据大多都高于二维，所以利用深度学习处理的数据核心特征来命名是有意义的。"Flow" 的本意就是 "流动"，它意味着基于数据流图的计算。

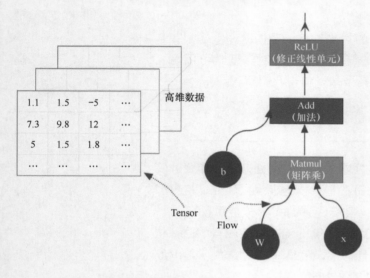

图 3-2　TensorFlow 中的数据流图

合在一起，"TensorFlow" 的意思就是，张量从数据流图的一端流动到另一端的计算过程。而数据的流动其实就是计算的过程，这正是 TensorFlow 描述的本质所在，它生动形象地描述了复杂数据结构在人工神经网络中的流动、传输、分析和处理过程（见图 3-2）。笼统来讲，在这个图中，节点代表操作（Operation，Op），如其中的加法、乘法及激活函数操作，图中的"边"表示张量（即数据）流过系统。在后续的章节中，我们会详细讨论这些概念。

3.2　TensorFlow 特征

从上面的介绍可以看出，TensorFlow 是一款用于数值计算的深度学习框架，它提供封装好的应用程序接口（Application Programming Interface，API），有了这些 API 的"保驾护航"，使用户的开发效率大大提高。当然，这些机器学习算法也包括目前主流的深度学习算法。

作为一款优秀的深度学习框架，TensorFlow 在诸多方面都有着卓越的表现。例如，设计神经网络结构的代码非常简捷，部署也比较便利。特别是有技术实力雄厚的 Google 做技术支撑，拥护者众多，也在很大程度上保证了其社区的活跃度，从而也导致 TensorFlow 在技术演化之路上更新迭代非常快，基本上每周都有上万行代码的提交。

---

① 在机器学习中，数值通常由以下 4 种类型构成。
（1）标量（Scalar）：一个数值，它是计算的最小单元，如"1"或"3.2"等。
（2）向量（Vector）：由一些标量构成的一维数组，如[1, 3.2, 4.6]等。
（3）矩阵（Matrix）：由标量构成的二维数组。
（4）张量（Tensor）：由多维（通常 $n \geqslant 3$）数组构成的数据集合，可理解为高维矩阵。

TensorFlow 的优点主要表现在如下 4 个方面。

（1）TensorFlow 有一个非常直观的构架。顾名思义，它有一个"张量流"。用户可以很容易地、可视化地看到张量流动的每一个环节（需要借助 TensorBoard，在后面的章节会有所提及）。

（2）TensorFlow 的设计是可移植的。它可轻松地在 CPU、GPU 上部署。经过少许修改或基本不改动的代码，可在云计算、集群等平台进行分布式计算，为大数据分析提供了技术支撑。

（3）跨平台性好，灵活性强。TensorFlow 不仅可在 Linux、macOS 和 Windows 系统中运行，甚至还可在移动终端下工作。

（4）调试方便，提供"即时执行"功能。即时执行（Eager Execution）是一个命令式、由运行定义的接口，一旦调用，可立即执行操作，这使得 TensorFlow 的调试变得更简单，也使得运行变得更直观。

TensorFlow 的核心 API 主要由 C++语言编写而成，但为了使用方便，它还提供了多种高级语言的前端接口，包括 Python、C++、Java、JavaScrip 及 Go 语言等。

当然，TensorFlow 也有不足之处，其主要表现在：相比于其他计算框架，它的代码偏底层，依然需要用户编写大量代码，而且有很多相似的功能，用户不得不"重造轮子"。但瑕不掩瑜，TensorFlow 还是以雄厚的技术积淀、稳定的性能，"笑傲"于众多深度学习框架之巅。

3.3　深度学习框架比较

"工欲善其事，必先利其器。"事实上，适用于深度学习的"器"有很多，如 Theano、Keras、Caffe 及 PyTorch 等，它们各有特色。下面我们对这几款比较流行的深度学习框架分别给予简单的介绍，为读者提供一个宏观的认知。

3.3.1　Theano

Theano 是一个偏向底层的深度学习框架，它开启了基于符号运算的机器学习框架的先河（见图 3-3）。Theano 支持自动的函数梯度计算，带有 Python 接口，并集成了 NumPy。所以，从严格意义上来说，Theano 就是一个基于 Python 和 NumPy 而构建的数值计算工具包。

图 3-3　深度学习框架先驱 Theano

相比于 TensorFlow、Keras 等框架，Theano 更显学术范儿，因为它并没有提供专门的深度学习 API 接口。如 Theano 没有神经网络的分级。因此，用户需要从底层开始，做许多工作，来创建自己需要的模型。

框架毕竟就是一个半成品，最终要能出活，才是硬道理。受限于其底层特性，Theano 在出活效率上，表现平平。当开发效率更高的后起之秀蜂拥而出时，也该是它退出江湖之日。

Theano 的开发始于 2007 年，早期的开发者包括当今深度学习大家约书亚·本吉奥（Yoshua Bengio）和他的学生伊恩·古德费洛（Ian Goodfellow，GAN 框架的提出者）。在 2017 年 9 月 29 日，本吉奥宣布，在发布 Theano 1.0 版本后，Theano 光荣退休。

虽然 Theano 已淡出历史舞台，但其功绩不可磨灭，其最大的"技术遗产"在于，它极大地启迪或培养了其他深度学习框架。在某种程度上，TensorFlow、Keras 都继承了它的部分基因。

3.3.2　Keras

Keras 是一个纯 Python 编写的深度学习库，它提供很多高级神经网络 API，通过一系列的配置，它可以工作在 CNTK（微软公司开发的一款深度学习开发框架）、Theano 和 TensorFlow 等框架之上。因此，Keras 可被视为在上述框架下的二次封装。也就是说，如果想用 Keras，那么必须预先安装上述框架的一种或多种。

Keras 的语法简捷，用户可以直观地了解它的指令、函数和每个模块之间的连接方式。作为极简主义的代表，Keras 经过高度封装，在一些场景下，仅需几行代码就能构建一个能够正常工作的神经网络，或用十几行代码就能搭建一个 AlexNet 网络（2012 年，ImageNet 竞赛冠军 Alex Krizhevsky 设计的卷积神经网络）。这种高效性是其他深度学习框架难以企及的。

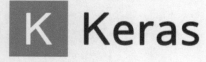

图 3-4　Keras 的图标与口号

这样看来，Keras 简直太"平易近人"了。Keras 的宣传口号是"You have just found Keras."（你才发现 Keras）。但有时候，某个事物的优点也恰是它的缺点，就看你从哪个角度来审视它了。Keras 的高度封装性，的确让用户的开发效率变得很高，但也因为它的高度封装性，不容你置喙于它的个性化设置。Keras 的图标与口号如图 3-4 所示。

Keras 最初是由 Google AI 开发人员弗朗索瓦·肖莱（Francois Chollet）创建和开发的。Google 员工和 Keras 创始人，这个双重身份，就决定了 Keras 与 TensorFlow 有着千丝万缕的联系。

一开始，TensorFlow 仅仅是 Keras 的后台（Backend）之一。但在 TensorFlow 1.10 版本之后，TensorFlow 开始引入 tf.keras 子模块，这是将 Keras 集成在 TensorFlow 中的第一步。2019 年 6 月，Google 发布 TensorFlow 2，直接宣布 Keras 成为 TensorFlow 的官方高级 API 的一部分。

鉴于 Keras 和 TensorFlow 有"合二为一"的趋势，所以，在本书后续章节的代码，将会是这两大框架的混合使用。

3.3.3　Caffe

Caffe 的成名，最早源于在加州大学伯克利分校（University of California，Berkeley）博士生贾扬清撰写的一篇论文——*Caffe: Convolutional architecture for fast feature embedding*[3]。顾名思义，Caffe 的主要用途体现在"用于快速特征提取的卷积架构"。这篇有关 Caffe 的论文，一经面世，就受到世人的极大关注，"谷歌学术"上显示它的引用次数已超过 14 000 次，可见其受关注程度之高。目前，Caffe 已被广泛应用在工业界和学术界，Caffe 的图标如图 3-5 所示。

图 3-5　Caffe 的图标

设计之初，Caffe 仅关注计算机视觉领域问题的处理，因此，可将其视为一个面向图像处理的专用卷积神经网络（CNN）框架。但随着它的开源（遵循 BSD 协议），社区人员不断"添砖加瓦"，让它的通用性日臻完美，它也开始在文本、语音及时间序列数据等领域，有着非凡的表现。

Caffe 的一个突出优势是，它有一个模型百宝箱——Model Zoo（模型动物园），在这个园子里，汇集了大量已经训练好的经典模型，如 AlexNet、VGG、Inception、ResNet 等。这样一来，一些常用模型根本无须用户训练，选好拿来就可使用，节省了大量的模型训练时间。如果说高度封装性成就了 Keras 的"极简主义"，那么 Model Zoo 成就了 Caffe 的"极速主义"。

"黄金无足色，白璧有微瑕"。Caffe 自然也有其不足之处。首先，它不够灵活，模型虽然可以拿来就用，但倘若需要对模型做一些小的变更，都需要用户利用 C++和 CUDA 更新底层代码。

其次，源于其诞生基因，Caffe 天生对卷积神经网络有着卓越的支持，但对于递归神经网络（Recurrent Neural Network，RNN）和"长短期记忆"（Long Short-Term Memory，LSTM）的支持，表现不佳。

目前，Caffe 慢慢退出深度学习框架的前台，逐渐变成 PyTorch 的后台（Backend）。

3.3.4 PyTorch

PyTorch 是由 Torch7 团队开发的一款深度学习框架，它是非常有潜力的后起之秀。从历史渊源上来讲，它脱胎于另一款深度学习框架——Torch。Torch 本身也很优秀，但它的编程语言是 Lua，这是一门用 C 语言编写的、可扩展的轻量级编程语言。正由于 Lua 语言的小众化，导致 Torch 的受众也有限，这成为 Torch 发展的一大障碍。

目前，深度学习社区的编程语言，绝大多数以 Python 为主。在这个大趋势下，"识时务者为俊杰"，Torch7 团队改用 Python 重新开发了 Torch，取名为 PyTorch，其图标如图 3-6 所示。

PYTORCH
Deep Learning with PyTorch

图 3-6　PyTorch 的图标

PyTorch 非常年轻，2017 年 3 月才开源发布。一经发布，PyTorch 就受到了社区的热烈支持。PyTorch 的设计思路是线性的，代码直观易用，调试方便。它的主要优点还在于，能够支持动态神经网络，通过一种反向自动求导计数，可以让用户零延迟地改变神经网络的行为。完善而清晰的文档支持，简捷而优雅的语法构成，特别受到学术界的支持，大有超越 TensorFlow 之势。

当然，PyTorch 也有不足。它最大的不足之处就在于"太年轻"，生态还有待改善。但后生可畏，不容小觑，特别是有 Facebook 这样的大公司做技术支撑，且把 Caffe 作其后端，方便性和实用性都大大增强，目前 PyTorch 在学术界已占据半壁江山。

> 根据"存在即合理"的哲学理念，之所以这些框架可并存、能共进，肯定是因为它们各自找到了有自己存在价值的细分市场。

事实上，有关深度学习的计算框架层出不穷，远远不止前文提及的这几个。例如，比较有名的框架还有 Chainer（由日本公司 Preferred Networks 领导开发的开源深度学习框架，PyTorch 就从该框架借鉴很多简捷的设计风格）、MXNet（由李沐等人开发的支持多语言开发的深度学习框架，现被亚马逊官方采用）[4]。中国科技公司也开始在深度学习框架中暂露头角，如百度公司的飞桨（PaddlePaddle）、华为公司的 MindSpore，都在深度学习框架中"可圈可点"，值得关注。

读者朋友需要根据自己的应用场景来选择适合自己的计算框架，不必拘泥于本章的主要讲解对象 TensorFlow。下面我们介绍 TensorFlow 的安装。虽然 TensorFlow 适用于三大主流系统 Windows、Linux、和 macOS，但客观来讲，TensorFlow 对 Linux 和 macOS 支持较好，而对 Windows 支持相对较弱，这是因为，大部分有关深度学习的项目都运行在类 UNIX 系统（Unix-like）之中。所以，我们推荐读者在 Linux 或 macOS 环境下，学习和运行本章及后续章节的代码。

3.4　利用 Anaconda 安装 TensorFlow

Anaconda 可视为 Python 的一个发行版。利用它来安装 Python 生态下的各种软件包，非常方便。下面我们简单介绍 Anaconda 的特点和在该环境下安装 TensorFlow 的流程。

3.4.1　Anaconda 的下载与安装

一、Linux 环境下的 Anaconda 下载与安装

首先，在浏览器中访问 Anaconda 的官网，单击下载 Anaconda 的 Python 3.8 版本，64-Bit（x86），选择当前操作系统适用的版本，这里以选择 Linux 版本为例来说明安装过程，如图 3-7 所示。

图 3-7　Anaconda 的下载界面

请注意：Anaconda 官方网站已于 2020 年 7 月以后不再提供 Python 2.7 版本了。Python 3 是大势所趋。

若不指定下载路径，则下载完毕后，Anaconda 的下载文件将默认保存在用户的家目录下的"Download"文件夹中（家目录的路径为：/home/username，此处 username 为用户名，不同用户这个名称是不同的）。通常，我们用波浪号"~"代替具体的家目录，在终端，我们可以用"ls"命令查看下载的文件。

```
$ ls
Anaconda3-2020.11-Linux-x86_64.sh
```

其中，Anaconda3-2020.11-Linux-x86_64.sh 就是我们需要安装的文件（下载时间段不同，文件名会稍有不同）。从文件的后缀名".sh"可以看出，这是一个 shell 文件。运行这类文件，通常需要 bash（一个为 GNU 计划编写的 UNIX shell）来解释执行，其代码如下。

```
bash ~/Downloads/Anaconda3-2020.11-Linux-x86_64.sh
```

在安装过程中，需要按回车键（Enter）来阅读并确认同意 Anaconda 的服务条款，该过程中还要手动输入"yes"，明确表示同意该条款之后，Anaconda 才能正式进入安装过程。

Anaconda 的默认安装路径是"/home/\<username\>/anaconda3"。这里的 \<username\>表示用户名，不同的 Linux 用户名，安装路径稍有不同。

在安装尾声，程序会询问是否通过 conda 来初始化 Anaconda 3，实际上就是将 Anaconda 的环境变量导入到 PATH 中，输入"yes"。这样一来，以后就可以直接在终端使用诸如 ipython、spyder 等命令了（这些好用的命令，均来自 Anaconda 环境）。

最后，当屏幕输出"Thank you for installing Anaconda 3!"字样时，就表明 Anaconda 安装完毕了。macOS 版本的 Anaconda 与 Linux 版本的 Anaconda 的安装流程类似，这里不再赘述。

由于 Windows 发行版用户量较大，因此下面对 Windows 发行版的 Anaconda 安装过程，也给予简单介绍。

二、Windows 环境下的 Anaconda 下载与安装

下面我们简单介绍一下在 Windows 系统如何安装 Anaconda。在图 3-8 所示的下载界面中，选择 Windows 版本，下载与自己所用操作系统位数相适配的发行版。

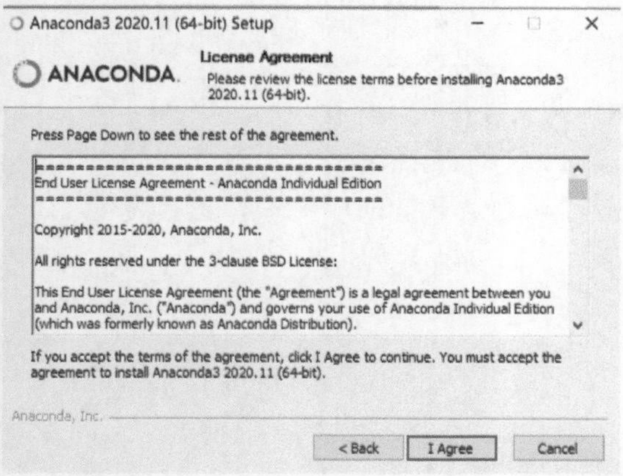

若用户使用的操作系统是 64 位的，则选择下载"64-Bit Graphical Installer"；否则，下载"32-Bit Graphical Installer"。假设我们下载的是 64 位的 Anaconda 安装包，待下载完毕后，双击已下载的安装包"Anaconda3-2020.11-Windows-x86_64.exe"，即可进入安装流程。对 Anaconda 的条款单击"I Agree"按钮，进入下一步，如图 3-8 所示。

图 3-8 Anaconda 的同意协议与条款

若用户安装 Anaconda 的目的仅是为自己服务，则选择"Just Me"选项。若用户想让 Anaconda 可以为当前计算机的所有用户服务，则选择"All Users"选项，这时操作系统会请求管理员权限。选择完毕后，单击"Next\>"按钮，进入正式安装程序，如图 3-9 所示。

需要注意的是，若 Anaconda 的默认目录中（如 C:\Users\yhily \ Anaconda3）事先安装有 Anaconda 的早期版本，或者说，同名的 Anaconda 文件夹不为空，则无法进行安装。

> 请注意：这里 "yhily" 为用户名，不同的用户名，此处的路径稍有不同。

这时解决的方法通常有两个：一是手动删除旧的安装目录，保障目前 Anaconda 安装路径的"纯洁性"；二是选择不同的安装目录。

此外，还需要注意的是，安装路径一定**不能有空格或中文字符**，因为 Anaconda 暂时不支持间断性（含有空格）的安装路径和 Unicode 编码。在解决 Anaconda 安装路径的问题后，即可进入如图 3-10 所示的界面。

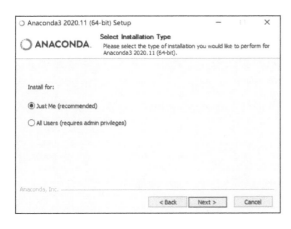

图 3-9　选择适用的用户范围

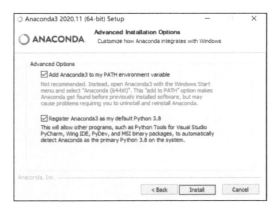

图 3-10　安装时的高级选项

在图 3-10 中，建议初学者将两个选项都选上。第一个选项说的是，将 Anaconda 的路径设置到系统的 PATH 环境变量中。这很重要，这个设置会给用户提供很多方便，如用户可以在任意命令行路径下启动 Python 或使用 conda 命令。

第二个选项说得是，选择 Anaconda 作为默认的 Python 编译器。这个选项会令诸如 PyCharm、Wing 等 IDE 开发环境自动检测 Anaconda 的存在。

然后单击"Install（安装）"按钮，正式进入安装流程。再不断单击"Next>"（下一步）按钮，即可进入如图 3-11 所示的界面。一旦出现该界面，那么恭喜你，Anaconda 已经成功安装。

由于后续章节的代码都是在 Python 环境下开发完成的，下面我们就来测试一下，Anaconda 是否成功安装了 Python。

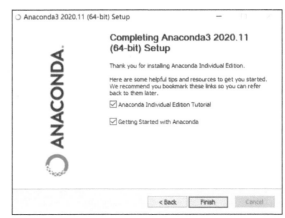

图 3-11　成功安装 Anaconda

3.4.2 验证 Python 是否安装成功

怎样确认 Python 已经成功安装了呢？通常，在打开的终端（对 Windows 系统而言，在运行窗口使用 CMD 命令；对 Linux 和 macOS 系统而言，开启一个新的 shell 终端即可）中，输入 "python --version" 命令（注意，python 与随后的参数之间有一个空格，version 前有两个短线），会显示 Python 的版本号，若能正确输出 Python 的版本号，则就间接证明 Python 已经安装成功。下面以 Linux 命令为例来说明。

```
$ python --version
Python 3.8.5
```

上面的输出结果显示，我们成功安装了 Python 3.8.3。需要注意的是，由于 Linux 和 macOS 系统默认安装了 Python 2.7，因此若不更新系统的环境变量，则运行上述命令的结果可能是 Python 2.7.5。这时，我们需要显式更新环境变量，命令如下。

source ~/.bashrc

接下来，在命令行输入 python，启动 Python 解释器。

```
$ python
Python 3.8.5 (default, Sep  4 2020, 07:30:14)
[GCC 7.3.0] :: Anaconda, Inc. on linux
Type "help", "copyright", "credits" or "license" for more information.
>>>
```

Python 解释器正常启动后会出现提示符（>>>），所以上面代码中显示 ">>>" 时，表明 Python 解释器已经 "万事俱备"，只待用户输入语句了。事实上，大部分情况下，我们会使用 Jupyter 这样的交互式编程环境或注入 PyCharm 这样的 IDE（集成开发环境），来开发和调试我们编写的 Python 程序。

那么如何从 shell/CMD（终端）中退出 Python 呢？通常有以下两种方法。

（1）在 Python 终端输入命令函数：exit() 或 quit()。

```
>>> exit()                #或用 quit()
```

（2）使用快捷键 "Ctrl+Z"（或 "Ctrl + D"）退出。

> 需要注意的是，在 Windows 系统中，命令不区分大小写，Python 与 python 等效。但在 Linux 和 macOS 系统中则相反，需要严格区分大小写，所以命令行中的 "python" 字样必须全部小写。

3.4.3　利用 conda 安装 TensorFlow

Anaconda 的核心命令就是 conda。conda 既是一个包管理器，又是一个环境管理器。作为包管理器，它可以协助用户查看或安装软件包。若当前运行的 Python 环境不止一个，则我们还可以借助 conda 搭建特定程序适用的 Python 版本，这就是 conda 的环境管理器功能。下面我们就借助这个功能，为 TensorFlow 配置专有的运行环境。需要说明的是，不论是 Linux、Windows 还是 macOS，都支持在命令行用 conda 安装软件包。

重启安装 Anaconda 的终端，以便更新环境变量。利用 conda 安装 Tensorflow，直接在终端输入命令"conda install tensorflow"，如果提示"Proceed ([y]/n)?"，意为"是否继续"，直接按回车键即可，方括号内的值 [y] 为回车的默认值。运行结果如下。

> 亦可在终端（macOS/Windows/Linux 均可）使用 pip3 命令安装 TensorFlow。
>
> ```
> pip3 install tensorflow
> ```

```
$ conda install tensorflow
Collecting package metadata (current_repodata.json): done
Solving environment: done
## Package Plan ##
environment location: /home/yuhong/anaconda3

  added / updated specs:
    - tensorflow

The following packages will be downloaded:

  package                    |             build
  ---------------------------|------------------
  _tflow_select-2.3.0        |             mkl          2 KB
  absl-py-0.9.0              |           py38_0        165 KB
     ......（省略大部分输出）
  tensorflow-2.3.0           |mkl_py38h6d3daf0_0          4 KB
  termcolor-1.1.0            |           py38_1          8 KB
......
```

这种方法简单，conda 会自动查找安装源的"最新"版本来安装。之所以这里的"最新"二字打上引号，是想说明它可能并非是真正的最新，而是 Anaconda 软件仓库中最新的，或者相对比较稳定的版本。Anaconda 追求系统的稳定性，对于追"新"，它选择的是"让子弹飞一会"——让最新的系统先经历一段时间考验再说。

若用户的计算机已经配备 GPU，且 CUDA 驱动已经安装完毕[①]，则可以

---

① CUDA 的安装分为 CUDA 软件的安装、cuDNN 深度神经网络加速库的安装及环境变量配置三个步骤，相对较为烦琐。这个任务留给有 NVIDIA GPU 显卡且学有余力的读者自行完成。

在线安装 TensorFlow 的 GPU 版本。安装的命令和上述 CPU 版本是类似的。

```
conda install tensorflow-gpu
```

由于 CPU 版本具有广泛适用性，因此本书以 CPU 版本的 TensorFlow 为例，来讲解深度学习框架。由于 GPU 的计算加速，是内置于 TensorFlow GPU 版本之中的，基本无须用户显式编程，因此 CPU 版本的代码可无缝移植到 GPU 版本中运行。

2019 年 10 月，TensorFlow 2 正式发布。Google 深度学习科学家、Keras 作者弗朗索瓦·肖莱表示："TensorFlow 2 是一个来自未来的机器学习平台，它改变了一切"。抛开 Chollet "自吹自擂" 的成分不说，的确，从 TensorFlow 1.x 过渡到 TensorFlow 2，不论是从编程语法上，还是在编程思想上，两者都有很大的不同。

3.5 运行 "Hello World!" 版的 TensorFlow 程序

安装 Anaconda 后，通常内置安装了 Jupyter。Jupyter 脱胎于 IPython 项目[1]。IPython 是一个 Python 的交互式 shell，它比默认的 Python shell 要好用很多。而 Ipython 正是 Jupyter 的内核所在，我们可以理解为，Jupyter 是网页版的 IPython。

事实上，前面我们安装 Anaconda 时，Jupyter Notebook 已被默认安装了。在控制台用 "jupyter notebook" 命令启动 Jupyter Notebook 的服务器，相关指令如下。

```
jupyter notebook                      #在命令行启动 Jupyter[2]
```

下面我们就在这个启动的 Jupyter 中，输入 "Hello World!" 版的程序，来开启 TensorFlow 的学习之旅。在代码单元格中，输入任意合法的 Python 语句。首先我们在单元格输入如下指令，加入 TensorFlow 模块。

```
import tensorflow as tf
```

代码输入完毕后，按下 Shift + Enter（回车键）组合键或者单击图中运行箭头（▶|Run）所指按钮，即可运行该段代码。然后，用如下指令检测 TensorFlow 模块的版本号。

```
tf.__version__
```

---

[1] Anaconda 也默认安装了 IPython，可以在命令行输入 ipython 指令来运行。
[2] 在 Windows 系统中，还可以在【开始】→【所有程序】→【Anaconda】菜单栏中找到 Jupyter Notebook 的启动按钮。

以同样的方式运行上述代码，得到的运行结果如图 3-12 所示。

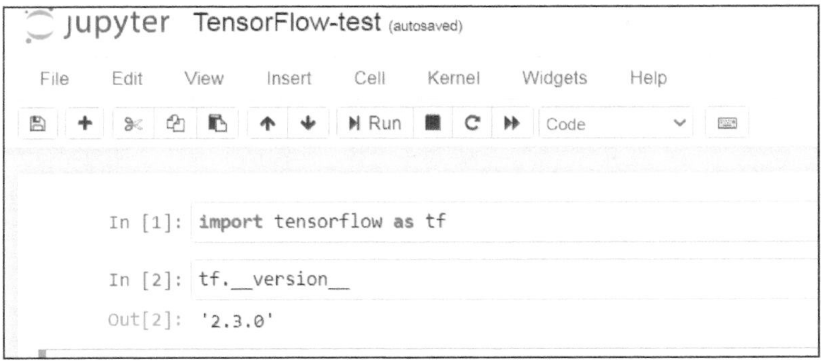

图 3-12　在 Jupyter 中显示 TensorFlow 版本号

若能正常获得版本号，则说明 TensorFlow 环境配置成功。从输出结果可以看出，目前我们使用的 TensorFlow 版本号为 2.3。需要注意的是，上述属性 "__version__" 左右两端均有两个下画线。

下面我们就完成 TensorFlow 的第一个程序 "Hello World!"。

范例 3-1　Hello World!程序（hello-world.py）

```
01   import tensorflow as tf
02   h = tf.constant("Hello")
03   w = tf.constant(" World!")
04   hw = h + w
05   print(hw)
```

运行结果

```
tf.Tensor(b'Hello World!', shape=(), dtype=string)
```

我们暂不详细解释上述语句，后文在讲解 TensorFlow 语法时，还会详细介绍。这里只是简单介绍一下，第 01 行表示导入 TenorFlow 库，并取一个便于引用的别名 tf。随后两行代码定义两个 TensorFlow 字符串常量 h 和 w，然后将这两个字符串常量通过加号 "+" 连接在一起，最后通过 print 语句输出。

以上代码看起来 "平淡无奇"，和其他 Python 程序相差无几。但这却是 TensorFlow 2 重大升级后的结果。

在之前的 TensorFlow 1.x 时代中，若想查看计算图中的任何一个变量，则必须先构建 Session，即构建一个数据流图，图中的数据流入和流出都必须有专门的指令操作，然后再运行（run）出数据流图中的变量，该过程非常烦琐。

我们常说，哪有什么岁月静好，只不过有人替你负重前行罢了。TensorFlow 2 的重大改进，就是这样。

技术永远向前，浩荡不可逆转。范例 3-1 代码之所以基本能与 Python 代码无缝衔接，是因为无数 TensorFlow 开发者共同付出的辛劳所致。从上面的输出可以看到，除输出我们想要的信息"Hello World!"外，TensorFlow 还输出了很多其他的张量信息（如张量类型、张量尺寸等）。

若仅想输出数据部分，则可以用 TensorFlow 专用的输出指令 tf.print()，我们可以把范例 3-1 的第 05 行换成 tf.print(hw)，即可输出以下结果，如图 3-13 所示。

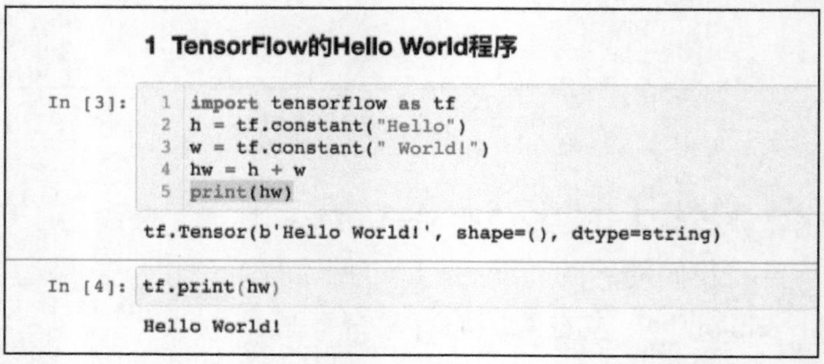

```
1 TensorFlow的Hello World程序

In [3]:  1  import tensorflow as tf
         2  h = tf.constant("Hello")
         3  w = tf.constant(" World!")
         4  hw = h + w
         5  print(hw)

         tf.Tensor(b'Hello World!', shape=(), dtype=string)

In [4]:  tf.print(hw)

         Hello World!
```

图 3-13　利用 TensorFlow 2 编写的第一个程序

3.5.1　利用 TensorFlow 2 编写的第二个程序

前面的代码实际上仅仅演示了字符串张量的操作，事实上，TensorFlow 更擅长于数值计算。下面，我们再来感性认识一下 TensorFlow 的数值计算能力。

范例 3-2　利用 TensorFlow 2 编写一个有具体意义的运行程序（add-mul.py）

```
01  import tensorflow as tf
02
03  a = tf.constant(4, name = "a")
04  b = tf.constant(2, name = "b")
05  c = tf.math.multiply(a, b, name ="c")
06  d = tf.math.add(a, b, name = "d")
07  e = tf.math.add(c,d, name = "e")
08
09  print(e)
```

运行结果

```
tf.Tensor(14, shape=(), dtype=int32)
```

代码分析

上述代码实际上是实现了一个数据流图（见图 3-14）。所谓数据流图，就是在逻辑上描述一次机器学习计算的过程。下面我们以图 3-14 为例，来说明 TensorFlow 中的几个重要概念。

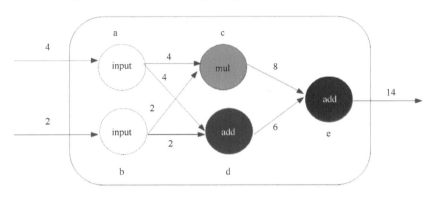

图 3-14　TensorFlow 的数据流图

构建数据流图时，需要两个基础元素：节点（Node）和边（Edge）。

● 节点：在数据流图中，节点通常以圆、椭圆或方框表示，代表对数据的运算或某种操作。例如，在图 3-14 中，就有 5 个节点，分别表示输入（input）、乘法（mul）和加法（add）。

● 边：数据流图是一种有向图。边通常用带箭头的线段表示，实际上，边是节点之间的连接。指向节点的边表示输入，从节点引出的边表示输出。输入可以来自其他数据流图，也可以表示文件读取、用户输入。输出就是某个节点的操作结果。在本例中，节点 c 接收两个边的输入（2 和 4），在乘法（mul）操作下结果为 8。类似地，节点 d 在加法（add）操作下结果为 6。最后，数据 6 与 8 流动到节点 e，在加法操作下结果为 14。

数据流图是 TensorFlow 1.x 的重要概念，它表达的是一个"惰性"数值计算。但 TensorFlow 2 升级了很多新特性，简化了张量计算流程，提倡即时执行模式，数据流图的风光不再，慢慢走进历史舞台，或为大势所趋。

3.5.2　TensorFlow 2 的新特性

上面我们是从一个案例的演进感性认识了 TensorFlow 2 的一些新特性，下面我们系统地讨论 TensorFlow 2 都带来了哪些新特性。

前面我们介绍过深度学习框架——PyTorch，它因简单、易上手、功能强大，而被很多学术界的人士青睐，因此 PyTorch 的影响力逐年攀高，已形成对 TensorFlow 的强大挑战。

相比而言，Tensorflow 诞生相对长久，生态更趋完善，又有 Google 做

计算流图好比是一个计算的思路，并没有实施真正的计算，等到特定时刻，利用 run 方法显式运行这个计算图时，各项操作才开始真正实施，故称"惰性"计算。

技术支撑，生产环境部署相对便捷，因此在工业界有着很好的口碑。但"居安思危，思则有备，有备而无后患"的思想，应是所有前沿技术公司的座右铭。TensorFlow 欲长久立于不败之地，还必须海纳百川，兼容并蓄。TensorFlow 的确也是这么做的，在 TensorFlow 2.x 版本中的第一个重大改善，就是向 PyTorch 学习动态计算图，并显著提升其简捷性和易用性，其主要升级方向包括以下 5 个方面。

1. 利用 Keras 轻松构建模型

作为深度学习框架，Keras 本身就以简捷、高效而著称。现在，TensorFlow 通过内部整合，tf.keras 已成为 TensorFlow 2 中构建与训练模型的高层 API。Keras 还配合 TensorFlow，提供一系列标准的机器学习模型（如线性或 Logistics 回归、梯度增强和随机森林等），这些模型可被用户直接调用采纳（通过使用 tf.estimator API 实现）。若不想从头开始训练一个模型就能调用 TensorFlow Hub 之中的模块，则可以将类似的模型通过迁移学习的方式来辅助训练。如此赋能用户，可让用户快速搭建属于自己的深度学习模型。

2. 使用 Eager Execution 简化调试与运行

TensorFlow 2 默认启用 Eager Execution（可简译为"即时执行"）模式，这样一来，就可让用户如同 Python 一样轻松调试与运行 TensorFlow 代码。在 TensorFlow 1.x 时代，TensorFlow 有一个很大的用户"槽点"：任何一个计算操作，都必须首先规划好计算图（Computation Graph，即计算过程的抽象描述），然后再将训练数据传递给执行该计算的会话（Session，实际上是计算引擎），并实施计算。在训练模型期间，这个静态计算图的拓扑结构是固定不变的。

这种基于静态图开发的 TensorFlow 程序，调试起来非常困难。例如，我们想验证 TensorFlow 中的某个张量信息，哪怕是一个简单的输出，也得"按部就班"地提前声明，静态地构建一个计算图，然后在会话中输出这个变量，该过程非常烦琐。这就好比，如果我们去参加一个很重要的活动，这时梳洗打扮、穿戴整齐，耗点时，费点力，倒无可厚非。可是如果你去拿个快递，跑趟卫生间，也必须这么一番打扮，"衣冠楚楚"之后，才能去做这些小事。那么好好的日子，也会被你过得"生无可恋"。

深度学习著名学者 Yann LeCun 就曾不止一次批评说，TensorFlow 是"昔日黄花式的深度学习框架"。因此，支持类似于 PyTorch 的动态图功能，一直是 TensorFlow 社区的呼声。"Eager Execution"就是对这一呼声的回应。

"Eager Execution"是一个命令式、由运行定义的接口，一旦在 Python

中被调用，其操作就会被立即执行。这使得 TensorFlow 程序的调试变得更加 "所见即所得"。

难道 TensorFlow 1.x 提出的数据流图一无是处吗？当然不是！事实上，TensorFlow 并没有完全抛弃数据流图，而是对其加以改良，使其变得更加好用。如果我们使用 Python 的装饰器 "@tf.function" 来 "装饰" 一个 Python 函数，那么这个函数就会被标记为 JIT 编译，TensorFlow 将其作为单个图形运行（Functions 2.0 RFC），这就间接实现了一个新功能——AutoGraph。

> 💡 JIT 编译（Just-In-Time Compilation）是指，当某段代码即将第一次被执行时进行编译，故称为 "即时编译"。

该新功能允许用户使用非常自然的 Python 语法去编写一个 TensorFlow 数据流图。一旦这个函数将被编译成数据流图，就意味着，它可以获得更快执行，可以更好地在 GPU 或 TPU[①]上运行，或将训练好的模型（Saved Model）导出，以备后续使用。再配合 Eager Execution（即时执行）的加持，就让深度学习模型的调试和运行变得更加行云流水、水到渠成了。

3. 极简主义的用户程序接口（API）

如果你有过 TensorFlow 1.x 的编程经验，就会感同身受，同一个功能，TensorFlow 可能有多种实现方法。例如，如果我们想搭建一个多层的神经网络，那么会有 tf.slim、tf.layers、tf.contrib.layers 和 tf.keras 等众多选择。表面上看，选择多，就意味着灵活多变，但从另外一个方面来说，选择多，也意味着，麻烦多，特别对一个大项目的开发而言，这样的灵活性，可能会带来灾难性的混乱。你可以想象一下，在打游击战时，灵活多变，因地适宜，可能是获胜的关键。但为什么凡是上了规模的军队，都要强调队伍的整齐划一呢？这就是因为，局部灵活性带来的好处，在大规模战役中，远远没有高效指挥和集体部署带来的整体效能大。

TensorFlow 2 一上来就对 API 进行了 "大扫除"，对很多传统的 API 做了 "关停并转"，简化和规整。例如，tf.app, tf.flags, 和 tf.logging 等方法，要么让它们消失，要么让它们合并为一。对很多 API 而言，如果是 Keras 能提供的，那么就直接用 Keras 的简化版本。

这样做的好处，自然就是代码看起来更加简捷。对于团队开发而言，彼此分享和交流也变得更加可行，因为大家用的都是一套 API，而不是像以前 "鸡同鸭讲"。

4. 更加优雅的训练数据处理

训练模型自然需要加载数据，数据处理的速度直接影响模型训练的效

---

① TPU 即谷歌的张量处理器，是 Tensor Processing Unit 的缩写。

率，因此，对于所有深度学习框架而言，训练数据的处理是一个很重要的议题。最早，TensorFlow 把数据集中的所有数据全部都读到内存中，但是有些数据集很大，内存吃不消。于是，TensorFlow 就改进策略，分批读取数据，一次读入一个批次（Batch）。如果是纯串行操作，即"读数据→计算→读数据"，这样的计算效率显然是低效的。

为了提高效率，TensorFlow 采用数据队列（Queue）技术——QueueRunner，使用 QueueRunner 可以创建一系列新的线程，实施队列管理。数据的入队（Enqueue）和出队（Dequeue）的操作也是数据流图中的节点。如果 Queue 中的数据满了，那么 Enqueue 操作将会阻塞；如果 Queue 是空的，那么 Dequeue 操作就会阻塞。但如果操作不当，那么可能会发生类似于"生产者-消费者"的死锁问题。

为了更加"优雅"地处理训练数据，TensorFlow 提供了 tf.data 模块，它基于惰性求值（lazy evaluation）范式，并使用了多线程数据输入管路（Input Pipeline）。在 tf.data 工作流中，能够以异步的方式预读取下个批次的数据，从而使 GPU/TPU 整体的等待时间缩到最短。此外，tf.data 模块提供的 API 非常简单，它吸纳了 Keras 类似风格的函数，采用了 NumPy 一样的数组分布结构，显著降低与数据处理相关的代码复杂性。

上述描述看起来了更加复杂了。实际上，这种"复杂性"是对用户"透明"的，用户无须感知这些背后的技术。它以"润物细无声"地模式，给用户提供更好的数据使用体验。

虽然早在 TensorFlow 1.x 时代，TensorFlow 已经提供了 tf.data，但那时它与其他数据处理模式（如 QueueRunner）处于"群雄并立"状态，而在 TensorFlow 2 中，tf.data 以外的数据处理模块，都被"毫不留情"地抛弃了，再一次践行了 TensorFlow 2 力推的极简主义。

5. 跨平台、多语言支撑稳健的生产环境模型部署

学习框架无论再好用，构造模型无论再简捷，最终还是要出活的——在生产环境中为客户创造价值，才是硬道理。客观来讲，TensorFlow 本身并非十全十美，还有很多待改善的地方。但在生产力变现方面，基本来说，无出其右。

相对完善的生态和技术支撑，让 TensorFlow 能够提供强有力的产品落地路径。不论是在服务器、边缘设备还是在网页上，不论是 CPU、GPU、TPU 还是智能手机，也不论用户使用的是什么编程语言（Python、C++、Java、Go、C#、Rust、Julia 和 R 等语言均有支持），在绝大多数情况下，TensorFlow 都能提供比较健壮的模型训练和部署方案。特别是在 TensorFlow

2 中，通过标准化的交换格式、统一和简化的 API，不断改进跨平台和组件的兼容性，更是为 TensorFlow 在提升生产力方面"添砖加瓦"。

3.6　本章小结

在本章，我们主要学习了 TensorFlow 的诞生背景，它是目前主流的、被工业界应用最为广泛的深度学习框架。然后我们简单介绍了 TensorFlow 的安装方式。简而言之，涉及到 TensorFlow 的具体细节，不论是配置环境，还是后期的编程，遇到挫折都是难免的，因此特别需要读者有一种"爱折腾"、不断试错的精神。

为了增强读者的感性认知，我们介绍了两个 TensorFlow 2 的小案例，并据此总结了 TensorFlow 2 的一些新特性，但如果想充分利用 TensorFlow 2 的新特性，我们还需要更为系统地学习它的语法规则，这就是下一章要讨论的主要议题。

3.7　思考与提高

根据本章的学习，请思考和完成如下问题。

1. 尽管 TensorFlow 不是最简捷的深度学习框架，为什么它还是会被工业界广泛接受？

2. 尝试使用 pip 3 命令完成 TensorFlow 的安装。

3. 思考如何将 TensorFlow 1.x 的代码在 TensorFlow 2.x 环境下执行？

参 考 资 料

[1] DEAN J, CORRADO G, MONGA R, 等. Large scale distributed deep networks[C]// Advances in neural information processing systems. 2012: 1223–1231.

[2] ABADI M, BARHAM P, CHEN J, 等. Tensorflow: A system for large-scale machine learning[C]//12th USENIX Symposium on Operating Systems Design and Implementation (OSDI) 16). 2016: 265–283.

[3] JIA Y, SHELHAMER E, DONAHUE J, 等. Caffe: Convolutional architecture for fast feature embedding[C]//Proceedings of the 22nd ACM international conference on Multimedia. ACM, 2014: 675–678.

[4] Zhang A, Lipton Z C, Li M, et al. Dive into deep learning[M]. Unpublished Draft. Retrieved, 2020.

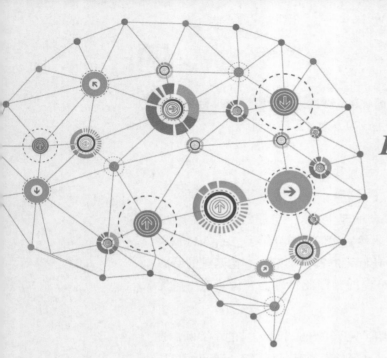

Deep Learning
&
TensorFlow

第4章 TensorFlow
基础语法

俗话说："欲速则不达。"虽然TensorFlow可直接使用Python来编写程序，但是由于它的一些个性化规定的琐碎，新概念的层出不绝，用户甚至可以把它视为一种新语言来学习。在本章，我们就一起夯实基础，学习TensorFlow的基础语法。

虽然 TensorFlow 程序可直接使用 Python 来编写，但仅仅懂得 Python，也很难用好 TensorFlow。基于这个原因，我们很有必要系统介绍一下 TensorFlow 的基本语法。

4.1　TensorFlow 的张量思维

TensorFlow 是一个面向深度学习模型的科学计算库，其内部数据保存在张量对象之上，所有的运算操作（Operation，Op）也都是基于张量对象进行的。

看似高深的神经网络计算，实际上，不过是各种张量之间彼此加、减、乘、除等运算各种操作的组合而已。因此，在深入掌握深度学习框架前，对 TensorFlow 张量思维有一定的了解，是很有必要的。

4.1.1　张量的阶

说到张量，我们有必要先从标量谈起。标量就是一个数值，它是 TensorFlow 计算中的最小单元，如数值"1"或"2.2"等。其他高阶张量都是从标量在更高维度上扩展而成的。

下面，我们先从"阶（Rank）"的角度来审视一下 TensorFlow 中的张量类型。简单来说，"阶"可简单理解为张量的维数（Dimension），如表 4-1 所示。

亦有文献将"Rank"译作张量的"秩"。

表 4-1　TensorFlow 中的张量类型

阶	名称与解释	Python 对应的实例
0	标量（Scalar），只有一个值	s = 2.2
1	向量（Vector），标量构成的一维数组	v = [1, 2, 3, 4]
2	矩阵（Matrix），由向量构成的二维数组，可视为一个有行有列的数据表	m=[[1, 2, 3],[4, 5, 6],[7, 8, 9]]
3	张量（Tensor），可视为数据立方体，类似于三维数组[①]	t = [[[1, 2, 3],[4, 5, 6],[7, 8, 9]], [[10, 12, 13],[14, 15, 16],[17, 18, 19]]]
n	n 阶张量，当 n≥3 时，可理解为高维矩阵，超出一般人的想象空间，直接称为 n 阶张量（或 n 维张量）	……

[①] 一般来说，当数据维度数 dim > 2 的数组统称为张量，但本质上，就是高维数组。张量的每个维度也称作轴（Axis）。在 TensorFlow 中，为了表述方便，一般将低阶标量、向量、矩阵也统称为张量。

常见的低阶张量如图 4-1 所示。

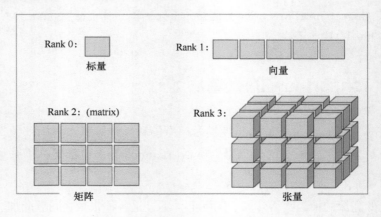

图 4-1 常见的低阶张量

我们可以利用 TensorFlow 提供的 rank()方法来返回某个张量的阶，请参考范例 4-1。

范例 4-1 TensorFlow 中的 rank()函数（tensor-rank.py）。

```
01    import tensorflow as tf
02
03    tensor_0 = 1
04    tensor_1 = [b"Tensor", b"flow", b"is", b"great"]
05    tensor_2 = [[False, True, False],
06              [True, True, False]]
07    tensor_3 = [[[0, 0, 0], [0, 0, 1]],
08              [[1, 0, 0], [1, 0, 1]],
09              [[2, 0, 0], [2, 0, 1]]]
10
11    print("rank of tensor_0:{0}".format(tf.rank(tensor_0)))
12    print("rank of tensor_1:{0}".format(tf.rank(tensor_1)))
13    print("rank of tensor_2:{0}".format(tf.rank(tensor_2)))
14    print("rank of tensor_3:{0}".format(tf.rank(tensor_3)))
```

运行结果

```
rank of tensor_0:0
rank of tensor_1:1
rank of tensor_2:2
rank of tensor_3:3
```

代码分析

在上述代码的第 11 ～ 14 行使用了 rank()方法，其原型为

```
tf.rank(
    input,
    name=None
)
```

其中，第一个参数 input 表示输入数据；第二个参数 name 是可选项，默认值为 None。事实上，rank 还有很多同义词，如 order、degree 和 ndim 等，它们表示的其实都是同一个含义。

4.1.2　张量的尺寸

在 TensorFlow 中，除了用"阶"来表示数据结构，还可以用"尺寸"或"维度"来表示，二者有异曲同工之妙，如表 4-2 所示。

表 4-2　TensorFlow 中的尺寸和维度

阶 （Rank）	尺寸 （Shape）	维度 （Dimension）	解释
0	[ ]	0 维	一个零维的张量，即标量[ ]
1	[D0]	1 维	一个一维张量，如 shape [5]（这里表示一维数组，里面包括 5 个数据，下同）
2	[D0, D1]	2 维	一个二维张量，如 shape[3,4]
3	[D0, D1, D2]	3 维	一个三维张量，如 shape[2,2,3]（参加下面的代码）
n	[D0, D1, …Dn]	n 维	一个 n 维张量，如 shape [D0, D1, …Dn−1]

对于 n 维张量而言，它有一个常用的属性——shape（尺寸），它用来表示张量在每个维度上的元素数量。标量（一个数据）就好比没有维度的"原子"，它的 shape 属性就是 0。代码如下所示。

> 也可用输出函数 tf.print()将尺寸信息输出，如
> ```
> tf.print(tf.shape
> (tensor_0))
> ```

```
In [1]: import tensorflow as tf
In [2]: tensor_0 = 1
In [3]: tf.shape(tensor_0)
Out[3]:
<tf.Tensor: id=3, shape=(0,), dtype=int32, numpy=array([], dtype=int32)>
```

In[3]处的 tf.shape()方法的功能就是输出张量的尺寸。从上面 Out[3]的输出可以看到，tf.shape()输出的信息过多，其实可以把 tf.shape()的输出信息放到 print 中输出，或者用 TensorFlow 的专用输出函数 tf.print 来输出。

```
In [4]: print("tensor_0 的尺寸为:{0}".format(tf.shape (tensor_0)))
tensor_0 的尺寸为:[]
```

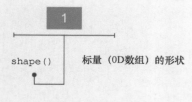

图 4-2 标量的尺寸

从上面的输出可以看出，标量是没有尺寸的，或者说尺寸为空[ ]。标量的尺寸如图 4-2 所示。

一维数组的长度就是它的尺寸。有时，一维数据也被称为 1D 张量（1D Tensor）。那么如何查看数组的尺寸信息呢？请参考下面这段代码。

```
In [5]: tensor_1 = tf.range(10)
In [6]: print(tensor_1)
Out[6]: tf.Tensor([0 1 2 3 4 5 6 7 8 9], shape=(10,), dtype=int32)
In [7]: print("tensor_1 的尺寸为:{0}".format(tensor_1.shape))
Out[7]: tensor_1 的尺寸为:(10,)
```

在上述代码中，在 In [5]处，使用 tf.range()方法在 TensorFlow 中创建一个数字序列，功能类似于 NumPy 中的 arange()方法，该方法返回一个一维张量。TensorFlow 的每个张量都有一个属性 shape，也可以通过这个属性来获取它的尺寸。

TensorFlow 的张量尺寸并非是一成不变的，它可以通过 reshape()方法将原有数组进行"重构（变形）"。

```
In [8]: tensor_2 = tf.reshape(tf.range(15),[3, 5])
                                        #张量"变形"
In [9]: tensor_2                        #输出张量信息
Out[9]:
<tf.Tensor: id=39, shape=(3, 5), dtype=int32, numpy=
array([[ 0,  1,  2,  3,  4],
      [ 5,  6,  7,  8,  9],
      [10, 11, 12, 13, 14]], dtype=int32)>
In [10]: tensor_2.shape                 #输出张量的尺寸
Out[10]: TensorShape([3, 5])
In [11]: tensor_2.ndim                  #查看数组的维度（阶）信息
Out[11]: 2
```

在 In[8]处，通过张量的变形（reshape()）操作，将一个一维张量转换为一个二维张量，在 In [9]处输出了它的尺寸(3, 5)。在这个以元组形式给出的尺寸信息中，第一个数字表示行数，第二个数字表示列数，如图 4-3 所示。有时，二维数组也被称为 2D 张量。

前面我们通过 tf.reshape()方法把一维张量"变形"为二维张量。自然，我们也可以把二维张量还原为一维张量。

```
In [12]: tf.reshape(tensor_2, [-1])
Out[12]: <tf.Tensor: id=51, shape=(15,), dtype=int32, numpy=
array([ 0,  1,  2,  3,  4,  5,  6,  7,  8,  9, 10, 11, 12, 13, 14],
      dtype=int32)>
```

在 In [12]处，展示了一个常用的张量
"变形"技巧。那就是把张量的某个维度设置
为"-1"，表示这个维度的信息由系统自动计
算得来。计算的流程是这样的：由于张量的
整体元素个数已知（设为 N），如果(n−1)维
的信息已知（这里 n 表示张量维度），那么第

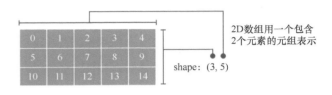

2D数组用一个包含
2个元素的元组表示

shape: (3, 5)

图 4-3　二维数组信息

n 个（设置为"−1"）维度信息可由 TensorFlow 自动推算得到:$dim_n = N /$
$dim_1/ dim.../ dim_{n-1}$。例如，tensor_2 在未被变形前，是一个 3×5 的二维张量，
共有 15 个元素。现在要将其"变形"为一个一维张量（方括号[ ]中的元素
个数为 1，表明张量变形后，为 1 维张量），当它的变形维度被设置为"−1"
时，就是让 TensorFlow 来计算这个维度，很显然，15÷1 = 15，这个维度就
这么被计算出来了。使用"−1"表示某个张量的维度，主要是为用户减少一
次计算张量维度的次数。

> 💡 In[12]处的代码等
> 价于 tf.reshape(tensor_
> 2, [15])，当数据很少
> 时，我们能数出"15"
> 这个数，但当数据量非
> 常大时，我们可能就没
> 有那么有信心确保自己
> 的正确性了。于是使用
> "-1"让计算机替我们数
> 数，不失为明智之举。

再例如，如果我们有如下二维张量 test，然后通过 reshape()方法进行
张量变形，请读者自行思考 In [13]处"−1"代表的是多少，Out[14]处的输
出应该是什么？

```
In [13]: test = [[1, 2, 3],
                 [4, 5, 6]]
In [14]: tf.reshape(test, [3, -1])
Out[14]:                        #你的答案是?
```

从前面的输出，我们很容易观察到，
TensorFlow 在表示低维张量时，是符合我
们认知的。但用于表示三维数组的维度信
息时，就与我们认知稍有不同。例如，我
们想创建 3 行 5 列的数组，这样的数组有
两个，那么它的尺寸（shape）描述信息为
(2, 3, 5)，而不是我们直觉认为的尺寸(3, 5,
2)，如图 4-4 所示。通常，三维数组也被称为 3D 张量，依此类推。

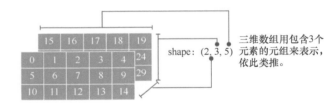

shape: (2, 3, 5)

三维数组用包含3个
元素的元组来表示，
依此类推。

图 4-4　三维数组信息

请参考如下代码。

```
In [15]: tensor_3 = tf.reshape(tf.range(30), [2,3,5]) #重构2通道3行5列的张量
In [16]: tensor_3
Out[16]:
<tf.Tensor: id=49, shape=(2, 3, 5), dtype=int32, numpy=
array([[[ 0,  1,  2,  3,  4],
        [ 5,  6,  7,  8,  9],
        [10, 11, 12, 13, 14]],
       [[15, 16, 17, 18, 19],
        [20, 21, 22, 23, 24],
        [25, 26, 27, 28, 29]]], dtype=int32)>
```

4.2 TensorFlow 中的数据类型

在 Python 环境下编写 TensorFlow 程序，TensorFlow 的内置数据类型不可避免地会与 Python 的内置数据类型在一起混用，那它们之间到底有什么关系呢？下面我们来讨论这个问题。

4.2.1 Python 基本数据类型与 TensorFlow 的关系

在 Python 环境下编程，TensorFlow 自然不能拒 Python 以千里之外。与之相反的是，在很大程度上，它可以和 Python 进行默契配合，直接接收 Python 基本数据类型，或由它们构成的列表来作为张量的数据源。

例如，单个 Python 数值将会转换为零阶张量（即标量），Python 数值类型的列表将被转化为一阶张量（也就是向量），由列表构成的嵌套列表，将被转化为二阶向量（也就是矩阵），依此类推。之所以能正确运行，就证明了 Python 的内置的数据类型能被"无缝"转化为 TensorFlow 的张量对象。

```
tensor_0 = 1                                    #视为零阶张量
tensor_1 = [b"Tensor", b"flow", b"is", b"great"]
                                                #视为一阶张量
tensor_2 = [[False, True, False],               #视为二阶张量
            [True, True, False]]
tensor_3 = [[[0, 0, 0], [0, 0, 1]],             #视为三阶张量
            [[1, 0, 0], [1, 0, 1]],
            [[2, 0, 0], [2, 0, 1]]]
......
```

上述代码的功能比较直观，不再赘述。这里需要简单解释一下，在上述示例中，一阶张量中字符串前的字符"b"的含义。在 Python 中，字符串是一类很特殊的数据，字符串前面加一个英文字母，以明确告知编译器，要以什么样的处理方式来处理它。前缀 b/B 表示引号中的若干字符都是字节数组（byte），而非字符串对象。

如果 Python 原生数据类型已经够用，那就太好了。这样一来，TensorFlow 无非做一些将 Python 数据类型转换成张量对象的工作即可。

但事实上，Python 原生的数据类型对数值计算做得并不够，特别是在机器学习方面，存在很多"捉襟见肘"的地方。举例来说，对于 Python 原生数据类型来说，所有整型数据都是一样的。但为了方便对数值类型数据

的处理，TensorFlow 在这方面表现得很专业，也很"细心"，把整型数据
分为 8 位（bit）整型、16 位整型、32 位整型和 64 位整型等。

💡 这明显带有 TensorFlow 母语——C++/C 语言的烙印！

从上面的分析可看出，为了弥补 Python 在数值计算上的缺陷，
TensorFlow 必须另起炉灶，包装出一套自己独有的数据类型体系，
TensorFlow 中的数据类型如表 4-3 所示。

这里还需说明的是，TensorFlow 除了拥有上述数据类型，还有一个
half 类型，即半精度浮点数（tf.float16）。在高性能计算（如 GPU）中，若
对数据精度要求不那么高，则可以将传输数据类型转换为 float16，这样可
以大大提高数据的传输效率。

表 4-3　TensorFlow 中的数据类型

数据类型	TensorFlow 定义	描述
DT_FLOAT	tf.float32	32 位浮点数
DT_DOUBLE	tf.float64	64 位浮点数
DT_INT64	tf.int64	64 位有符号整型
DT_INT32	tf.int32	32 位有符号整型
DT_INT16	tf.int16	16 位有符号整型
DT_INT8	tf.int8	8 位有符号整型
DT_UINT8	tf.uint8	8 位无符号整型
DT_STRING	tf.string	可变长度的字节数组，每个张量元素都是一个字节数组
DT_BOOL	tf.bool	布尔型
DT_COMPLEX64	tf.complex64	由两个 32 位浮点数组成的复数：实数和虚数
DT_QINT32	tf.qint32	用于量化 Ops 的 32 位有符号整型
DT_QINT8	tf.qint8	用于量化 Ops 的 8 位有符号整型

💡 在 TensorFlow 2 中，数据类型都被迁移至公共名称空间 dtypes 中。例如，tf.float32 变成了 tf.dtypes.float32，tf.int8 变成了 tf.dtypes.int8，诸如此类，但两者是等价的。

为了满足 TensorFlow 的专属计算需求，TensorFlow 自创了几种数据类
型，包括数值类型、字符串类型和布尔类型。下面给予简单介绍。

4.2.2　数值类型

数值类型张量是 TensorFlow 的主要数据载体。顾名思义，这种类型的
张量是可以被加、减、乘、除运算的数值，包括各种精度（长度）的浮点
数和整数（见表 4-3）。

下面我们来探讨一下 TensorFlow 是如何创建数值类型张量的。

```
In [1]: import tensorflow as tf
In [2]: py_value = 3.14                    #Python 内置数据类型：浮点数
In [3]: tf_tensor = tf.constant(py_value)  #创建只含有 1 个元素的标量
```

```
In [4]: type(py_value)                    #查看 Python 数据的类型
Out[4]: float
In [5]: type(tf_tensor)                    #查看 TensorFlow 的类型
Out[5]: tensorflow.python.framework.ops.EagerTensor
In [6]: tf_tensor
Out[6]: <tf.Tensor: id=1, shape=(), dtype=float32, numpy=3.14>
In [7]: tf_tensor.shape
Out[7]: TensorShape([])
```

在上述代码中，我们首先使用了全局函数 type()分别检查 py_value（In [4]）和 tf_tensor（In [5]）这两个对象的类型，发现二者的确有所不同。然后，在 In [6]和 In [7]处分别输出了该张量的值与尺寸信息。

下面，我们再用 TensorFlow 提供的 is_tensor()方法来判断这两个变量是否为张量。

```
In [8]: tf.is_tensor(tf_tensor)
Out[8]: True
In [9]: tf.is_tensor(py_value)
Out[9]: False
```

结果发现，tf_tensor()返回的结果（Out[8]）为 True，而由 Python 创建的 py_value()，该方法返回的值((Out[9])为 False。由此可以知道，即使两个数值完全相等，但二者产生的机制是不同的，导致二者对象的类型也是不一样的，这意味着处理它们的内置方法也是不一样的。

下面，我们再来看看 TensorFlow 是如何创建向量的。这里的向量就好比 C/C++中的一维数组，数组中的元素都是同一种数据类型。

```
In [10]: tf_tensor2 = tf.constant([py_value])    #构建一维向量
In [11]: tf_tensor2                              #显示向量信息
Out[11]: <tf.Tensor2: id=311, shape=(1,), dtype=float32, numpy=array([3.14],
         dtype=float32)>
In [12]: tf_tensor2.shape                        #输出向量的尺寸
Out[12]: TensorShape([1])
```

这里需要注意的是，虽然 In [3] 和 In [10]处生成张量所用的数值都是 py_value （3.14），但是二者的身份却迥然不同。前者就是孤零零的一个值，其身份就是一个标量，而后者由于该数据在方括号内，表明它是一个列表，在被转换类型时，它被转换成一个 1D 张量，只不过这个 1D 张量中的元素只有一个而已。所以 Out[7]处输出的 shape 属性是空的，或者称为零阶张量，而 Out[12]输出的是一阶张量，元素个数为 1。

创建包含多个元素的张量并不复杂，相关代码如下所示。

```
In [13]: tf_tensor3 = tf.constant([1.0, 2.0, 3.0])
In [14]: tf_tensor3
Out[14]: <tf.Tensor: id=59, shape=(3,), dtype=float32, numpy= array([1., 2.,
         3.], dtype=float32)>
```

In [13]创建一个常规的 1D 张量。In [14]输出这个张量。下面我们来解释一下该张量输出的含义（Out[14]）：id 是 TensorFlow 中内部索引对象编号，shape 表示张量的尺寸，dtype 表示张量的数据类型（data type，简称 dtype），numpy 表示若转换为 NumPy 数组，则张量中的数据元素是什么。从 numpy 的参数类型可以看出，NumPy 与 TensorFlow 有着千丝万缕的联系。在随后的章节，我们会讨论这个议题。

4.2.3　字符串类型

TensorFlow 除提供类型丰富的数值型张量外，还支持字符串（str）类型的张量。Python 已经提供了字符串类型，为什么 TensorFlow 还坚持"独创"这么一个数据类型呢？这是因为 TensorFlow 对字符串的操作有着特殊的用途。

例如，在进行海量图片数据处理时，就需要定位图片在何处，从而需要记录数量巨大的、以字符串表征的文件所在路径。此时，为了加快图片读取速度，可能需要对这些路径字符串进行批量预处理，而普通的 Python 字符串类型对这样的需求可能就无能为力。下面我们举例说明。

在 TensorFlow 中，创建字符串类型张量并不复杂，通过传入字符串对象即可。

```
In [15]: a_str = tf.constant('Hello, TensorFlow!')
In [16]: a_str
Out[16]: <tf.Tensor: id=0, shape=(), dtype=string, numpy= b'Hello, TensorFlow!'>
```

从上面的输出也可以看出，字符串张量的数据部分为"b'Hello, TensorFlow!'"，其前有个修饰字符"b"，如前所述，它并不是字符串的一部分，而是字符串标识符，特别表明这个字符串对象是一个字符数组（Byte Array）。

需要特别说明的是，在 Python 中，字符串对象是可以通过切片（Slice）来提取子字符串的，但在 TensorFlow 中，字符串切片操作是不可行的。如果非要提取子字符串，也不是没有办法。这时，就需要利用提取子字符串模块（tf.strings）专用方法——substr。

```
In [17]: tf.strings.substr(a_str,0,3)
Out[17]: <tf.Tensor: id=45, shape=(), dtype=string, numpy= b'Hel'>
```

In [18]处的代码表示的功能是,提取从起始位置(pos)0 开始,截取的长度(len)为 3 的子字符串。Out[18]给出了对应的字符子数组。

在 TensorFlow 的字符串模块 tf.strings 中,还提供了很多常见的字符串操作方法,如小写字母 lower()方法、拼接字符串 join()方法、求字符串长度 length()方法、字符串分割 split()方法等。下面我们举一两例说明之。

```
In [18]: b_str = tf.constant(['abcdabcda bc', "abda c"])
In [19]: tf.strings.split(b_str, sep = 'd')  #根据'd'的位置分割字符串
out[19]: <tf.RaggedTensor [[b'abc', b'abc', b'a bc'], [b'ab', b'a c']]>
```

In [19] 完成的功能是把字符串向量 b_str 中的两个字符串根据字母 d 分隔开。从上面的字符串操作来看,好像 Python 中内置的字符串操作也能做到,并没有什么高明之处。的确是这样,如果处理的是简单字符串,TensorFlow 似乎并没有什么优势,但如果放眼于字符串类型张量的"批处理"操作,Python 中的字符串操作方法就"黔驴技穷"了。下面举例说明,假设我们有如下的字符串类型张量。

```
In [20]:
input_strs = [[b'ten', b'eleven', b'twelve'],
              [b'thirteen', b'fourteen', b'fifteen'],
              [b'sixteen', b'seventeen', b'eighteen']]
```

现在,假设我们要提取 input_strs 所示字符串的子字符串,且每个子字符串的起始位置、提取长度都不一样。这类问题放在 Python 中,处理起来比较烦琐,不得不借助 for 循环逐一处理。这样一来,难以发挥张量的并行处理优势。

而在 TensorFlow 中,利用张量思维就方便得多。首先,我们把每个字符串的起始位置汇集在一起,形成位置张量。然后,再把每个字符串的提取长度也汇集在一起,形成长度张量;最后,利用 substr()方法,一行代码即可批量完成多个子字符串的提取任务,如下所示。

```
In [21]:
position = [[1, 2, 3],       #起始位置张量
           [1, 2, 3],
           [1, 2, 3]]
In [22]:
length =  [[2, 3, 4],              #读取长度张量
          [4, 3, 2],
          [5, 5, 5]]
In [23]:                               #张量思维:同时处理多个字符串
tf.strings.substr(input = input_strs, pos = position, len = length)
```

```
Out[23]:
<tf.Tensor: id=3, shape=(3, 3), dtype=string, numpy=
array([[b'en', b'eve', b'lve'],
      [b'hirt', b'urt', b'te'],
      [b'ixtee', b'vente', b'hteen']], dtype=object)>
```

从上面 In [23] 的操作可以看到，TensorFlow 中的字符串操作，其最大的特色是，它处理的对象通常是字符串类型张量（高维数组）。

由于深度学习模型的操作主要是以数值类型张量的运算为主，字符串类型张量使用频率相对较低，因此此处不做过多描述，读者在遇到相关问题时，可直接查询 TensorFlow 官方文档。

4.2.4　布尔类型

在 TensorFlow 中，经常会用到逻辑判断。例如，在分类算法中，在计算预测准确率时，会比较输出向量和预期向量（即标准答案）是否相等，这时就需要利用布尔类型张量来解决问题。

因此，TensorFlow 还支持布尔类型（Bool）张量。我们只需传入 Python 语言的布尔类型数据，TensorFlow 会将其自动转换为内部的布尔类型张量，例如：

```
In [24]: vec_bool = tf.constant([True, False])     # 创建布尔类型张量
In [25]: vec_bool
Out[25]:
<tf.Tensor: id=66, shape=(2,), dtype=bool, numpy=array ([ True, False])>
```

与普通张量一样，布尔类型张量的优势主要体现在批量操作上。例如，我们想计算预测分类算法的准确率，而得到的原始数据是实际输出的张量（vec_actual）和预期值张量（vec_pre），这时我们利用布尔类型张量的批处理操作，即可非常方便地完成预测准确度的计算，如下代码所示。

```
In [26]: vec_actual = tf.constant([1,1,2,0,1])
                                              #假设为分类实际值
In [27]: vec_pre = tf.constant([1,0,1,0,1])
                                              #假设为算法预测的分类值
In [28]: acc_bool = vec_actual == vec_pre   #判断是否预测准确
In [29]: acc_bool                           #输出布尔类型张量
Out[29]: <tf.Tensor: id=69, shape=(5,), dtype=bool, numpy=array ([ True, False,
         False,  True,  True])>
```

所谓的准确率，是指预测的正确个数和预测的总个数之间的比值。在 In [28]处，我们先用两个等号 "==" 做逻辑判断，让两个整数张量做比较，这时遵循的是 "元素对元素（Element-Wise）" 比较原则，比较的

结果可能是 True（对应元素值不等），也可能是 False（对应元素不等），它们在一起构成了布尔类型张量，其维度信息与原始的整数张量一致。然后将这个布尔矩阵赋值（=）给 acc_bool。在 In [29]处，我们验证了逻辑比较之后得到的布尔类型张量。

需要特别注意的是，不同于 NumPy，在 TensorFlow 中，布尔类型张量中的变量是不可以直接求和的。因此，需要将布尔类型张量 acc_bool 中的数据转换为浮点数再使用。这时我们就需要利用 tf.cast()方法，将布尔类型张量转换为浮点数类型（tf.float32）张量，这样做的话，False 被看成 0.0，True 被看成 1.0。于是，布尔类型张量[True, False, False, True, True]被转换为浮点数类型张量[1.0, 0.0, 0.0, 1.0, 1.0]。

```
In [30]: acc_float = tf.cast(acc_bool, tf.float32)        #请思考①
In [31]: tf.math.reduce_mean(acc_float)
Out[31]: <tf.Tensor: id=66, shape=(), dtype=float32, numpy=0.6>
```

当所有布尔类型张量都转换为或 "1.0" 或 "0.0" 的浮点数类型张量时，利用 tf.math.reduce_mean 可以很容易计算出它们的平均值（代码 In [31]），这个平均值恰好就是准确率。如[1.0, 0.0, 0.0, 1.0, 1.0]，它表示共预测 5 次，有 3 次预测正确，正确率为 3/5=0.6。而在 tf.math.reduce_mean 方法的处理下，这个张量的 "均值" 恰好就是 0.6。

从上面的操作可以看出，即使我们处理了很多数据的运算，但甚少涉及到 for 循环。利用 TensorFlow，就要求我们具备张量思维，即输入的是张量，输出的也是张量，我们要把张量当作一个整体看待，而不是考虑如何用 for 循环去遍历它们中的每个元素。

> 💡 张量思维的核心是张量进，张量出（Tensor In, Tensor Out）。

4.2.5 张量类型转换

有时，系统中不同计算模块使用的张量类型、数值精度都可能不尽相同。这时，为了适应调用模块的需要，就需要进行类型转换，这时需要用到的方法是 tf.cast()。这个方法，在前面的代码中，我们已经 "牛刀小试"。

在英文中，"cast" 有 "铸造" 之意。可以想象一下，火红滚烫的钢水流进磨具的场面，磨具是什么形态，钢水就 "定格" 为什么形态。后来，这个词被引进到计算机编程语言领域中，表示将一种形态的数据 "变形" 为另外一种形态的数据。tf.cast( )方法的原型如下。

```
tf.cast(x, dtype, name=None)
```

---

① 请读者思考，为什么不能使用 tf.cast(acc_bool, tf.int32)将布尔类型张量转换为整数类型张量？请读者尝试修改 In [30]处代码，将 tf.float32()修改为 tf.int32()，并运行之，分析结果为何会不一样。

在参数列表中，x 是要被强制进行类型转换的张量，dtype 是转换后的类型，name 表示这个操作的名称，通常不用。下面举例说明 tf.cast() 方法的应用。

```
In [32]: import numpy as np
In [33]: a_const = tf.constant(np.pi, dtype=tf.float16)
                                 # 创建 tf.float16 低精度张量
In [34]: a_double = tf.cast(a_const, tf.double)
                               # 转换为双精度 tf.double 张量
In [35]: a_const                              #输出验证
Out[35]: <tf.Tensor: id=346, shape=(), dtype=float16, numpy= 3.14>
In [36]: a_double                             #输出验证
Out[36]: <tf.Tensor: id=347, shape=(), dtype=float64, numpy= 3.140625>
```

In [33]处 np.pi 表示 Numpy 定义的 π，默认这是一个双精度浮点数，如果想改变这个默认设置，就需要指定它的数据类型，这里数据类型为 tf.float16 低精度张量（单精度浮点数）。In [34]将这个低精度的浮点数转换成高精度的浮点数。In [35]和 In [36]分别"验明正身"，检测它们的类型信息。从上面的输出可以看出，张量的精度不同，保存的数据小数点位数也是不同的。

将张量从低精度张量转到高精度是安全的，但反过来，将高精度张量转换为低精度张量，则不然。这是因为，所谓的高精度是指存在某个张量需要的内存空间较大。例如，一个 tf.float16 类型的张量，需要 16 位的存储空间，而 tf.double 等同于 tf.float64，该类型的一个变量需要 64 位的存储空间。低精度的张量向高精度的张量转换，就好比把一个小房间换成大房间，原来住小房间的人，自然会"毫发未损"住进大房间。

反之，一个原来住大房间的人（好比高精度数据），如果住进小房间，即使人能勉强住进来了（数据的主体部分得以保留），那么这个人的物品肯定也得做出割舍（数据精度降低或溢出）。

TensorFlow 同样可以把布尔类型与数值型张量之间实施转换。遵循 Python 的传统，TensorFlow 把 True 被当作 1 或 1.0，而 False 被当作 0 或 0.0。反过来，我们也可以把数值类型转换为布尔类型，例如：

```
In [37]: a_int = tf.constant([-1.1, 0, 1.0, 123, -100])
In [38]: b_bool = tf.cast(a_int, tf.bool)
In [39]: b_bool
Out[39]: <tf.Tensor: id=38, shape=(5,), dtype=bool, numpy= array([ True, False,
         True,  True,  True])>
```

从上面的输出可以看到，TensorFlow 遵循了它的"母语"——C/C++ 的规范："非零即为真"，也就是说，只有"0"代表"False（假）"，其他所有数值，不论正负，统统都视为"True（真）"。

> 💡 这里的"母语"是指，为了提升性能，TensorFlow 的大多数 API 函数是由 C/C++编写而成。

4.2.6 TensorFlow 中的张量与 NumPy 数组

从前面的分析可以看出，TensorFlow 与 NumPy 有着紧密的联系。我们知道，NumPy 是久负盛名的高性能计算和数据分析基础包。如果说，TensorFlow 的"面子"是做机器学习任务的，那么从第一性原理来看，它的"里子"还是做数值计算的。因此，如果 TensorFlow 不想重造轮子，自然就得充分借助经典的数值计算库——NumPy。事实上，TensorFlow 正是这么做的。

TensorFlow 中的很多数据类型，完全就是基于 NumPy 数据类型而设计的。我们可以在 Python 的交互模式下用以下代码验证一下。

```
In [1]:import tensorflow as tf
In [2]:import numpy as np
In [3]: np.int8 == tf.int8
Out[3]: True
In [4]: np.int16 == tf.int16
Out[4]: True
In [5]: np.int64 == tf.int64
Out[5]: True
```

从上面的测试结果可以看出，TensorFlow 的数据类型与 NumPy 的数据类型是一致的。因此，任何合法的 NumPy 数据类型都可以传递给 TensorFlow，而成为 TensorFlow 的各类张量，验证代码如下。

范例 4-2　TensorFlow 的张量类型（tensor_type.py）

```
01    import tensorflow as tf
02    import numpy as np
03
04    n0 = np.array(20, dtype = np.int32)
05    n1 = np.array([b"Tensor", b"flow", b"is", b"great"])
06    n2 = np.array([[True, False, False],
07                   [False, True,False]],
08                  dtype = np.bool)
09    tensor0D = tf.Variable(n0, name = "t_0")
10    tensor1D = tf.Variable(n1, name = "t_1")
11    tensor2D = tf.Variable(n2, name = "t_2")
12
13    print("tensor0D : {0}".format(tensor0D))
14    print("tensor1D : {0}".format(tensor1D))
15    print("tensor2D : {0}".format(tensor2D))
```

运行结果

```
tensor0D : <tf.Variable 't_0:0' shape=() dtype=int32, numpy=20>
tensor1D : <tf.Variable 't_1:0' shape=(4,) dtype=string, numpy= array([b'Tensor',
b'flow', b'is', b'great'], dtype=object)>
```

```
tensor2D : <tf.Variable 't_2:0' shape=(2, 3) dtype=bool, numpy=
array([[ True, False, False],
       [False,  True, False]])>
```

代码分析

第 04 ~ 08 行分别定义了 NumPy 的 0D（标量）、1D（1 维）和 2D（2维）张量 n0、n1 和 n2，然后在第 09 ~ 11 行，分别定义了 3 个 TensorFlow变量 tensor0D、tensor1D 和 tensor2D，分别用 n0、n1 和 n2 作为它们的数据源。

然后，在第 13 ~ 15 行，分别运行并打印输出 tensor0D、tensor1D 和tensor2D 变量的值，从运行结果可以看出，用 NumPy 张量对 TensorFlow张量赋值是切实可行的。

值得一提的是，如果在 TensorFlow 1.x 时代，即使是简单的张量操作（第 13 ~ 15 行），也不甚繁琐，我们不得不先创建一个 Session，然后运行（run）它，在 Session 中完成数据的读取。好在我们已然身处 TensorFlow 2时代，对这个流程做了大大简化，可以直接用 Python 的 print 语句输出张量的信息。

但我们发现，TensorFlow 除输出来自 NumPy 的张量值外，它还会输出很多额外信息（如张量类型和尺寸等）。如果我们只想查看张量的值，该怎么办呢？如第三章所述，这时就需要使用张量的专有输出方法——tf.print()。

将范例 4-2 中的第 13 ~ 15 行改为如下 3 行代码。

```
13   tf.print(tensor0D)
14   tf.print(tensor1D)
15   tf.print(tensor2D)
```

再次运行范例 4-2，就可以得到我们想要的结果。

```
20
["Tensor" "flow" "is" "great"]
[[1 0 0]
 [0 1 0]]
```

前面我们提到，可以将 NumPy 数组轻易地转换成 TensorFlow 张量。那该如何将 TensorFlow 张量转换为普通 Python 程序可用的 NumPy 数组呢？

如果我们注意到 TensorFlow 张量输出的细节，就可以发现，每个TensorFlow 张量对象都有一个 numpy() 方法，它负责将 TensorFlow 张量转换为 Python 程序可用的 NumPy 数组。一旦运行范例 4-2 之后，范例中的变量已经在内存中准备就绪，然后我们可以在 Jupyter 或 IPython 环境下，可以用如下代码测试。

```
In [6]: tensor0D.numpy()    #将零维张量（标量）转换成 NumPy 数组
Out[6]: 20
In [7]: tensor1D.numpy()     #将一维张量（即向量）转换成 NumPy 数组
Out[7]: array([b'Tensor', b'flow', b'is', b'great'], dtype= object)
In [8]: tensor2D.numpy()     #将二维张量（即矩阵）转换成 NumPy 数组
Out[8]:
array([[ True, False, False],
       [False, True, False]])
```

显然，NumPy 数组并不是 TensorFlow 唯一的数据来源。当操作的数据并不是 NumPy 数组时，我们还可以利用 TensorFlow 提供的一个特殊方法 tf.convert_to_tensor，将不同的数据类型转换成符合要求的张量。例如，可以让普通的 Python 列表或元组转换成张量。请参见范例 4-3 中的代码。

范例 4-3　Python 数组与张量类型转换（tensor_convert.py）

```
01    import tensorflow as tf
02
03    a_list = list([1,2,3,])                    #这是一个列表对象
04    b_tuple = (11.0, 22.2, 33)                 #这是一个元组
05    c_str_tuple = "a", "b", "c", "d"           #这是一个（字符串）元组
06
07    tensor_a = tf.convert_to_tensor(a_list,dtype = tf.float32)
08    tensor_b = tf.convert_to_tensor(b_tuple)
09    tensor_c = tf.convert_to_tensor(c_str_tuple)
10    tensor_add = tf.math.add(tensor_a, tensor_b)
11
12    print(type(a_list))                        #输出 Python 列表类型
13    print(type(tensor_a))                      #输出 Python 列表转换的张量类型
14
15    print(type(b_tuple))                       #输出 Python 元组类型
16    print(type(tensor_b))                      #输出 Python 元组转换的张量类型
17    print(type(c_str_tuple))                   #输出 Python 元组类型
18    print(type(tensor_c))                      #输出 Python 元组转换的张量类型
19    print(type(tensor_add))                    #输出求和结果的张量类型
20
21    tf.print(tensor_c)                         #输出张量 tensor_c 中的数据
22    tf.print(tensor_add)                       #输出张量求和后的数据
```

运行结果

```
<class 'list'>
<class 'tensorflow.python.framework.ops.EagerTensor'>
<class 'tuple'>
<class 'tensorflow.python.framework.ops.EagerTensor'>
<class 'tuple'>
```

```
<class 'tensorflow.python.framework.ops.EagerTensor'>
<class 'tensorflow.python.framework.ops.EagerTensor'>
["a" "b" "c" "d"]
[12 24.2 36]
```

代码分析

Python 的原生数据类型列表（list）和元组（tuple），都是 Python 生态中非常重要的数据载体容器。很多数据处理的流程都是这样的：先将数据加载至列表（元组）容器中，再通过 convert_to_tensor()方法将数据转换为张量类型。在 TensorFlow 中运算处理后，再通过 numpy( )方法导出到普通 Python 程序能处理的数组和列表中，以方便其他模块调用。

从运行结果可以看出，a_list、b_tuple 和 tensor_c 都是 Python 的原生数据类型，经过显式类型转换（第 07 ~ 09 行），tensor_a、tensor_b 和 tensor_c 分别是合法的张量类型。如果想"干净利索"地提取张量的值，那么可使用前面章节提及到的 TensorFlow 的专业输出工具 tf.print（见第 21~22 行）。

4.3　TensorFlow 中的常量与变量

在 TensorFlow 中，张量分为两大类型：常量和变量。顾名思义，变量指的是在程序运行过程中，存储可以变化的数据。而常量则相反，它是指在程序在运行过程中，值不能改变的量。常量因其不变性，编译器可直接将其编译成目标代码，有利于程序性能的提升。

套用《道德经》里的一个名句"知其白，守其黑，为天下式"。而针对变量和常量，我们也有"知其变，守其恒，为天下式"。作为程序员，需要有一种自省自觉的意识，即如果某个值在运行过程中不发生变化，那么应主动将其声明为常量，这有利于提高程序的稳定性。

4.3.1　constant 常量

在 TensorFlow 中，常量型张量可用 tf.constant()方法来生成。关于 tf.constant()的使用，在前面的章节中，已有简要解释。下面我们举例说明它的应用方法。在下面的示例代码中，我们用 Python 列表充当数据源。

```
In [1]: import tensorflow as tf
In [2]: import numpy as np
In [3]: a_list = [1, 2, 3, 4, 5, 6]        #创建一个 Python 列表
In [4]: tf.constant(a_list)                #用列表创建一个整型常量
Out[4]:
<tf.Tensor: id=186, shape=(6,), dtype=int32, numpy=array([1, 2, 3, 4, 5, 6],
dtype=int32)>
```

由于 NumPy 和 TensorFlow 有着密切关系，自然也能用 NumPy 数组来充当常量型张量的数据源。代码如下所示。

```
In [5]: np_array = np.array([[1, 2, 3], [4, 5, 6]])
                                           #创建一个 NumPy 数组
In [6]: tf.constant(np_array)              #NumPy 数组充当数据源
Out[6]: <tf.Tensor: id=187, shape=(2, 3), dtype=int64, numpy=
array([[1, 2, 3],
       [4, 5, 6]])>
```

以上创建常量的方式，其数据都是完备的。事实上，若提供的数据不完备，则可以设置 shape 参数，通过数据延展赋值技术，将数据扩展完整，然后将扩充后的数据作为常量型张量。

```
In [7]: const_float_tensor = tf.constant(10.0,shape = [2,3,4], dtype = tf.float32)
In [8]: const_float_tensor
Out[8]:
<tf.Tensor: id=190, shape=(2, 3, 4), dtype=float32, numpy=
array([[[10., 10., 10., 10.],
        [10., 10., 10., 10.],
        [10., 10., 10., 10.]],
       [[10., 10., 10., 10.],
        [10., 10., 10., 10.],
        [10., 10., 10., 10.]]], dtype=float32)>
```

从 In [7]处可以看到，在 value 参数处，仅设置了一个标量值 10.0，但通过 shape 的设定，就把这个 10.0 填满尺寸为 2×3×4 的维度空间。

4.3.2 Variable 变量

在机器学习任务中，某些参数（如模型参数）可能需要长期保存，且其值还可能不断被迭代更新，这时就需要用到变量（Variable）。

tf.Variable 对象可以理解为一个常驻内存、不会被轻易回收的张量。在神经网络模型中，由于梯度运算会消耗大量的计算资源，同时会自动更新相关参数，因此对于不需要优化的张量（如神经网络的输入层 X），用后即弃，不需要通过 tf.Variable 进行封装[1]。

> 对于不需要参与神经网络训练的张量，用 Python 提供的普通张量即可。

相反，对于需要计算梯度并优化的张量，如神经网络层的连接权值 W 和偏置 b，它们时时刻刻都在发生变化，而且更新当前值时，还可能需要上一次的变量值，因此需要通过 tf.Variable 将其封装起来，以便 TensorFlow 跟踪梯度相关的信息。

tf.Variable 对象的创建并不复杂，通过 Variable 类的构造方法 tf. Variable()

即可完成。请参考范例 4-4 中的代码。

范例 4-4　TensorFlow 中的 Variable 对象（variable.py）

```
01    import tensorflow as tf
02
03    my_state    = tf.Variable(1.0)        #定义一个变量对象
04    one         = tf.constant(1.0)        #定义一个常量
05    #变量加 1 操作后并自我赋值
06    read_and_increment = tf.function(lambda: my_state.assign_add(one))
07
08    print(my_state)
09    for _ in range(3):
10        read_and_increment()
11        print(my_state.numpy())
```

运行结果

```
<tf.Variable 'Variable:0' shape=() dtype=float32, numpy=1.0>
2.0
3.0
4.0
```

代码分析

简单解释一下上述代码。第 03 行定义一个 Variable 对象 my_state，并将其初始化为 1.0。第 04 行创建一个常量对象 one，并为其赋值为 1.0。第 06 行通过 tf.function()方法，设计了一个 TensorFlow 函数 read_and_increment，由于这个函数很简单，即实现一个自加并赋值的操作（类似于 C 语言中常见的"i++"），因此直接用 lambda 表达式即可完成。tf.assign_add()是每个 tf.Variable 对象都拥有的成员方法，其功能是自身相加某个数值并完成自我赋值。

第 08 行输出变量 my_state 的初值。第 09 ~ 11 行是一个 for 循序体，用来更新变量 my_state 的值。其中，第 09 行的 for 循环中有一个下画线变量 "_"，这里可将它理解为"垃圾箱变量"，因为这个下画线虽然可以用来接收变量，但此处我们并不准备用它，这里我们看重的是整个 for 循环的次数。第 10 行， read_and_increment( )被反复调用。

从运行结果可以看出，3 次循环，每次都令变量 my_state 的值加 1，从而完成了 Variable 对象的值更新。为了防止每次输出一大堆变量的信息，这里我们利用张量的 numpy()方法，直接输出它的数值。

这里需要读者注意一个代码细节，tf 作为框架名，其点操作符（.）后面成员的首字母时而小写（如 tf.function）时而大写（如 tf.Variable），这是为什么呢？简单来说，这是 TensorFlow 的一个编程约定，若成员首字母小写，则表明这个元素直接隶属于 TensorFlow 框架，是一级方法成员；若成员首字母大写，则表明该元素是一个设计好的类（Class），它还需要接着定义对象才能使用。如 Variable 就是一个类，它也有自己的构造方法和成员方法。

现在首先解释一下 tf.Variable 的两个属性：name 和 trainable。如前所述，tf.Variable 是一个变量类，它可以定义一个变量对象，这个对象名只要符合 Python 命名规则即可。如果不对 tf.Variable 的 name 属性进行显式命名，那么 TensorFlow 内部会自动维护这套命名体系，以保证命名的唯一性和规整性。

tf.Variable 还有一个布尔类型的属性 trainable，它是干什么用的呢？我们知道，变量型张量有很多用途，若某变量的 trainable 设置为 True，则表明该变量是参与梯度运算的。因此，TensorFlow 会对它格外"关照"，对它进行优化。凡是被 tf.Variable 封装的变量，这个属性 trainable 就默认为 True。待优化张量可视为普通张量的特殊类型。下面对范例 4-4 中的 tf.Variable 对象 my_state 的两个属性进行检测。

```
In [1]: my_state.name          #显示 name 属性的值
Out[1]: 'Variable:0'
In [2]: my_state.trainable     #显示是否可被优化
Out[2]: True
```

当然，也可以在生成 tf.Variable 对象之初，设置 trainable = False，用以表明该张量不需要优化。需要说明的是，trainable 是只读属性，即在 tf.Variable 对象诞生后，trainable 的属性值要"从一而终"，后期不许修改。

值得一提的是，在前文，我们"诟病"了 TensorFlow 1.x 时代的计算图，而力荐 Eager execution（即时执行）模式。但凡事都有两面性，即时执行模式下的代码非常易读，但是也带来了执行效率低的问题。这是因为，代码需要依赖 Python 的解释器来进行计算，无法对数据流以及计算图进行优化。为了在代码可读性和代码速度之间保持平衡，Tensorflow 2.0 引入了 tf.function 这个概念。在代码第 06 行，我们用 lambda 表达式创建了一个简单的函数对象，该对象作为作为 tf.function( ) 参数，从而构建了一个简单的计算图。当然，我们也可以定义一个功能复杂的多行函数，然后将该函数名作为 tf.function() 的参数，从而构建一个相对复杂的计算图。

事实上，我们还可以通过 Python 以@为标记修饰 function 注的方法来构建一个计算图，如下代码所示。

```
01   @tf.function
02   def func1(x):
03      if tf.reduce_sum(x) > 0:
04         return x * x
05      else:
06         return -x // 2
07
08   my_var = tf.Variable([3, -2, 4])
09   tf.print(func1(my_var).numpy())
```

在上述代码中，第 01 行使用@tf.function 注解，表明随后的函数构造了一个 TensorFlow 计算图，在这个计算图中，我们可以使用 if、for、while、break、continue 及 return 等来控制数据的流动。运行结果如下所示。

```
array([ 9,  4, 16], dtype=int32)
```

4.4　常用张量生成方法

下面我们介绍几种常用张量的生成方法，后续很多模型与算法都是基于这些基本操作构建起来的。

4.4.1　生成全 0 的张量

在神经网络训练之初，通常需要将某些变量（如连接权值或偏置）初始化为 0。这时，可能需要用到 tf.zeros()方法，它的功能就是生成指定尺寸（shape）元素全部为 0 的张量，该方法的原型如下。

```
tf.zeros(
    shape,
    dtype=tf.dtypes.float32,
    name=None
)
```

下面简单解释一下上面的参数。

● shape：用于表示张量的尺寸，通常用一个整型数字（用于表示 1D 张量）、列表或元组表示（2D 以上张量，多个维度的数字用括号括起来）。

● dtype：所要创建的张量对象的数据类型，默认为 32 位的浮点数。

● name：为本操作（Op）取个名称（可选），默认值为 None。

下面用 tf.zeros()方法举例说明。

```
In [1]: import tensorflow as tf
In [2]: tf.zeros(5,tf.int32)                    #1D 全 0 张量
Out[2]:
<tf.Tensor: id=143, shape=(5,), dtype=int32, numpy=array([0, 0, 0, 0, 0], dtype=
int32)>
In [3]: tf.zeros([2,5], dtype = tf.int32)       #2D 全 0 张量
Out[3]:
<tf.Tensor: id=2, shape=(2, 5), dtype=int32, numpy=
array([[0, 0, 0, 0, 0],
      [0, 0, 0, 0, 0]], dtype=int32)>
In [4]: tf.zeros((3,3))
Out[4]:
<tf.Tensor: id=158, shape=(3, 3), dtype=float32, numpy=
array([[0., 0., 0.],
      [0., 0., 0.],
      [0., 0., 0.]], dtype=float32)>
```

> 在 Python 中，元组
> （Tuple）是一种常量序
> 列，其内部元素一旦初
> 始化后就不能修改。元
> 组在 Python 函数中，
> 其作用类似于 C++ 函
> 数中的常量参数。常
> 量参数有助于提高程
> 序的可靠性。

在语法层面，我们简单解释一下 In [4]处 tf.zeros((3,3))的含义，有读者可能会对这个方法的使用有所疑惑，尺寸参数 3 和 3 为什么会有两层括号包裹呢？实际上，(3,3)应当整体视为一个匿名的元组对象，tf.zeros ((3,3))等价于 tf.zeros (shape =(3,3))，在 shape 参数处需要一个元组或列表来指明所生成张量的尺寸。

如果用元组包裹描述张量尺寸的元素，而元组的外部轮廓就是两个圆括号，那么在默认指定 shape 参数的情况下，它就会和 tf.zeros()方法的外层括号相连，会给用户造成一定程度的困扰，所以我们推荐如同 In [3]处，使用拥有方括号（如 In [3]所示）为轮廓特征的列表来表示张量的尺寸。

还有一种生成全 0 张量的方法是 tf.zeros_like()。该方法的核心思想可概括为"借壳上市"，它借用某个给定张量的类型、尺寸（维度信息），但其中所有元素都被置换为 0，代码如下所示。

```
In [4]: a_cons = tf.constant([[1, 2, 3.0], [4, 5, 6]])
In [5]: a_cons.numpy()                    #输出验证
Out[5]:
array([[1., 2., 3.],
      [4., 5., 6.]], dtype=float32)
In [6]: b_zero = tf.zeros_like(a_cons)    #借用 a_cons 的类型和维度
In [7]: b_zero.numpy()                         #生成了全部为浮点数 0.的张量
Out[7]:
array([[0., 0., 0.],
      [0., 0., 0.]], dtype=float32)
```

在上述代码中，In [4]处声明了一个常量 a_cons，由于 TensorFlow 与 NumPy 一样，数据类型遵循"就高不就低"的原则，即如果整个张量中有一个精度较高的元素（如 3.0 就是一个浮点数，其精度比整型数的精度高），那么整个张量的元素全部"升格"为较高精度（如浮点数）数据类型。

在 In [6]处，将 a_cons 作为模板，tf.zeros_like()生成了另外一个全 0 张量 b_zero，该张量在数据类型和维度信息上与 a_cons 的完全一样，而内部元素全部都被换成了 0（这也是 zero_like 命名的含义）。

当然，tf.zeros_like()也没有那么呆板，它也可以改变数据类型，仅借用目标张量的维度信息。例如：

```
In [8]: c_zero = tf.zeros_like(a_cons, dtype = tf.int32) #改变数据类型
In [9]: c_zero      #输出验证
Out[9]:
<tf.Tensor: id=62, shape=(2, 3), dtype=int32, numpy=
array([[0, 0, 0],
       [0, 0, 0]], dtype=int32)>
```

4.4.2　生成全 1 的张量

类似地，我们也可以生成元素全为 1 的张量。这时需要用到 tf.ones()方法，它的用法与 tf.zereos()的用法完全类似。

```
In [10]: all_one = tf.ones([2, 3], tf.int32)
In [11]: all_one.numpy()
Out[11]:
array([[1, 1, 1],
       [1, 1, 1]], dtype=int32)
```

类似于 tf.zeros_like()，我们可以利用 tf.ones_like()方法，借用其他张量的类型和维度信息，生成全为 1 的张量。

```
In [12]: all_one = tf.ones_like(a_cons)
In [13]: all_one
Out[13]:
<tf.Tensor: id=68, shape=(2, 3), dtype=float32, numpy=
array([[1., 1., 1.],
       [1., 1., 1.]], dtype=float32)>
```

4.4.3　生成全为给定值的张量

前面我们提到方法，要么生成全为 0 的张量，要么生成全为 1 的张量。下面我们来介绍生成全为给"特定值"的张量方法。这时，需要用到

tf.fill()方法。顾名思义，"fill"就是"填充"之意，其方法原型如下。

```
tf.fill(
    dims,        #维度信息
    value,       #填充的值
    name=None    #为本操作（Op）取个名，非必须
)
```

下面举例说明这个方法的用法。

```
In [14]: tf.fill([2, 3], 123)  #生成 2 行 3 列，且元素值全为 123 的张量
Out[14]:
<tf.Tensor: id=71, shape=(2, 3), dtype=int32, numpy=
array([[123, 123, 123],
       [123, 123, 123]], dtype=int32)>
```

4.4.4 生成已知分布的随机数张量

正态分布（Normal Distribution，或称高斯分布）和均匀分布（Uniform Distribution）是最常用的两种分布。创建这两种分布的张量，在构建神经网络模型时非常有用。例如，在卷积神经网络（CNN）中，将卷积核张量 W 初始化为正态分布，这样非常有利于网络的训练。而在对抗生成网络（GAN）中，可以将隐藏变量 Z 假设为均匀分布（或正态分布）。

下面先来讨论一下正态分布张量的生成。tf.random.normal()是用来生成特定正态分布的方法，其原型如下。

```
tf.random.normal(
    shape,                         #输出张量尺寸
    mean=0.0,                      #均值
    stddev=1.0,                    #方差
    dtype=tf.dtypes.float32,       #张量类型
    seed=None,                     #随机数种子
    name=None                      #为本操作命名
)
```

下面举例说明该方法的用法。

```
In [15]:  rand = tf.random.normal(shape = (3,2), mean = 10, stddev = 2, dtype = tf.float32)
In [16]: print(rand)
Out[16]:
tf.Tensor(
[[ 7.56221   9.232725]
 [ 9.377619 12.007598]
 [ 7.042592  9.011934]], shape=(3, 2), dtype=float32)
```

In [15]处代码的功能是创建均值为 10，标准差为 2 的正态分布张量，其尺寸为 3 行 2 列。TensorFlow 除可以创建正态分布外，还提供了创建均匀分布的方法。通过 tf.random.uniform(shape, minval=0, maxval=None, dtype=tf.float32)方法，可以创建采样区间[minval, maxval)均匀分布的张量。

```
In [17]: uni_tensor = tf.random.uniform([2,2])
In [18]: print(uni_tensor)
Out[18]:
tf.Tensor(
[[0.10641289 0.6318289 ]
 [0.4701332  0.17339122]], shape=(2, 2), dtype=float32)
```

上述代码完成的功能是，创建采样区间为[0,1)、尺寸为[2,2]，即 2 行 2 列的张量。这个采样区间是可以自定义的，若不指定取值区间，则默认的采样区间为[0,1)。需要注意的是，均匀分布指定的上限区间和下限区间是左闭右开的，即最大值是取不到的。例如，下面的代码实现的功能就是生成采样区间为[1,10)，即尺寸为[2,3]的整型张量。

```
In [19]: uni_tensor2 = tf.random.uniform([2,3],
             minval = 1,
             maxval = 10,
             dtype = tf.int32)
In [20]: tf.print(uni_tensor2)
 [[1 8 6]
 [4 8 7]]
```

4.4.5　创建特定张量序列

在使用 for/while 循环计算张量或者对张量进行索引时，常需要创建一段连续的整型序列张量，这时可通过 tf.range()方法实现。该方法有以下两个原型。

```
tf.range(limit, delta=1, dtype=None, name='range')
或
tf.range(start, limit, delta=1, dtype=None, name='range')
```

该方法的使用完全类似于 Python 的内置函数 range()。tf.range(n)的效果完全等同于 tf.range(0, n)的效果，其功能就是创建[0, n)范围内、步长为 delta 的序列。这里的 n 就是训练的上限 limit，取值区间是左闭右开的，即最大值 limit 无法取到。若起始值不是默认值 0，则需要显式设置 start 参数。若起始值为整数，且步长（delta）也为整数，则返回的是整数序列，否则就是浮点数序列。

```
In [21]: tf.range(18)      #返回区间为[0,18)、步长为1的整数序列
Out[21]:
<tf.Tensor: id=92, shape=(18,), dtype=int32, numpy=
array([ 0,  1,  2,  3,  4,  5,  6,  7,  8,  9, 10, 11, 12, 13, 14, 15, 16,
       17], dtype=int32)>
In [22]: tf.range(3, 18, 3)    #返回区间为[3,18)、步长为3的整数序列
Out[22]:
<tf.Tensor: id=96, shape=(5,), dtype=int32, numpy=array([ 3,  6,  9, 12, 15],
 dtype=int32)>
In [23]: tf.range(3, 18, 0.5) #返回区间为[3,18)、步长为0.5的序列
Out[23]:
<tf.Tensor: id=102, shape=(30,), dtype=float32, numpy=
array([ 3. ,  3.5,  4. ,  4.5,  5. ,  5.5,  6. ,  6.5,  7. ,  7.5,  8. ,
        8.5,  9. ,  9.5, 10. , 10.5, 11. , 11.5, 12. , 12.5, 13. , 13.5,
       14. , 14.5, 15. , 15.5, 16. , 16.5, 17. , 17.5], dtype=float32)>
```

4.5 张量的索引和切片

同 NumPy 一样，TensorFlow 也可以通过索引与切片操作提取张量的部分或全部数据，由于索引和切片的使用频率非常高，因此我们有必要了解有关它们的常用方法。

4.5.1 索引

索引（Index）是指张量元素所在的位置编号，类似于邮编之于地区的关系。我们可以通过张量的索引来获取并设置张量元素的值。访问的格式为 tensor_name[index]，其中 tensor_name 为张量名称，方括号内的 index 即为索引。

如果把张量名称当作访问张量的起始"指针"（Pointer），那么索引就可以理解为偏离这个指针的偏移量（Offset）。索引的起始编号是 0，正向索引时，第 1 个元素的索引是 0（表示相对于起始指针不偏移），第 2 个元素的索引是 1（表示相对于起始指针偏移 1 个位置），依此类推（见图 4-5）。

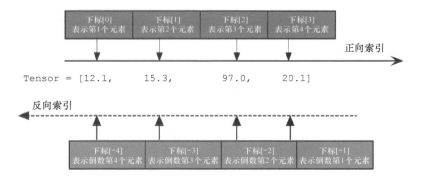

图 4-5　张量的索引示意图

TensorFlow 中，张量同样支持反向索引，即方括号内的偏移量为–1，表示倒数第 1 个元素。偏移量为–2，表示倒数第 2 个元素，依此类推。此时，索引编号不存在观感上的索引和直觉位置"差 1"的情况。即"–1"就是表示倒数"第 1"张图片，"–2"就是表示倒数"第 2"张图片，依此类推。

假设输入张量为 5，大小为 32 × 32 的彩色图片（彩色意味着 3 通道，若为黑白照片，则为 1 通道），那么该张量的 shape 属性应为[5, 32, 32, 3]。为了方便起见，我们使用随机正态分布来模拟这个张量。

```
In [1]: import tensorflow as tf
In [2]: X = tf.random.normal([5,32,32,3]) # 创建一个图片集合的 4D 张量
```

下面，我们使用索引读取张量的部分数据。

```
In [3]: X[0]          #访问第 1 张图片的数据
Out[3]:
<tf.Tensor: id=400, shape=(32, 32, 3), dtype=float32, numpy=
array([[[-2.048626  , -0.42282823, -0.69180757],
        [-0.15601926,  2.4580038 ,  0.47521132],
        [-0.8973932 , -0.8239582 ,  1.43067   ],
        ...,   (省略大部分数据)
        [ 0.15333423,  1.5048527 , -1.028587  ],
        [-1.0244707 , -0.97180676,  1.3904912 ],
        [ 0.4260309 , -0.58311325, -1.7457016 ]]], dtype= float32)>
```

如前所述，我们还可以通过逆序访问"倒数"编号的数据。对于只有 5 张图片的张量，X[4]（正向索引第 4 张，从 0 开始计数）和 X[-1]（反向索引倒数第 1 张）是否是同一张图片，可用如下代码进行验证。

```
In [4]: X[4] == X [-1]    #用逻辑 "==" 判断两个张量是否等同
Out[4]:
<tf.Tensor: id=409, shape=(32, 32, 3), dtype=bool, numpy=
```

```
array([[[ True,   True,   True],
        [ True,   True,   True],
        ...,（省略大部分数据）
        [ True,   True,   True]]])>
```

相应地，访问二维数组时，需要两个索引来执行相应操作。访问二维数组的方式有两种：一种是类似于 C/C++格式，即用两个方括号，每个方括号对应一个维度信息。例如，如果我们想读取第 1 张图片的第 2 行，那么可以通过如下代码实现。

```
In [5]: X[0][1]
<tf.Tensor: id=417, shape=(32, 3), dtype=float32, numpy=
array([[-1.6314545 , -1.1395507 , -0.92206246],
       [ 1.0364488 ,  1.8906085 ,  0.72787964],
       ...,（省略大部分数据）
       [-1.2899008 ,  0.37437433,  0.856886  ]], dtype=float32)>
```

类似于 NumPy，TensorFlow 提供了一种更为简便的访问方式——把两个方括号合并，在一个方括号内，用英文逗号（,）将不同维度的索引隔开。例如，X[0][1]和 X[0,1]是等价的。我们可用如下代码验证二者的等价性。

```
In [6]: X[0][1] == X[0,1]
<tf.Tensor: id=430, shape=(32, 3), dtype=bool, numpy=
array([[ True,   True,   True],
       ...,（省略大部分数据）
       [ True,   True,   True]])>
```

4.5.2　通过切片访问

类似于 NumPy，TensorFlow 中的张量还可以通过切片（Slice）来批量访问和修改张量中的元素。切片操作是从原张量中，按照给定规则提取出的部分数据，它获取的是原始张量的视图，因此切片操作对原始张量并没有影响。

切片规则通常是这样的：张量名[start:end:step]，其中冒号（:）作为切片的分隔符，start 表示切片的起始索引，从 0 开始，−1 表示结束，end 表示切片的结束（注意，不包含 end 位）。

> 请注意，切片操作范围是左闭右开，即不包含 end 位。

step 表示步长（相当于采样间隔），步长为正时，从左向右采样取值。步长为负时，则反向采样取值。以上面属性为[5, 32, 32, 3]的图片张量为例，如果我们想读取第 2 张～第 4 张图片，那么可通过如下代码实现。

```
In [7]: X[1:4]        #读取第 2、3、4 张图片
Out[7]:
<tf.Tensor: id=434, shape=(3, 32, 32, 3), dtype=float32, numpy=
array([[[[-0.06381197, -0.4461352 ,  1.0763462 ],
         [ 0.5622612 , -1.3573023 , -0.4469776 ],
         ...,
[ 0.4530231 ,  1.69166   ,  1.6151901 ]]]], dtype=float32)>
```

为了简便起见，切片操作的参数 "start: end: step" 有很多简写方式，其中 start、end 和 step 这 3 个参数可以根据需要选择性地省略。

例如，若起始索引 start 冒号（:）后没有 end 和 step，则表示从 start 索引开始以后的所有元素项都将被提取。例如，X[2:]表示从第 2 个元素（从 0 计数）开始直到最后的所有元素。由于这个张量一共就 5 张图片，简写 X[2:]也等价于全称切片访问方式 X[2:5:1]。显然，简写方式更加简明扼要。

在提取某个维度的整体数据时，我们还可以使用更为简略的写法 "::"，它表示从最开始读取到最末尾，且步长为 1，即不跳过任何元素。在读取切片的方括号中，每增加一个逗号（,）就表示增加一个维度的切片控制。例如，X[0,::]表示第 1 个图片（逗号之前的维度已经确定）的所有行，其中 "::" 表示在行维度上的提取所有行，它等价于 X[0]的写法，测试代码如下。

```
In [8]: X[0,::] == X[0]
<tf.Tensor: id=477, shape=(32, 32, 3), dtype=bool, numpy=
array([[[ True,  True,  True],
        [ True,  True,  True],
...,
[ True,  True,  True]]])>
```

为了更加简捷，双冒号 "::" 在没有歧义的情况下，完全可以简写为单个冒号 ":"，例如：

```
In [9]: X[0,:] == X[0]
<tf.Tensor: id=486, shape=(32, 32, 3), dtype=bool, numpy=
array([[[ True,  True,  True],
        [ True,  True,  True],
        ...,
[ True,  True,  True]]])>
```

对于切片 "start: end: step" 的简写方式，总结如下：若 start 从 0 开始，则 start 可省略；若到达最末元素，则 end 可省略；若步长为 1（取默

认值），则 step 可省略。切片参数多种省略方式如表 4-4 所示。

表 4-4　切片参数多种省略方式

切片参数方式	含义描述
start:end:step	从 start 开始读取，到 end（不包含 end）结束，步长为 step
start:end	从 start 开始读取，到 end（不包含 end）结束，步长为 1
start:	从 start 开始读取后续所有元素，步长为 1
start::step	从 start 开始读取后续所有元素，步长为 step
:end:step	从 0 开始读取，到 end（不包含 end）结束，步长为 step
:end	从 0 开始读取，到 end（不包含 end）结束，步长为 1
::step	从 0 开始，读取后续所有元素，步长为 step
::	读取所有元素
:	读取所有元素

如前所述，采样步长 step 可取负值。当 step = -1 时，start: end: -1 表示从 start 开始，逆序读取至 end 结束（不包含 end）。考虑最特殊的一种例子，当切片方式为 "::-1" 时，就完成了逆序读取。

```
In [10]: Y = tf.range(9)
In [11]: Y.numpy()      #等价切片方式为 Y[:].numpy() 或 Y[::].numpy()
Out[11]: array([0, 1, 2, 3, 4, 5, 6, 7, 8], dtype=int32)
In [12]:Y[::-1].numpy()     #逆序输出
Out[12]: array([8, 7, 6, 5, 4, 3, 2, 1, 0], dtype=int32)
```

显然，当张量的维度数量较多时，若某个维度的数据全部读取，则采用简写的方式，即用单个冒号（:）表示采样该维度的所有元素。此时，可能出现这样的情况，大量的冒号（:）相继出现。让我们继续以前面 4 维图片张量为例，其 shape 尺寸大小为[5, 32, 32, 3]。若我们读取蓝色通道（按 RGB 顺序，从 0 开始计数，B 编号应为 2）上的数据，则前面所有维度全部提取，此时需要写成如下代码。

```
In [13]: X[:,:,:,2] # 取蓝色通道数据
Out[13]: <tf.Tensor: id=510, shape=(5, 32, 32), dtype=float32, numpy=
array([[[-0.69180757,  0.47521132,  1.43067  , ...,  0.9417347 ,
        -0.25706872, -0.5755742 ],
      ...,
      [ 0.5305832 ,  3.4709222 , -0.5469254 , ..., -0.07338437,
       0.11220213, -0.7031214 ]]], dtype=float32)>
```

从上面输出的 shape=(5, 32, 32)可以看到，由于仅提取单个通道的数据，因此输出张量实际上是 "降维" 了，原始张量为 4 维，目前降至三维。

此外，为了避免出现类似于 [: , : , : ,2]这样过多冒号的情况，在没有

歧义的情况下，可以使用"…"来表示读取相邻多个维度上所有的数据。

其中省略的维度数量可根据一定的规则由 TensorFlow 系统自动判断：当切片方式出现"…"时，"…"左边的维度将自动对齐到最左边，"…"符号右边的维度将自动对齐到最右边，此时系统会自动推断"…"代表的维度数量，其切片方式总结如表 4-4 所示。

"…"在高维张量读取中，是常见的代码技巧。

表 4-5　省略号切片方式

切片方式	切片含义描述
m,…,n	省略号表示：最左边维度以 m 为界，最右边维度以 n 为界，中间的维度全部读取。其他维度按 m 和 n 各自的描述方式读取
m,…	省略号表示：最左边维度以 m 为界，m 之后的所有维度全部读取，m 维度按 m 描述的方式读取
…,n	省略号表示：最右边维度以 n 为界，n 之前的所有维度全部读取，n 维度按 n 描述的方式读取
…	省略号表示：读取张量所有维度的数据

在知晓表 4-5 所描述的含义后，下面我们举例说明，以变给读者提供更多感性认识。例如，如果我们想读取前两张图片中绿色（G）通道和蓝色（B）通道的数据，可以用如下描述方式实现。

In[14]处代码等价为 X[:2, …, 1:]或 X[:2, :, :, 1:]

```
In [14]: X[0:2,...,1:] # 高维度、宽维度全部采集
Out[14]:
<tf.Tensor: id=514, shape=(2, 32, 32, 2), dtype=float32, numpy=
array([[[[-0.42282823, -0.69180757],
        [ 2.4580038 ,  0.47521132],
        [-0.8239582 ,  1.43067   ],
        ...,
[ 0.48573026, -0.24997507]]]], dtype=float32)>
```

再如，如果我们想读取第 2 张以后的所有图片数据，那么可用如下代码实现。

```
In [15]: X[2:,...] #读取高维度、宽维度、通道维度的全部数据，等价于 X[2:]
Out[15]:
<tf.Tensor: id=536, shape=(3, 32, 32, 3), dtype=float32, numpy=
array([[[[-2.13227272e-02,  1.20545614e+00,  2.17452988e-01],
        [ 5.78101933e-01,  7.87531316e-01,  1.37985116e-02],
        ...,
        [-1.05072987e+00,  6.32911384e-01, -7.03121424e-01]]]],
        dtype=float32)>
```

4.6 张量的维度伸缩与交换

前面我们讨论了张量的索引和分块获取部分张量数据。事实上，为了处理方便，张量还需要如"变形金刚"一般，根据不同的应用场景，做维度的伸缩。此外，为了让张量的加工具备"方向性"，TensorFlow 中的张量还有提供"轴"方向的概念。下面我们来讨论这两个议题。

4.6.1 张量中的轴方向

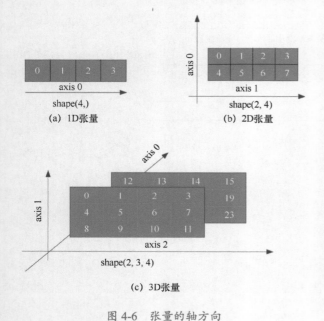

图 4-6　张量的轴方向

在 TensorFlow 中，由于张量通常是多个维度的，涉及到数据的操作，因此通常需要指明操作的维度，这个操作的维度称为轴（Axis）方向。

对于标量而言，它就是一个数据，所以不存在"轴"这个概念。对于一维向量，它就是一个轴，称为 axis 0（从 0 开始计数，下同），如图 4-6(a)所示。对于二维张量，尺寸的第 0 个维度就是 axis 0，第 1 个维度对应 axis 1，如图 4-6(b)所示。对于三维张量，依然是这样的规定，尺寸的第 0 个维度就是 axis 0，第 1 个维度对应 axis 1，第 2 个维度对应 axis 2，依此类推。但根据惯例，人们通常把三维张量的 axis 0 设置为深度（Depth）或样本的数量，如图 4-6(c)所示。

4.6.2 张量维度的增加与删除

在张量的合并与分割时，常常会遇到张量维度增加与删除的情况，下面我们就来讨论这个议题。

先来考虑这样一个应用场景。假设有一个张量，描述的是学校 A 的学生成绩，张量的维度信息为[班级数, 学生数, 课程数量]，如[5, 30, 7]表示有 5 个班级，每个班级有 30 名学生，每名学生选了 7 门课。如果所有学生都在同一所大学，那么这样的张量有三个维度就够用了。

类似地，对于学校 B 而言，假设学校 A 与学校 B 的课程和班级编制都是一致的，我们也可以用这样的三维张量表示学校 B 的学生成绩。现在为了处理方便，需要将学校 A 和学校 B 的数据合并，但还要能区分彼此，因此在合并前需要将张量升维，即添加一个学校维度（或称添加一个新的轴），这时需要用到 tf.expand_dims( )方法。参见如下代码。

```
In [1]: import tensorflow as tf
In [2]: A = tf.random.normal([5, 30,7])    #构建三维张量 A
In [3]: A.shape                  #查看三维张量 A 的维度信息
Out[3]: TensorShape([5, 30, 7])
In [4]: A = tf.expand_dims(A, axis = 0)
                              #为张量 A 在第 0 个轴添加一个维度
In [5]: A.shape                 #再次查看三维张量 A 的维度信息
Out[5]: TensorShape([1, 5, 30, 7])
In [6]: B = tf.random.normal([5, 30,7])    #构建三维张量 B
In [7]: B.shape                  #查看三维张量 B 的维度信息
Out[7]: TensorShape([5, 30, 7])
In [8]: B = tf.expand_dims(B, axis = 0)
                              #为张量 B 在第 0 个轴上添加一个维度
In [9]: B.shape                 #再次查看三维张量 B 的维度信息
Out[9]: TensorShape([1, 5, 30, 7])
```

当张量 A 和张量 B 维度升维后，就有张量合并的基础了，这时可以利用 tf.cancat()方法来合并它们。

```
In [10]: A_B = tf.concat([A,B],axis=0)    #合并张量 A 和张量 B
In [11]: A_B.shape
Out[11]: TensorShape([2, 5, 30, 7])
```

从 Out[11]处的运行结果可以看出，合并的张量尺寸变成了[2, 5, 30, 7]。这符合我们的认知。

反过来，假设在数据处理完毕后，张量 A 和张量 B 的维度又被分割为[1, 5, 30, 7]，那么第一个维度（第 0 个轴）存在的意义就不大了。这就好比，若学生在同一所学校 A，称呼起来，我们说学校 A 的 1 班，学校 A 的 2 班，学校 A 的 3 班等，故在同一所学校，"学校 A"是没有区分度的，属于冗余信息。这时简单的方法就是降维（把第一个维度丢弃掉），这时需要使用 tf.squeeze()方法。顾名思义，这个方法就是把不必要的维度（数轴）给"压缩"掉。

```
In [12]: A.shape                 #查看维度缩减前张量 A 的维度信息
Out[12]: TensorShape([1, 5, 30, 7])
In [13]: A = tf.squeeze(A, axis = 0)    #在轴 0 上进行维度缩减
In [14]: A.shape                 #查看维度缩减后张量 A 的维度信息
Out[14]: TensorShape([5, 30, 7])
```

对于张量 B 的处理也是类似，这里不再赘述。

4.7　张量的合并、分割与复制

《三国演义》第一回开篇就提道："话说天下大势，分久必合，合久必

分。"说到张量，也是这样，为适应不同的应用场景，我们经常会遇到张量合并和分割的情况。前面我们已经提到张量的合并，下面我们就系统地讨论这个问题。

4.7.1 张量合并

张量的合并可以使用两种不同的方法：一是前面提到的拼接（Concatenate），对应的方法为 tf.concat()；另外一种是堆叠（Stack）操作，对应的方法是 tf.stack()。二者在应用上稍有不同，但都能达到"异曲同工"的目的。

tf.concat()实现的拼接操作并不会产生新的维度，仅在现有的维度上合并，而 tf.stack()实现的堆叠则不同，它会创建新维度，在新维度上实现张量叠加。选择使用拼接还是堆叠来合并张量取决于具体的应用场景，即是否需要创建新的维度。

对于 tf.concat()的应用，前面的范例已有涉及，该方法的原型如下。

```
tf.concat(
    values,          #需要拼接的向量，多个向量用列表 [ ] 括起来
    axis,            #指定在哪个轴上拼接
    name='concat'    #本操作的名称
)
```

其中，参数 values 是要拼接的张量。axis 是指定顺着哪个轴进行拼接，轴的取值范围就是 0 ~ n-1，这里 n 表示张量的维度。name 是指这个拼接（Op）操作的名称，在即时执行模式下，用不到这个参数。

下面我们再举例说明这个方法的应用。

```
In [1]: import tensorflow as tf
In [2]: t1 = [[1, 2, 3],
              [4, 5, 6]]
In [3]: t2 = [[7, 8, 9],
              [10, 11, 12]]
In [4]: tf.concat([t1, t2], 0)          #张量拼接
Out[4]:
<tf.Tensor: shape=(4, 3), dtype=int32, numpy=
array([[ 1,  2,  3],
       [ 4,  5,  6],
       [ 7,  8,  9],
       [10, 11, 12]], dtype=int32)>
```

In [4]处的代码等价于 tf.concat([t1, t2], axis = 0)，表示垂直方向的拼

接。当然，我们也可以令 axis = 1，以实现在水平方向上的拼接。

```
In [5]: tf.concat([t1, t2], axis = 1)
Out[5]:
<tf.Tensor: shape=(2, 6), dtype=int32, numpy=
array([[ 1,  2,  3,  7,  8,  9],
       [ 4,  5,  6, 10, 11, 12]], dtype=int32)>
```

事实上，axis 的取值还可以是负数，如 axis = −1，表示倒数第一个轴。很容易推算，如果某张量共有两个轴，它的倒数第 1 个轴，事实上就是正数第 1 个轴（从 0 计数）。如 In [5]处的代码等价于 tf.concat([t1, t2], axis = −2)，请读者朋友思考一下为什么。

从语法上来说，拼接操作可以在任意维度上进行，其唯一的约束在于，没有参与合并的维度必须保持一致。例如，shape 为[4, 32, 8]和 shape 为[6, 35, 8]的张量，不能直接在 axis = 0 维度上进行合并，因为除了第 0 个轴，剩余部分的维度信息一个为[32, 8]，另一个为[35, 8]，它们的维度信息并不一致，合并起来就无从下手。此时会显示如下的错误信息。

```
In [6]: A = tf.random.normal([4,32,8])
In [7]: B = tf.random.normal([6,35,8])
In [8]: tf.concat([A ,B], axis = 0)     #错误拼接，剩余维度信息不一致
Out[8]: InvalidArgumentError: ConcatOp : Dimensions of inputs should match:
 shape[0] = [4,32,8] vs. shape[1] = [6,35,8] [Op:ConcatV2] name: concat
```

如果把 In [7]处的代码修改为 B = tf.random.normal([6, 32, 8])，那么张量 A 和 B 就可以拼接起来了。

```
In [9]:  B = tf.random.normal([6,32,8])
In [10]: tf.concat([A ,B], axis = 0).shape
Out[10]:  TensorShape([10, 32, 8])
```

这样看起来似乎没有问题，但问题来自具体的应用场景。回到我们前面的假设当中，假设 A 代表学校 A 的信息，B 代表学校 B 的信息，那么怎么在张量合并后，还能区分彼此呢？一种简单的方式就是，记住前 4 条是学校 A 的数据，后 6 条是学校 B 的数据，然后利用张量切片的方法读取不同学校的数据。

如果张量的数量较少，那么利用这种方法，倒也无可厚非。但张量数量增加时（如有 1 万个学校），利用这种"笨"办法就不那么有效了。这时一种较好的办法是升维——添加一个学校的维度来区分彼此。在前面的范例中，我们已经提及到这种策略，先使用 tf.expand_dims()方法将张量升维，再利用 tf.concat()方法将张量合并。

考虑到这种组合方法比较常见，TensorFlow 提供了这两种操作"合二为一"方法——堆叠，对应的方法是 tf.stack(tensors, axis)。该方法可以同时以堆叠的方式合并多个张量（数量大于或等于 2），同时创建一个新的维度来区分合并前的张量。

在该方法中，通过多个张量用列表表示参数 axis 指定新维度插入的位置，axis 的用法与前面提及到的 tf.expand_dims() 的用法一致，axis = n 的含义为：当 axis ≥ 0 时，在 axis 之前插入新维度。如当 axis = 0 时，表示在原来张量的第 0 个轴前添加一个新维度；当 axis < 0 时，在 axis 之后插入新维度；当 axis = −1 时，表示在原来张量的倒数第 1 个轴之后插入一个新的维度。

需要注意的是，堆叠操作是有限制条件的，它操作的张量尺寸必须完全一致，否则编译器会报错。

若我们按照前面张量 A 和张量 B 的值进行堆叠，则会发生以下错误。

```
In [11]: tf.stack([A ,B], axis = 0).shape
InvalidArgumentError: Shapes of all inputs must match: values[0].shape =
[4,32,8] != values[1].shape = [6,32,8] [Op:Pack] name: stack
```

发生错误的原因很简单，即张量 A 与张量 B 的尺寸不一致。堆叠操作就好像"垒砖头"一样，所有砖头必须大小一致才行。

```
In [12]: B = tf.random.normal([4,32,8])    #重新定义张量 B
In [13]: tf.stack([A ,B], axis = 0).shape  #张量 A 与张量 B 的尺寸一致
Out[13]: TensorShape([2, 4, 32, 8])
```

从上面的输出可以看到，除张量合并成功外，而且还自动在原有张量第 0 个轴之前添加了一个新维度。我们可以很容易利用下标访问合并后的张量，代码如下所示。

```
In [14]: tf.stack([A ,B], axis = 0)[0] == A
<tf.Tensor: shape=(4, 32, 8), dtype=bool, numpy=
array([[[ True, True, True, ..., True, True, True],
    ...,
    [ True, True, True, ..., True, True, True]]])>
```

从上面的输出可以看出，tf.stack([A ,B], axis = 0)[0]表示合并张量后的第 0 个分量，它就等价于原有张量 A。类似地，tf.stack([A ,B], axis = 0)[1]就是张量 B。从上面的分析可知，增加维度可以更为轻松地操作数据。

4.7.2 张量分割

合并操作的逆过程就是分割，即将一个张量分拆为多个张量。我们还以学生成绩为例，假设我们得到整个学校的学生成绩张量，其尺寸为[10, 35, 8]，表示的含义是有 10 个班，每个班有 35 名学生，每名学生都选了 8 门课。

现在需要将数据在班级维度上分割为 10 个张量，每个张量均保存一个班级的成绩数据。可以通过 tf.split()方法完成张量的分割操作，其方法原型如下。

```
tf.split(
    value, num_or_size_splits, axis=0, num=None, name='split'
)
```

各参数含义如下。

- value：待分割张量。

- num_or_size_splits：表明分割方案。当 num_or_size_splits 为单个数值时，如 10，表示将张量等分为 10 份；当 num_or_size_splits 为列表时，列表的每个元素表示每份的长度，如[2, 4, 2, 2]表示将张量分割为 4 块（即列表的长度），每块的元素个数依次是 2 个、4 个、2 个和 2 个。

- axis：指定分割的维度索引号。默认为在第 0 轴进行分割。

- name：操作的名称。即时执行模式用不到该参数。

现在我们将学生成绩张量分割为 10 份，代码如下所示。

```
In [15]:  Scores = tf.random.normal([10,32,8])
In [16]:  result = tf.split(Scores, num_or_size_splits = 10)
In [17]:  len(result)
Out[17]:  10
```

为了方便起见，在 In [15]处，我们用随机正态分布数值来模拟学生成绩。在 In [16]处，我们并没有设置分割的数轴，实际上启用了该方法的默认值 axis = 0。接着，我们可以查看分割后的某个张量，利用对应的下标即可。例如，访问第 1 个班级的学生成绩，即 result[0]，相关代码如下。

```
In [18]:  result[0]
<tf.Tensor: shape=(1, 32, 8), dtype=float32, numpy=
array([[[ 1.8360285e+00, -9.3884796e-01,  5.2363765e-01,
          9.5014143e-01, -1.7278871e-01,  2.7455373e-03,
         -1.2697799e+00,  6.8367523e-01],
    ......
[ 2.4686427e-01,  1.1991431e-01,  1.6249386e+00, -4.4509828e-01,
          1.0332327e-01, -2.2521758e+00,  9.4711000e-01,
         -4.8269397e-01]]],
     dtype=float32)>
```

需要注意的是，分割后的班级张量尺寸为[1, 32, 8]，依然保留了班级维度（即还是一个三维张量）。

```
In [19]:  result[0].shape
Out[19]:  TensorShape([1, 32, 8])
```

若想把班级信息删除，则可以利用前面提及的 tf.squeeze()方法来完成。

```
In [20]:  tf.squeeze(result[0]).shape
Out[20]:  TensorShape([32, 8])
```

正如"条条大路通罗马"。若希望在某个维度上等分，则还可以使用 tf.unstack(value, axis)方法。实际上就是在指定轴上 n 等分张量，这里 n 为指定轴上的张量长度，长度有多长，就等分为多少份，相关代码如下。

```
In [21]:  result2 = tf.unstack(Scores, axis = 0)
In [22]:  len(result2)
Out[22]:  10
```

tf.unstack()可视为 tf.split() 的一种特殊情况，分割长度固定为 1。In [21] 处的代码等价于 result2 = tf.unstack(Scores, num = 10, axis = 0)。也就是说，在第 0 个轴上要等分 10 份，通常 num 参数用不上。

不同于 tf.split()，tf.unstack()在指定轴上等分后，自动实现了降维，即维度为 1 的同时被压缩了，相关代码如下。

```
In [23]:  result2[0].shape
Out[23]:  TensorShape([32, 8])
```

下面，我们来进行不等长分割的测试。假设将数据分割为 3 份，每份长度分别为[2, 3, 5]，实现该操作的代码如下。

```
In [24]:  result3 = tf.split(Scores, num_or_size_splits = [2,3,5])
In [25]:  len(result3)
Out[25]:  3
In [26]:  result3[0]       # result3[0]包含了前两个班级的学生成绩信息
Out[26]:
<tf.Tensor: shape=(2, 32, 8), dtype=float32, numpy=
array([[[ 1.8360285e+00, -9.3884796e-01,  5.2363765e-01,
          9.5014143e-01, -1.7278871e-01,  2.7455373e-03,
         -1.2697799e+00,  6.8367523e-01],
......
[ 5.6315690e-01,  7.7404523e-01,  1.3810844e+00, -3.2895342e-01,
         -2.0716013e-01, -6.7049402e-01, -1.2135481e+00,
          1.2977973e+00]]],
      dtype=float32)>
```

前面我们讨论了张量的"分分合合"。事实上，张量的操作主要体现在张量的计算上，张量的"分与合"，都是为更方便计算服务的。下面我们就来介绍 TensorFlow 中的张量运算。

4.8　TensorFlow 中的计算

在 TensorFlow 中，主要有两种类型的计算：第一种是按元素计算（Element-Wise）；第二种是按维度计算（Dim-Wise）。下面我们分别阐述这两种类型的计算。

4.8.1　按元素计算

在前文中，我们已经"牛刀小试"了部分运算操作，如加法（tf.math.add）、按位乘法（tf.math.multiply）等。

这些操作都是按元素（Element-by-Element）计算，这种计算要求操作的两个张量的尺寸必须相同，然后相应位置的元素进行对应的计算。

```
In [1]: import tensorflow as tf
In [2]: a = tf.constant([1, 2, 3, 4])
In [3]: b = tf.constant([5, 6, 7, 8])
In [4]: c = tf.math.add(a, b)
In [5]: c.numpy()
Out[5]: array([ 6,  8, 10, 12], dtype=int32)
```

在 In [4]处，tf.math.add()实施加法操作，张量 a 的第 0 个（从 0 开始计数，下同）元素 1 和张量 b 的第 0 个元素 5 相加等于 6，张量 a 的第 1 个元素 2 和张量 b 的第 1 个元素 6 相加等于 8，依此类推。

对于 tf.math.multiply()实施乘法操作，也是做类似的按位操作。张量 a 的第 0 个元素 1 和张量 b 的第 0 个元素 5 相乘等于 5，张量 a 的第 1 个元素 2 和张量 b 的第 1 个元素 6 相乘等于 12，依此类推。

```
In [6]: d = tf.math.multiply(a,b)
In [7]: d.numpy()
Out[7]: array([ 5, 12, 21, 32], dtype=int32)
```

事实上，TensorFlow 还对很多常见的数学运算符进行了重载。例如，使用加号"+"进行加法运算，它的功能等同于 tf.math.add()，从而使得操作更加简单。为了方便读者查阅，我们给出可用于张量的重载运算符列表，表 4-6 中列出了 TensorFlow 中的一元运算符，表 4-7 列出 TensorFlow 中的二元运算符（部分）。

运算符重载是函数多态的一种表现形式，它们的行为随着其参数类型的不同而不同。运算符重载通常只是一种语法糖。本质上，它是以友好的方式模拟了一个函数的调用。

表 4-6　TensorFlow 中的一元运算符

运算符重载	函数操作	功能描述
−x	tf.math.negative(x)	返回张量 x 的相反数

（续表）

运算符重载	函数操作	功能描述
~ x	tf.math.logical_not(x)	返回张量 x 中每个元素的逻辑非。x 的 dtype 类型只能是 tf.bool 的张量对象
abs(x)	tf.math.abs(x)	返回张量 x 中的每个元素的绝对值

表 4-7　TensorFlow 中的二元运算符（部分）

运算符重载	函数操作	功能描述
x&y	tf.math.logical_and(x,y)	将张量 x 和张量 y 中的元素逐个对应求 x&y 的真值表
x|y	tf.math.logical_or(x,y)	将张量 x 和张量 y 中的元素逐个对应求 x|y 的真值表
x^y	tf.math.logical_xor(x,y)	将张量 x 和张量 y 中的元素逐个对应求 x^y 的真值表
x+y	tf.math.add(x, y)	将张量 x 和张量 y 中的元素逐个对应相加
x−y	tf.math.subtract(x,y)	将张量 x 和张量 y 中的元素逐个对应相减
x*y	tf.math.multiply(x,y)	将张量 x 和张量 y 中的元素逐个对应相乘
x/y	tf.math.truediv(x,y)	将张量 x 和张量 y 中的元素逐个对应相除（浮点数）
x//y	tf.math.floordiv（x,y）	将张量 x 和张量 y 中的元素逐个对应向下取整除法，且不返回余数
x%y	tf.math.floormod(x,y) 或 tf.math.mod(x,y)	将张量 x 和张量 y 中的元素逐个对应取模
x**y	tf.math.pow(x,y)	将张量 x 和张量 y 中的元素逐个对应求 xy
x<y	tf.math.less(x,y)	将张量 x 和张量 y 中的元素逐个对应求 x<y 的真值表
x<=y	tf.math.less_equal(x,y)	将张量 x 和张量 y 中的元素逐个对应求 x<=y 的真值表
x>y	tf.math.greater(x,y)	将张量 x 和张量 y 中的元素逐个对应求 x>y 的真值表
x>=y	tf.math.greater_equal(x,y)	将张量 x 和张量 y 中的元素逐个对应求 x>=y 的真值表

在 TensorFlow 中，除上述有关数值计算的操作算子外，还有很多其他操作支撑着 TensorFlow 丰富多彩的张量流计算。例如，关于张量的操作，有 slice（分片）、split（分割）、random.shuffle（混洗）等；关于矩阵计算的操作，有 inalg.matmul（矩阵乘）、linalg.inv（矩阵的逆）、linalg.det（矩阵行列式）等；有关神经网络的相关操作，有 nn.softmax、math.sigmoid、nn.relu 和 nn.convolution 等函数。

使用这些方法，犹如查询字典一般，没有必要将它们全部记住，在需要使用相关方法时，到 TensorFlow 官方网站搜索相关方法的英文全称即可，通常都能找到该方法的使用规则和应用范例。

4.8.2　张量的按轴计算

在神经网络的计算过程中，经常需要统计数据的各种属性，如最（大/小）值、最值位置、均值等统计信息。在这个过程中，常出现一个概念"约减"（Reduce，亦有资料将其译作"规约"）。

"约减"表示将一批数据按照某种操作（Op）将众多数据合并到一个或几个数据之内。约减之后，数据的个数在总量上是减少的。这里"约减"的"减"，主要含义是元素数量的减少，而非"减法"，最常见的结果是约减到一个数据。

那么问题来了，关于张量进行约减，例如，对于二维张量 $\begin{bmatrix} 1 & 1 & 1 \\ 1 & 1 & 1 \end{bmatrix}$ 进行"求和"约减，这个约减该从何约起呢？是从水平方向约减为 $\begin{bmatrix} 3 \\ 3 \end{bmatrix}$，还是从垂直方向约减为 $[2\,2\,2]$，亦或从两个方向先后约减为 $[6]$？的确，对于多维张量而言，约减的轴方向是一个需要明确的问题。

在 TensorFlow 中，提供了很多关于约减的方法，它们都是数学运算的一种，因此在 TensorFlow 2 中，被统一放置在 tf.math 模块，如 tf.math.reduce_sum()（求和）、tf.math.reduce_mean()（求均值）、tf.math.reduce_max()（求最大值）、tf.math.reduce_min()（求最小值）等方法，它们的约减原理都是一样的，即从一大批数据中，不断减少数据量，直到找到满足要求（如求和、均值、最大值、最小值等）的数据。

下面我们就用比较常用的 tf.reduce_sum() 来说明张量的约减方向。tf.reduce_sum() 的功能就是对张量中的所有元素进行求和，该方法原型如下所示。

```
tf.math.reduce_sum(
    input_tensor,
    axis=None,
    keepdims=False,
    name=None
)
```

在 reduce_sum() 方法的众多参数中，只有第一个参数 input_tensor 是必需的，而且要求该参数是数值类型。对张量（多维数组）而言，约减具有方向性。所以它的第二个参数 axis，决定了约减的轴方向。

若 axis 的值为 0，则可以简单理解为从垂直（列）方向进行约减；若 axis 的值为 1，则可以简单

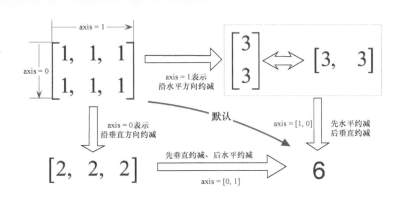

图 4-7　张量的约减方向

理解为从水平（行）方向进行约减。张量的约减方向如图 4-7 所示。

```
In [1]: import tensorflow as tf
In [2]: x = tf.constant([[1, 1, 1],
[1, 1, 1]])
In [3]: tf.math.reduce_sum(x, 0)        #结果为[2, 2, 2]
Out[3]: <tf.Tensor: id=6, shape=(3,), dtype=int32, numpy= array([2, 2, 2],
        dtype=int32)>
In [4]: tf.math.reduce_sum(x, 1)        #结果为[3, 3]
Out[4]: <tf.Tensor: id=8, shape=(2,), dtype=int32, numpy= array([3, 3],
        dtype=int32)>
```

对于张量而言，约减是可以有先后顺序的。因此，axis 的值可以是一个向量，向量中的元素表示约减的先后次序，如 axis=[1, 0]，它表示先水平方向约减，再垂直方向约减。反之，axis=[0, 1]，表示先垂直方向约减，再水平方向约减。

```
In [5]: tf.math.reduce_sum(x, 1, keepdims=True)# 结果为[[3], [3]]
Out[5]:
<tf.Tensor: id=10, shape=(2, 1), dtype=int32, numpy=
array([[3],
       [3]], dtype=int32)>
In [6]:  tf.math.reduce_sum(x, [0, 1])  # 结果为 6
Out[6]: <tf.Tensor: id=12, shape=(), dtype=int32, numpy=6>
```

若 axis 没有指定方向，则采用默认值 None，None 表示所有维度的张量都会被依次约减，最终值为[6]。

```
In [7]: tf.math.reduce_sum(x) #轴默认值为 None，两个维度均求和，值为 6
Out[7]: <tf.Tensor: id=4, shape=(), dtype=int32, numpy=6>
```

从上面的过程可以看出，每个维度的约减都会导致该维度的消失。约减的维度由 axis 参数来指定，如将 axis 指定为 0 时，就是把 0 维消除掉，以此类推，其他维度的解释类似，不再赘述。

> 约减的过程有点像刘慈欣先生在《三体》小说中描述的概念——降维攻击。

除了 math.reduce_sum( )可以实施按轴方向求和，math.reduce_mean( )也很常用。顾名思义，math.reduce_mean()用于计算张量沿着指定轴方向上的平均值，其参数的含义与 reduce_sum()的参数含义完全一样，具体使用方法可以参阅 TensorFlow 的官方文档。

除了上述两种约减方法，常见的方法还有 math.reduce_max()（按轴方向求最大值）、math.reduce_min()（按轴方向求最小值）、math.reduce_std()（按轴求标准差）、math.reduce_variance()（按轴求方差）等，它们共同的特点都是按轴实施某种操作，令张量元素的个数得以减少。

4.9　张量的广播机制

当张量之间进行计算时，特别是按元素计算时，通常要求被操作的多个张量在尺寸上要保持一致。但当张量尺寸不一致时，就完全无法计算了吗?

并非如此。与 NumPy 类似，TensorFlow 有种内部机制，它通过扩充维度较小张量的元素，来适配维度较大的张量，这种机制称为广播（Broadcasting），下面我们就来讨论这个议题。

4.9.1　广播的定义

广播机制也称为张量自动扩展，它是一种轻量级的张量复制手段。需要说明的是，对于大部分场景，广播机制仅在逻辑上改变张量的尺寸，使得张量的视图（view）变成"拉升"为运算所需张量的尺寸（请注意，此时，这个"拉升"仅仅是一个构思），待实际需要时，才真正实现张量的赋值和扩展。

这种优化流程，节省了大量计算资源，并由深度学习框架隐式完成，用户无须关心实现细节。TensorFlow 中的广播机制如图 4-8 所示。

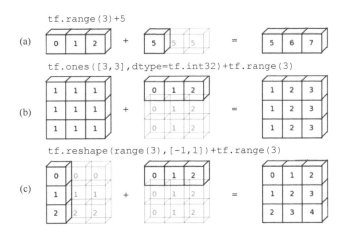

图 4-8　TensorFlow 中的广播机制

4.9.2　广播的操作与适用规则

下面，让我们通过以下代码来了解广播的操作。

```
In [1]: import tensorflow as tf      #导入 TensorFlow 模块
In [2]: a = tf.range(3)              #创建一个 1D 长度为 3 的张量
In [3]: a.numpy()                    #显示张量 a 的数据
Out[3]: array([0, 1, 2], dtype=int32)
In [4]: a + 5                        #1D 张量与 0D 张量（即标量）相加
Out[4]: <tf.Tensor: id=108, shape=(3,), dtype=int32, numpy= array([5, 6, 7],
        dtype=int32)>
```

在 In [4]处，我们要实现的功能是，将一个长度为 3 的 1D 张量[0, 1, 2]和一个 0D 张量（标量）5 相加，我们知道，前者 shape=(3,)，后者 shape=( )，二者在尺寸上是"门不当，户不对"。难道二者就不能相加吗?自然不是，广播机制可以将一个标量（5）拉伸成为一个尺寸为(3,)的张量，如图 4-8 (a)所示。

此时，拉伸后的张量尺寸与张量 a 的尺寸完全适配，并且被拉伸填充的张量的所有元素都复制了拉伸前的元素，而那个标量（5）就像被广播出去了一样，即传递到所有拉伸空缺的位置。这种广播规则在二维数组中同样适用，只不过是被传播复制的"粒度"不一样罢了。参见如下代码。

```
In [5]: tf.ones([3,3], dtype = tf.int32) + tf.range(3)
In [6]: c.numpy()
Out[6]:
array([[1, 2, 3],
       [1, 2, 3],
       [1, 2, 3]], dtype=int32)
```

上述代码的示意图如图 4-8(b)所示。从图中可以看出，tf.range(3)是一个 1D 张量，它与 tf.ones([3,3])生成的 2D 张量，在维度尺寸上也是不匹配的。为了让计算得以进行，TensorFlow 就把 tf.range(3)代表的 1D 张量以行为单位进行拉伸复制，从而把张量的尺寸也变成了(3, 3)。

需要注意的是，在 In [5]处，如果我们仅使用 tf.ones([3, 3])，那么默认产生的是尺寸为 3×3（2D 张量）、值全为 1.0 的浮点数张量，与 tf.range(3)产生的 1D 整型张量在数据类型上不匹配，TensorFlow 不支持这样的广播，所以要在 tf.ones([3, 3])中"显式"指定张量的类型：.dtype = tf.int32，使二者的数据类型也彼此适配。In [6]处通过张量的 numpy()方法，输出"纯洁版"的张量数据。

此外，TensorFlow 的广播机制还支持两个张量同时扩展，以适应对方张量的维度。相关代码如下。

```
In [7]: tf.reshape(range(3),[-1,1]) + tf.range(3)
Out[7]:
<tf.Tensor: id=142, shape=(3, 3), dtype=int32, numpy=
array([[0, 1, 2],
       [1, 2, 3],
       [2, 3, 4]], dtype=int32)>
```

> 在 TensorFlow 中，若 n 维张量的元素总数 N 已知，且(n-1)维的维度信息也确定，则第 n 维的维度信息很容易通过推断得到，于是，程序员可用"-1"代替这个维度。注："-1"的含义是告知编译器自动推断剩余维度。

上述代码的示意图如图 4-8(c) 所示。从图中可以看出，tf.reshape(range(3),[-1,1])表示的是 3 行 1 列的张量[1]，而 tf.range(3)表示的是 1 行 3 列的张量。为了彼此适配，前者通过在列维度方向的复制，从 1 列变成了 3 列。同样，后者 tf.range(3)也是为了适配对方，它在行维度上进行复制，从 1 行变成了 3 行。最后，二者都变成 3 行 3 列的张量，适配成功，从而使得计算得以执行。

---

[1] 请读者思考：尺寸设置为[-1,1]，"-1"是什么意思，它代表的值是多少？

但需要说明的是，并不是所有张量都能通过广播达到彼此尺寸上的适配。通过观察，我们可以得到 TensorFlow 的广播规则如下。

（1）扩展维度。若两个张量的尺寸不同，则尺寸较小的张量会添加若干个轴（称为广播轴），使其 ndim（维度信息）与尺寸较大的张量相同。

（2）复制数据。尺寸较小的张量沿着新添加的轴不断复制之前的元素，直至其尺寸与尺寸较大的张量相同。

（3）低维有 "1"。若两个张量的尺寸在任何维度上都不匹配，则将该维度中尺寸为 1 的张量拉伸，以匹配另一个尺寸较大的张量。

需要注意的是，若两个数组在任何维度中大小都不一致，且两者均没有任何一个维度为 1，则广播会出现错误，即不会发生广播行为。也就是说，为了让广播行为能够顺利进行，拟操作的广播张量的某个维度上的尺寸，要么相等，要么为 1。

4.10　张量在神经网络中的典型应用

如前所述，TensorFlow 是一个面向深度神经网络的计算框架。在前面章节中，我们介绍了张量的相关属性和创建方法，但理论并没有联系实际，过多的语法铺垫让读者难以有感性的认识。或许读者会有这样的疑问，这些不同维度的张量，到底在神经网络学习中扮演什么角色呢？

下面我们就来讨论这个议题，以便让读者在看到每种不同类型的张量时，可以直观地联想到它在深度学习中的物理意义和主要用途，从而加深对代码的理解并且为构造新的深度学习模型打下基础[2]。

4.10.1　标量

在 TensorFlow 中，标量很容易理解，它就是单个数字，维度数为 0，shape 为空 [ ]，是最简单的张量形式。但它与 Python 中的普通单个数字还是有所不同。即使只有一个数值，它也具备张量的所有属性和方法。

标量在神经网络中，可以表示各种误差、算法的性能指标。如准确率（Accuracy，Acc）、查准率（Precision）和查全率（Recall，也称召回率）等。下面举例说明。

```
In [1]:  import tensorflow as tf
In [2]:  acc = tf.keras.metrics.Accuracy()      #定义一个求准确率的对象 acc
```

如前所述，TensorFlow 2 已经与 Keras 进行了深度的融合。求准确率的方法 Accuracy()被放置在 Keras 模块下。另外，根据 TensorFlow 的命名规则，Accuracy()的首字母大写，这说明它是一个类，需要先定义一个对象，才能基于对象的方法进行实际操作，而 acc 就是这样的对象。

```
In [3]: y_true = [1, 2, 3, 4]
In [4]: y_pre = [0, 2, 3, 4]
In [5]: _ = acc.update_state(y_true, y_pre)
```

In [3]处 y_true 假设的是分类的真实值。In [4]处 y_pre 假设的是分类算法的预测值。可以看出，第 1 个分类预测值有误，后面 3 个分类预测值准确，预测准确率为 75%。由于数据很少，所以我们可以一眼看出结果。

但对于大规模数据处理，需要使用方法 update_state (self，y_true，y_pred，sample_weight = None)来处理。

该方法会使用实际分类向量 y_true 和模型预测向量 y_pred 来更新状态变量，并返回一个操作（Op），由于此处用不到该变量，因此用一个"垃圾变量"——下画线（_）来接收它。

一旦状态更新了，我们就可以提取运行结果了，而这个结果就是我们需要的准确率。

```
In [6]: acc.result()      #这是一个标量
Out[6] <tf.Tensor: id=258, shape=(), dtype=float32, numpy=0.75>
```

result()使用状态变量（即实际分类张量和预测张量）来计算最终结果——准确率，这个准确率是单个值，它就是一个标量。从输出结果可以看出，即使标量只有一个数值，但它的属性（如 id、shape、dtype 和 numpy 等）都与其他高维张量一样。

此外，我们还可以在 update_state()方法中，通过使用参数 sample_weight 弱化或避免某些样本对预测准确率的影响。在重新计算预测准确率时，我们需要对上一次计算的状态复位，这时需要用到 reset_states()方法。

```
In [7]: acc.reset_states()    #状态复位
```

然后在 In [8]处利用"新的值"，重新更新状态，实施预测。

```
In [8]: _ = acc.update_state(y_true, y_pre, sample_weight= [1, 1, 0, 0])
In [9]: acc.result().numpy()     #这是一个标量
Out[9]: 0.5
```

我们注意到，最后两个样本的权值均为 0，这表明，最后两个样本的预测结果实际上被屏蔽了。这样一来，对前两个有效样本，一正一误的预测结果，其预测准确率就是 50%。

4.10.2　向量

在神经网络中，向量（一维数组）也是一种常见的数据载体。例如，在全连接层和卷积神经网络层中，除输入层外，每个神经元都有一个特殊的权值参数——偏置。若把每一层的每一个神经元都拼接在一起，则就是一个偏置向量，通常简称为 *b*。偏置向量的使用如图 4-9 所示。

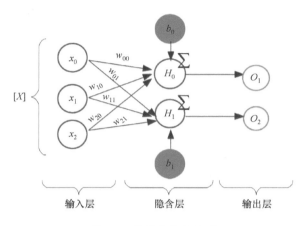

图 4-9　偏置向量的使用

假设输入向量 *X* 和权值 *W* 矩阵相乘，得到一个激活函数输入，然后它需要和偏置向量相加，才能被激活函数加工输出。

```
In [10]: # 模拟 W▪X 的结果
acti_input = tf.random.normal(shape = (3,2), dtype = tf.float32)
In [11]: acti_input.numpy()          #张量输出验证
Out[11]:
array([[-0.2126754 , -0.63710266],
       [ 0.65593725,  1.5422997 ],
       [-0.4566711 ,  0.636834  ]], dtype=float32)
In [12]:   #模拟创建的偏置向量
bias = tf.random.normal(shape = (2,), dtype = tf.float32)
In [13]: bias.numpy()                #张量输出验证
Out[13]:  array([-0.31295922, -1.2989937 ], dtype=float32)
In [14]:  acti_input + bias        # 模拟计算激活函数的输入：W▪X+b
Out[14]: <tf.Tensor: id=345, shape=(3, 2), dtype=float32, numpy=
array([[3.4780426 , 2.3143282 ],
       [0.19774067, 1.9142756 ],
       [2.6272476 , 1.9364443 ]], dtype=float32)>
```

请读者思考一下，在 In [14]处，acti_input()的尺寸为[4,2]，这是一个 2D 张量。而偏置向量的尺寸为[2]，这是一个 1D 张量，二者的张量尺寸明显不匹配，为何二者可直接进行相加操作呢？

请读者回顾前面"张量的广播机制"一节的相关知识点。

4.10.3　矩阵

把向量维度扩展到二维，就是矩阵（Matrix）。在神经网络中，矩阵同样也是常用的张量类型。例如，全连接层（Fully Connected Layers，

FCL）的批量输入[1]，张量 X 的尺寸为[batch, dim]，其中，batch 表示输入样本的个数，即批大小（Batch Size），dim 表示输入特征的维度（每个样本维度的通常由多少特征来表示）。例如，一次输入 4 个样本，每个样本的特征维度均为 3，故它们一起可以表示一个尺寸为 4×3 的矩阵。

```
In [15]: X = tf.random.normal(shape = [4,3])
                              # 4 个样本，每个样本的特征维度均为 3
In [16]: tf.print(X)          #验证 X 的数值
Out[16]:
[[-0.481960386 0.0455468707 1.54325724]
 [0.326827258 0.658409 -0.173414305]
 [-0.305750459 -1.2411536 -0.160492942]
 [-1.27203584 -0.80550009 1.46848989]]
```

为简化起见，假设当前神经网络没有隐含层，全连接层的输出节点数为 2，于是权值张量 W 的尺寸为[3, 2]，如图 4-10 所示。

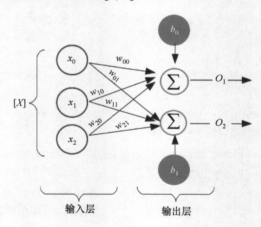

图 4-10 没有隐含层的神经网络

利用二阶张量 X、W 和一阶向量 b 可以直接实现一个网络层，代码如下。

```
In [17]: W = tf.ones([3,2])        #定义权值 W 张量，并全部初始化为 1
In [18]: b = tf.zeros([2])         #定义偏置张量 b，并全部初始化为 0
In [19]: output = tf.linalg.matmul(X,W) + b
In [20]: output.numpy()
Out[20]:
```

---

[1] 全连接层表示前一层的每一个神经元和后一层的每一个神经元均可两两相连，连接复杂度达到 n^2，由于连接过于稠密，在很多深度学习框架中，常将全连接层称为"稠密层（Dense Layer）"。

```
array([[ 1.1068437,  1.1068437],
       [ 0.811822 ,  0.811822 ],
       [-1.707397 , -1.707397 ],
       [-0.609046 , -0.609046 ]], dtype=float32)
```

在上述运行中，张量 **X** 和张量 **W** 都是矩阵，上述代码实际上实现了一个简易的线性变换的网络层，只不过激活函数为空罢了。请读者思考两个问题，为什么张量 **W** 的尺寸为[3, 2]，为何要设计"Batch Size"？

我们知道，在数学意义上的矩阵乘法规定，当不同尺寸的矩阵在做乘法计算时，只要满足第一个矩阵的列数与第二个矩阵的行数相同即可。现在让我们回到刚才的问题为什么权值张量 **W** 的尺寸为[3, 2]。这是因为输入张量 **X** 的尺寸为[4, 3]，为了能让矩阵 **X** 和矩阵 **W** 相乘，**W** 的行数必须要与 **X** 的列数相同，即均为 3。又因为只有两个输出神经元，所以整体上 **W** 的尺寸为[3, 2]，而 **X · W** 二者相乘的结果张量，其尺寸为[4,2]，这个中间张量和偏置 **b**，虽然尺寸属性不一致，如前所述，但它们能通过广播机制达成尺寸一致。

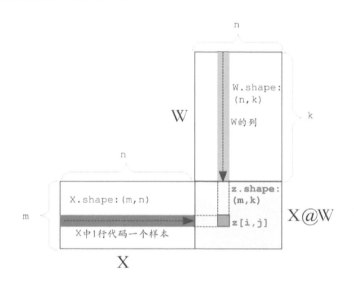

图 4-11　矩阵的运算规则

在代码实现上，矩阵乘法用到了 tf.linalg.matmul()。其中 matmul() 是线性代数模块（Linalg）的一个方法。由于矩阵相乘是常见的一种操作，为简化操作，在 Python 3.5 以后，引入了一个特别的操作符号 "@" 代替 matmul()，TensorFlow 也继承了这一传统。这样一来，In [19]处的代码可改写为如下更加明晰的代码。矩阵的运算规则如图 4-11 所示。

```
In [29]:  output = X@W + b
```

X@W 和 tf.linalg.matmul(X,W) 的功能是完全一样的。在 NumPy 和 Keras 中，矩阵乘法还称为 dot（点乘），而这个简化的符号 "@"，远远看起来，就如同一个大写的点（·）一般，倒也生动传神。

一般来说，$\sigma(X@W + b)$网络层称为全连接层，这里$\sigma()$就是激活函数。

在 TensorFlow 中，全连接层可以通过 f.keras.layers.Dense 类直接实现（我们会在后续的章节中详细讨论这个议题），特别地，当激活函数$\sigma()$为空时，这样的全连接层也称为线性层。

激活函数的主要目的就是做非线性变化，便于数据的拟合。

现在我们讨论第二个问题，为何要设计"Batch Size"呢？我们知道，在最简单的感知机模型设计中，一个样本的特征数对应输入层神经元的个数，若是串行处理，则一次只能处理一个样本的训练，这样对网络参数的训练速度会慢很多，也没有充分发挥张量的功能，从第一性原理来看，其实就是没有充分发挥矩阵乘法的优势。

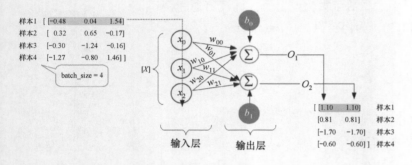

图 4-12 批处理下的神经网络训练

于是，工程师改进了操作流程，将一批样本并排放置在一起，一行一个样本。这样一来，就能一次性训练一批样本，这样效率高了很多。对于当前的范例，这个 Batch Size 就是 4，如图 4-12 所示。

若数据集比较小，则完全可以采用全数据集（Full Batch）学习的形式，即将所有数据集全部都参与训练；若数据集过大，则可以将其分批输入神经网络，这样内存的负荷相对合理，大矩阵乘法的并行化效率也可得到保障。具体 Batch Size 多大合适，需要针对不同的模型和数据集进行不断调参，才能找到合适的大小。

4.10.4 三维张量

在神经网络中，三维张量的一个典型应用就是表示时间序列类型的数据，其格式通常为：

$$X = [batch, sequence\_len, feature\_len]$$

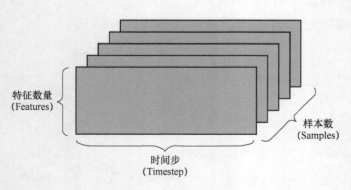

图 4-13 三维张量示例图

其中，batch 表示一批需要训练的样本数量，sequence_len 表示在时间维度上的采样点数（时间步），feature_len 表示每个点的特征长度，如图 4-13 所示。

以自然语言处理（Natural Language Processing，NLP）中的文本表示为例，如评价某个文本字符串是否为正面情绪，对于这样的情感分类任务网络，为了能神经网络更方便地处理字符串，一般将单词通过嵌入层

（Embedding Layer）编码为固定长度的向量。例如，我们有 4 个等长的句子，每个句子的单词数量均为 3，而每个单词在嵌入层构建的二维向量空间都有自己的坐标位置。那么这个序列就可以表示为尺寸为[4,3,2]的三维张量。

> 💡 简单来说，嵌入层的作用就是，将一个高维空间表达的词向量，在低维空间中，找到自己的合适位置，就好像嵌入到低维空间中一样。

4.10.5　四维张量

四维张量在卷积神经网络中的应用非常广泛，它用于保存特征图（Feature Maps）数据，格式一般定义为

$$x=[batch, height, width, channel]$$

其中，batch 表示一批输入样本的数量，height 表示特征图的高度，width 表示特征图的宽度，channel 表示特征图的通道数。这个通道数在有的文献中也称为颜色深度（Color Depth）。

需要特别注意的是，诸如 PyTorch 等部分深度学习框架，对图片的描述使用不同的 4D 张量格式，它们把通道数提前到第二个参数的位置，即

$$x=[batch, channel, height, width]$$

基于 TensorFlow 等深度学习框架，对黑白图片而言，由于它们是单色的，channel 为 1，所以四维张量就可以表示为[batch, height, width, 1]。对彩色图片而言，通常有 RGB（红绿蓝）3 个通道，每张图片包含了 height 行、width 列个像素点，那么 1 张这样的图片就可以表示为[1, height, width, 3]。

为了提高训练效率，神经网络通常一次性地批量提供 batch 张彩色图片参与训练，那么四维张量就表示为 [batch, height, width, 3]，这里的 batch 就是样本数，如图 4-14 所示。

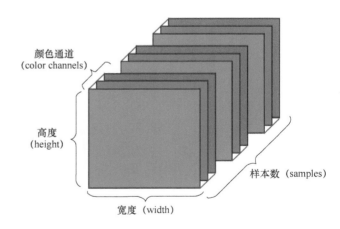

图 4-14　四维图像张量示例图

4.10.6　五维张量

在现实场景中，视频常用五维张量来表达。一个视频可以视为一系列流动的图片帧（Frame），每帧都是一个彩色（或黑白）图片。由于每个图

像都是用三维张量存储的，因此通常将其描述为（height, width, color_channel）。一系列的帧就需要存储为四维张量（frames, height, width, color_channel）。如果我们想批量处理视频数据，那么还得加一个批次（batch）参数，即（batch, frames, height, width, color_depth），这就是一个五维张量[3]，如图 4-15 所示。

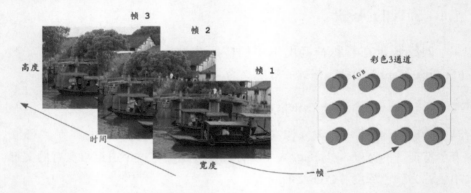

图 4-15　五维视频张量示例图

例如，一段时长为 60s、分辨率为 144 × 256 的彩色视频，每秒帧数为 4，通常用 fps（Frames Per Second）表示（即 fps = 4）。那么每分钟共有 4×60=240 帧。如果把这段视频裁剪为 4 段，那么这段视频数据就可以用一个五维张量(4, 240, 144, 256, 3)表示，这段视频共有 106 168 320 个数据值。如果数据元素的类型为 32 位浮点型，那么这个 60s 的数据所占内存高达 405 MB。

不过，在现实生活中的视频文件都不存储为 32 位浮点型，而且通常都以压缩格式（如 MP4 或 MPEG 等）来存储和传输。

这里我们只讨论五维以下的张量，大于五维的张量的物理意义并不明显，一般应用也较少，这里不再深入讨论。

4.11　本章小结

本章对 TensorFlow 的基础知识进行了简要介绍，需要读者理解的内容比较多，现在我们对本章的部分知识进行总结。

首先，我们讨论了 TensorFlow 的张量的思维。张量思维的核心就是"张量进，张量出（Tensor In, Tensor Out）"。我们要把张量当成一个整体来看待，而不是利用传统的串行思维，考虑如何用 for 循环去遍历张量中的每个元素。

　　然后，我们讨论了在 TensorFlow 中张量的两大类型：常量和变量。常量型张量可用 tf.constant()方法来生成。变量对象可用 tf.Variable()方法来生成，变量可以理解为一个常驻内存、不会被轻易回收的张量，在神经网络训练时，利用 tf.Variable()方法设置 trainable，便于网络优化。

　　接着，我们讨论了张量元素的批量获取方式——索引与切片。在本质上，切片操作只有 start: end: step 这一种基本形式，为了书写便捷，可以有选择地省略这种基本形式的默认参数，从而衍生出多种简写方法。

　　然后，我们又讨论了张量的广播形式。所谓广播，不过是一种轻量级的张量复制手段。它仅是在逻辑上改变张量的尺寸，待实际需要时，才真正实现张量的赋值和扩展。

　　最后，我们讨论了张量在神经网络中的应用，加强对张量的感性认识。

　　至此，我们已把 TensorFlow 的相关基础知识做了简要介绍。没有涉及到的语法和相关概念，会在用到时，再结合具体项目给予讲解。在接下来的章节中，我们将要结合已经融入 TensorFlow 中的 Keras 模块，对一些深度学习项目进行实践。

4.12　思考与练习

通过前面的学习，请思考并完成如下问题。

1.　在 TensorFlow 中，矩阵乘法有两种：一种是点乘（Dot），使用 tf.linalg.matmul()方法；一种是按位（Element-Wise）乘法，使用的是 tf.math.multiply()方法，请自行查找文献，分析二者的差别。

2.　在张量处理过程中，为何有时增加维度，而有时又降低维度？

3.　什么是张量广播，它的适用规则是什么？

4.　请自行查找文献，分析张量广播和 tf.tile()方法有什么区别与联系？

5.　各种类型的张量在神经网络中有哪些经典应用？

参 考 资 料

[1] RASCHKA S, MIRJALILI V. Python Machine Learning: Machine Learning and Deep Learning with Python, scikit-learn, and TensorFlow 2[M]. Birmingham: Packt Publishing Ltd, 2019.

[2] 龙良曲. TensorFlow 深度学习[M]. 北京：清华大学出版社, 2020

[3] FRANCOIS CHOLLET. Deep Learning with Python[M]. Shelter Island, NY: Manning Publications Co., 2018.

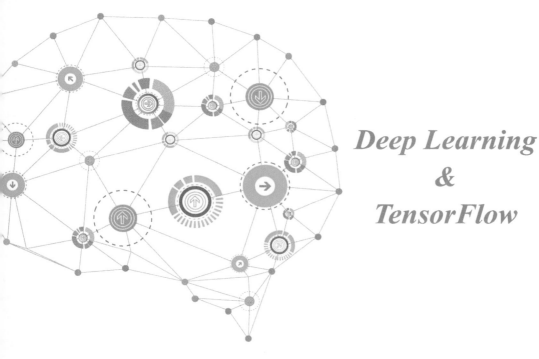

Deep Learning
&
TensorFlow

第 5 章　BP 算法与优化方法

我们常说"条条大路通罗马"。可哪条大路能最快到达罗马呢？这就涉及路径的"优化"。类似地，在如何快速找到神经网络的最优解时，也涉及到优化，它在神经网络的可用性上扮演着重要角色。而BP 算法就是帮助寻找神经网络最优解（或局部最优解）的优化算法，它亦是多种优化算法的基础，也是本章即将讨论的主要议题。

5.1 为何需要优化函数

所谓"损失函数"，就是一个刻画实际输出值和期望输出值之间落差的函数。

神经网络的本质就是用很多数据拟合出"损失"最小的函数。找到如何让目标函数（损失函数）达到最小值的参数，是重中之重。那么，怎样高效地找到这些参数呢？这就是优化函数要解决的问题，也是本章我们要讨论的问题。

5.1.1 优化的意义

宋朝有部典籍叫《嘉泰普灯录》，里面有这么一句："于汝诸人分上着一点不得。何故。如人上山，各自努力。"意思是说，即使大家用不同的方法，但只要目标一致，就可以一齐登上高峰。

而工程师对这句话有不一样的解读。假设山顶就是我们目标函数的极值，那么爬上山顶（找到这个目标解）的方法，肯定不止一种。"各自努力"的确能爬上山顶，可是有的方法需要几个小时，而有的方法需要几天，甚至几个月，我们应该如何选择？

数学家们比较纯粹，他们更喜欢证明某个问题解的存在性。但工程师们则比较务实，他们喜欢探寻问题解的可行性。即如何在可容忍的时间范围内，快速找到一个问题的最优解，或者最优解的近似值，这就是一个优化问题。

对于"深度学习"而言，其实可将其拆分为两部分来理解。"深度"说的是网络的拓扑结构，"学习"强调的是性能的提升。如果说让损失函数越来越小是深度学习的性能指标。那么让损失函数趋向极小值的同时，令这个过程越短越好，就是优化算法的目标。

5.1.2 优化函数的流程

以识别手写数字的神经网络为例，训练数据都是一些"0, 1, 2, …, 9"等的数字图像，由于人们手写数字的风格不同，并且图像的残缺程度不同，因此输出的结果（数字的判定）有时并不是十全十美的，于是我们就用损失函数来衡量二者的误差。识别手写数字的神经网络如图 5-1 所示。

在监督学习下，对于一个特定样本，它的特征记为 x（若是多个特征，则 x 表示输入特征向量）以及预期目标 t（这里 t 是 target 的缩写）。根据模型 $f(x)$ 的实际输出 o（这里 o 是 output 的缩写），二者之间的误差 e

为

$$e = \frac{1}{2}(t-o)^2 \qquad (5\text{-}1)$$

这里 e 称为单样本误差。

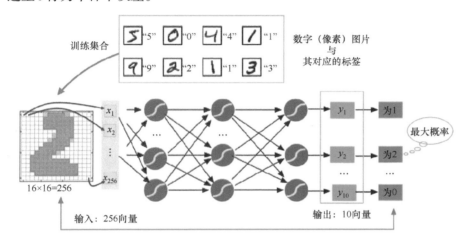

图 5-1　识别手写数字的神经网络

假设在训练集 D 中有 n 个样本，我们可以借助标记 E 来表示训练数据中所有样本的误差总和，并用其大小来度量模型的误差程度，即

$$E = e^{(1)} + e^{(2)} + ... + ... + e^{(n)}$$
$$= \sum_{d=1}^{n} e^{(i)} = \frac{1}{2}\sum_{d=1}^{n}(t_d - o_d)^2 \qquad (5\text{-}2)$$

其中，t_d 是第 d 个训练样本的目标输出，o_d 是第 d 个训练样本的实际输出。

在这里，对于第 d 个实例的输出 o_d 可记为

$$o_d = \boldsymbol{w}^{\mathrm{T}} \cdot \boldsymbol{x}_d \qquad (5\text{-}3)$$

其中，$\boldsymbol{x}_d$ 表示第 d 个训练样本的特征向量，$\boldsymbol{w}^{\mathrm{T}}$ 为各个特征取得的权值向量，于是我们可以用 $(\boldsymbol{x}_d, t_d)$ 这样的"元组对"表示训练集中的第 d 个样本。

对特定的训练集而言，$(\boldsymbol{x}_d, t_d)$ 的值都是已知的，可视为常量。所以，在本质上，式（5-2）就是有关特征的权值 $\boldsymbol{w}$ 的函数，其更为清晰的表达为

$$E(\boldsymbol{w}) = \frac{1}{2}\sum_{d=1}^{n}(t_d - o_d)^2$$
$$= \frac{1}{2}\sum_{i=1}^{n}(t_d - \boldsymbol{w}^{\mathrm{T}} \cdot \boldsymbol{x}_d)^2 \qquad (5\text{-}4)$$

公式（5-1）前面的系数 "1/2"，主要是为了在求导找梯度时，"消除" 差值的平方项。

于是，对于神经网络学习的任务，在很大程度上就是求取一系列合适的 w 值，以拟合或者适配给定的训练数据，从而使得实际输出 o_d 尽可能快地接近预期输出 t_d，使得 $E(w)$ 取得最小值。这在数学上称为优化问题，而式（5-4）就是我们优化的目标，称为目标函数。

与其抽象地说，如何训练一个神经网络模型，不如更具体地说，如何设计一个好用的函数（目标函数），用以揭示这些训练样本随自变量的变化关系。如果网络能够在较大程度上正确分类，那么误差（或损失）就会越小，也就说明拟合的效果越好。最后，我们再用损失最小化的模型去预测新数据。

那么，如何得到这个损失最小化的函数呢？大致分为以下三步"循环走"。

（1）损失是否足够小？若是，则退出；若不是，计算损失函数的梯度。

（2）按梯度的反方向走一小步，以减小损失。

（3）循环到（1）。

这种按照负梯度的若干倍数（为了避免错过最优解，通常这个倍数远小于 1，该倍数也称为学习率 η）不停地调整函数权值的过程称为梯度下降法。通过这样的方法改变每个神经元与其他神经元的连接权值及自身的偏置，令损失函数的值减小得更快，进而将值收敛到损失函数的某个极小值。

5.2　基于梯度的优化算法

为了快速找到目标函数的最优解，很多研究者提出了各式各样的优化算法，但"万变不离其宗"，它们大多数都是基于梯度操作或基于梯度递减而改良的。所以，在搞清楚"优化"这个相对复杂的问题前，我们先要弄清楚几个基础概念。第一个需要我们搞清楚的概念就是什么是梯度。

5.2.1　什么是梯度

我们知道，在求某个函数的极值时，难免要用到导数等概念。对于某个连续函数 $y = f(x)$，令其导数 $f'(x) = 0$（有时也常用 Δ 表示导数），通过求解该微分方程，便可直接获得极值点。

然而，显而易见的方案，并不见得能轻而易举地获得。一方面，$f'(x) = 0$ 的显式解，并不容易求得，当输入变量很多或者函数很复杂时，就更不容易求解微分方程。另一方面，求解微分方程并不是计算机的所长。计算机所擅长的是，凭借强大的计算能力，通过插值等方法（如牛顿法、弦截法等）进行海量尝试，最终把函数的极值点"逼（近）"出来。

为了快速找到这些极值点，人们设计了一种名为 Δ 法则（Delta Rule）的启发式方法，该方法能让目标收敛到最佳解的近似值[1]。Δ 法则的核心思想在于，使用梯度递减（Gradient Descent）的方法寻找极小值。然而使用梯度递减策略，同样离不开导数的辅助。

什么是导数呢？所谓导数，就是自变量 x 产生一个微小变动 Δx 后，函数输出值的增量 Δy 与自变量增量 Δx 的比值在 Δx 趋于 0 时的极限，即

$$f'(x_0) = \lim_{\Delta x \to 0} \frac{\Delta y}{\Delta x} = \lim_{\Delta x \to 0} \frac{f(x_0 + \Delta x) - f(x_0)}{\Delta x} \tag{5-5}$$

因此，针对函数中的某个特定点 x_0，该点的导数就是点 x_0 的瞬间斜率，即切线斜率。这个斜率越大，表明其上升趋势越强劲。当这个斜率为 0 时，表明达到了这个函数的极值点。

在单变量的实值函数中，梯度可简单理解为只是导数，或者说对于一个线性函数而言，梯度就是曲线在某点的斜率。但对于多维变量的函数，梯度概念就不那么容易理解了，它要涉及标量场概念。

在向量微积分中，标量场的梯度其实是一个向量场。假设一个标量函数 f 的梯度记为 ∇f 或 grad f，这里 ∇ 表示向量微分算子。那么，在一个三维直角坐标系中，该函数的梯度 ∇f 就可以表示为

$$\nabla f = \left(\frac{\partial f}{\partial x}, \frac{\partial f}{\partial y}, \frac{\partial f}{\partial z} \right) \tag{5-6}$$

为求得这个梯度值，难免要用到偏导数的概念。说到偏导数，其英文本意是"Partial Derivatives（局部导数）"，文献常将其翻译为偏导数①。那什么是"偏导数"呢？对于多维变量函数而言，当求某个变量的导数时，就是把其他变量视为常量，然后对整个函数求其导数（相比于全部变量，这里只求一个变量，即为"局部"）。

之后，该过程对每个变量都求一遍导数，将这些导数放在向量场中，就得到了这个函数的梯度。举例来说，对于三元变量函数 $f = x^2 + 3xy + y^2 + z^3$，它的梯度可以按以下方法求得。

---

① 在这里需要说明的是，我们将"偏导数"翻译成"局部导数"，仅仅是用来加深大家对"偏导数"的理解，并不是想纠正大家已经约定俗成的叫法。所以为了简单起见，在后文我们还是将"局部导数"称为"偏导数"。

（1）将 y、z 视为常量，求 x 的局部导数，即

$$\frac{\partial f}{\partial x} = 2x + 3y$$

（2）然后将 x、z 视为常量，求 y 的局部导数，即

$$\frac{\partial f}{\partial y} = 3x + 2y$$

（3）最后将 x、y 视为常量，求 z 的局部导数，即

$$\frac{\partial f}{\partial y} = 3z^2$$

于是，函数 f 的梯度可表示为

$$\nabla f = \mathrm{grad}(f) = \left(2x + 3y,\ 3x + 2y,\ 3z^2 \right)$$

针对某个特定点，如向量点 $A(1,\ 2,\ 3)$，代入对应的值即可得到该点的梯度，如图 5-2 所示。

$$\nabla f = \mathrm{grad}(f) = \left(2x + 3y, 3x + 2y, 3z^2 \right)\big|_{x=1,\ y=2,\ z=3}$$
$$= (8, 7, 27)$$

对于函数的某个特定点，它的梯度表示从该点出发，函数值增长最快的方向。对于如图 5-2 所示的案例，梯度可理解为：在向量点 $A(1,\ 2,\ 3)$，若想让函数 f 的值增长得最快，则它的下一个前进的方向就是朝着向量点 $B(8, 7, 27)$ 方向进发。

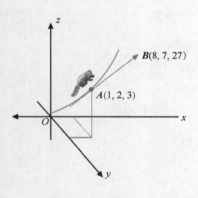

图 5-2 梯度示意图

5.2.2 梯度的代码实现

下面我们以 $f(x) = x_0^2 + x_1^2$ 函数为例，结合 Python 代码来说明梯度递减的含义，让读者对梯度有个感性的认识。我们先用一个 3D 图形来绘制这个函数。代码如范例 5-1 所示。

范例 5-1 绘制 $f(x) = x_0^2 + x_1^2$ 函数的 3D 图形（function-3D.py）

```
01  # 载入模块
02  import numpy as np
03  import matplotlib.pyplot as plt
04  from mpl_toolkits.mplot3d import Axes3D
05  #定义函数
06  def fun(x,y):
07      return -(np.power(x,2) + np.power(y,2))
```

```
08    # 创建 3D 图形对象
09    fig = plt.figure()
10    ax = Axes3D(fig)
11    # 生成数据
12    X0 = np.arange(-3, 3, 0.25)
13    X1 = np.arange(-3, 3, 0.25)
14    X0, X1 = np.meshgrid(X0, X1)
15    Z = fun(X0, X1)
16
17    # 绘制曲面图，并使用 cmap 着色
18    ax.plot_surface(X0, X1, Z, cmap=plt.cm.winter)
19    ax.set_xlabel('X0', color='r')
20    ax.set_ylabel('X1', color='g')
21    ax.set_zlabel('f(x)', color='b')#给三个坐标轴注明坐标名称
22    plt.show()
```

运行结果

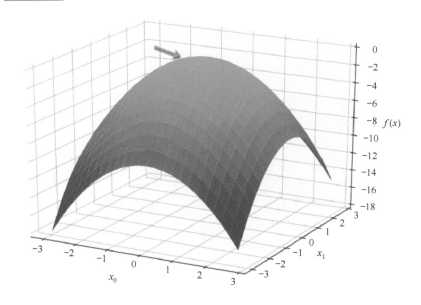

图 5-3 函数的 3D 图形

从图 5-3 中可（大致）看到，当 $x_0 = 0$ 且 $x_1 = 0$ 时，函数达到极大值。从上面的分析可知，当函数达到最大值处，梯度为 0。

下面我们用 TensorFlow 框架来演示梯度的求解。TensorFlow 2 为我们提供了在即时执行（Eager Execution）模式下的专用梯度函数——tf.GradientTape()。假设求函数 $y = x^2 + 2x - 1$ 在 $x = 2$ 处的一阶梯度，显然在

数学意义上，我们容易求得 $y' = 2x + 2|_{x=2} = 2 \times 2 + 2 = 6$，下面我们用范例 5-2 所示的 TensorFlow 程序来求解同样条件下的梯度。

范例 5-2　用 TensorFlow 求函数 $y = x^2 + 2x - 1$ 在 $x = 2$ 处的梯度（tf2-gradient.py）

```
01   import tensorflow as tf
02
03   def func(x):
04       return x ** 2 + 2 * x -1
05
06   def gradient_test():
07       x = tf.constant(value = 2.0)
08       with tf.GradientTape() as tape:
09           tape.watch(x)
10           y = func(x)
11       #一阶导数
12       order_1 = tape.gradient(target = y, sources = x)
13       print("函数 x ** 2 + 2 * x -1 在 x = 2处的梯度为: ", order_1.numpy())
14
15   if __name__=="__main__":
16       gradient_test()
```

运行结果

函数 x ** 2 + 2 * x -1 在 x = 2处的梯度为: 6.0

代码分析

"Tape" 在英文中有 "磁带" 之意，用在这里表示记录梯度信息的一种数据容器。每次计算梯度时，都需要为它提供一个上下文管理器（Context Manager），这就好比梯度计算的 "自留地"，用来隔离外界打扰（代码 08 ~ 10 行）。

Tensorflow 会把 tf.GradientTape()上下文中执行的所有操作都记录在这个导数带（GradientTape）上，然后基于该导数带和每次操作产生的导数，用反向模式微分（Reverse Mode Differentiation）来计算这些被记录在册的函数的导数。

导数带默认只监控由 tf.Variable()创建的 trainable = True 属性的变量。在本范例中，x 是一个常量（第 07 行），因此计算梯度需要增加一个函数 tape.watch(x)。

第 12 行利用 gradient(target = y, sources = x)读取具体位置的梯度。gradient(target,sources,…)方法的作用是，根据导数带上面的上下文来计算某个标量或者某些张量的梯度。该方法有两个重要参数：target 表示被求导数的函数；sources 表示求哪些变量（Variables）的导数，Variables 可以是一个包含多个变量的列表，也可以是单个值。

gradient()方法返回的是一个列表，表示各个变量的梯度值。这个返回值和参数（source）中的变量列表一一对应，表明各个变量在此处的梯度。

默认情况下，调用 gradient()方法后，导数带占用的资源会被立即释放。如果我们想创建一个持久可用的导数带，那么需要在创建导数带上面的上下文时，开启 persistent=True 属性，即把第 08 行修改为如下代码。

```
08          with tf.GradientTape(persistent=True) as tape:
```

此外，我们可以通过嵌套导数带的方法，求解高阶导数。改造范例 5-2，可以得到范例 5-3，该范例的功能是求解函数 $y = x^2 + 2x - 1$ 在 $x = 2$ 处的二阶梯度。

范例 5-3　用 TensorFlow 求函数 $y = x^2 + 2x - 1$ 在 $x = 2$ 处的二阶梯度（second-order-gradient.py）

```
01   import tensorflow as tf
02
03   x = tf.Variable(2.0, trainable=True)
04   with tf.GradientTape() as tape1:
05      with tf.GradientTape() as tape2:
06         y = x ** 2 + 2 * x - 1
07      order_1 = tape2.gradient(y, x)
08   order_2 = tape1.gradient(order_1, x)
09
10   print("在 x = 2 处的一阶梯度为：", order_1.numpy())
11   print("在 x = 2 处的二阶梯度为：", order_2.numpy())
```

运行结果

```
在 x = 2 处的一阶梯度为： 6.0
在 x = 2 处的二阶梯度为： 2.0
```

代码分析

由于本例我们用 tf.Variable()方法将 x 声明为一个变量（第 03 行），tf.Variable()中的参数 trainable，其默认值为 True，表示它在训练时会被优化，即在求解梯度时，其值的变化会自动被导数带记录。如果我们不希望某个变量被优化，那么可显式声明，令 trainable 的值为 False。

范例 5-2 和范例 5-3 展示了如何求解一元变量的梯度。事实上，对于神经网络而言，我们可能需要同时求解成千上万个的梯度，因此，求解多元张量的梯度可谓是一个 "标配" 操作。

改造范例 5-2，我们得到范例 5-4，它演示如图 5-2 所示的三元函数的梯度求解方法。更高元的梯度求解过程与其类似。

范例 5-4　用 TensorFlow 求三元变量函数 $f = x^2 + 3xy + y^2 + z^3$ 在 $x = 1$、$y = 2$ 和 $z = 3$ 处的梯度（poly-variable-gradient.py）。

```
01  import tensorflow as tf
02
03  def func(x):              #注意：此处 x 为一个多元张量
04      return x[0] ** 2 + 3 * x[0] * x[1] + x[1] **2 +  x[2] ** 3
05
06  def gradient_test():      #求 n（3）元函数的梯度
07      x = tf.constant(value = [1.0, 2.0, 3.0])
08      with tf.GradientTape() as tape:
09          tape.watch(x)
10          y = func(x)
11      #一阶导数
12      order_1 = tape.gradient(target = y, sources = x)
13      print("多元函数 x = [1.0, 2.0, 3.0]处的梯度为：", order_1.numpy())
14
15  if __name__ =="__main__":
16      gradient_test()
```

运行结果

多元函数 x = [1.0, 2.0, 3.0]处的梯度为： [8. 7. 27.]

代码解析

从运行结果可以看出，TensorFlow 的求解结果与如图 5-2 所示的结果是等同的。需要注意的是，对于多元变量，通常用张量的形式表示，如第 04 行和第 07 行。

从前面的范例可以看出，TensorFlow 提供自动微分（Automatic Differentitation）支持，即只要我们给出目标函数的表达形式（哪怕这个目标函数非常复杂），且无须提供它的一阶导数或更高阶导数的显式形式，TensorFlow 就能自动完成求导工作。自动微分是优化机器学习模型的关键技巧之一。

5.2.3　梯度递减

梯度最明显的价值在于，指导我们如何快速找到损失函数的极大值。

而梯度的反方向（梯度递减）自然就是函数值下降最快的方向。若函数每次都沿着梯度递减的方向前进，则就能到达函数的最小值附近。

为了便于读者理解梯度递减的概念，我们先给出一个形象的案例来辅助说明。爬过山的人可能会有这样的体会，山坡越平缓（相当于斜率较小），抵达峰顶（函数峰值）的过程就越缓慢，而如果不考虑爬山的重力阻力（对于计算机而言不存在这样的阻力），山坡越陡峭（相当于斜率越大），顺着这样的山坡爬就能快速抵达峰顶（对于函数而言，就是快速收敛到极值点）。

如果我们实施"乾坤大挪移"，把爬到峰顶变成探寻谷底（求极小值），这时与找最大斜率的爬山方法并没有本质变化，只不过是方向相反而已。如果把爬山过程中求某点的斜率最大的方向称为梯度，而探寻谷底的方法，就可以称为梯度递减，其示意图如图 5-4 所示。

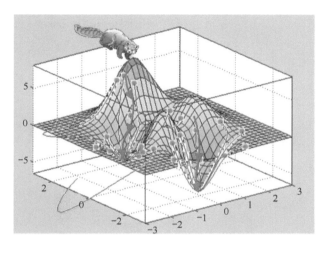

图 5-4　利用梯度递减求极小值示意图

以梯度递减作为指导，一直沿着"最陡峭"的方向，探索着前进，类似于"摸着石头过河"，这个过程是"摸着梯度找极值"。

如果说直接令损失函数 L 的导数等于 0 来求得最小值，是一种相对宏观的做法，那么梯度递减就是在微观的角度，根据当前的状况动态调整 w 的大小，通过多次迭代来求得最低点。

当然，从图 5-4 中，我们也很容易看到梯度递减的问题，即很容易收敛到局部最小值。正如攀登高峰，我们总会感叹"一山还比一山高"，探寻谷底时，我们也可能发现，"一谷还比一谷低"。但"只缘身在此山中"，当前的眼界让我们像"蚂蚁寻路"一样，很难让人有全局观。尽管有这样的障碍，在工程实践中，还是衍生出很多出色的应用案例。

基于梯度递减的优化策略，还有一个潜伏的陷阱，称为鞍点（Saddle Point）。简单来说，鞍点就是一种梯度（一阶导数）值为 0，但又不是局部极值点的那种驻点。此外，当函数很复杂且呈现扁平状时，由于梯度趋近零，因此学习可能陷入一个称为"学习高原"的区域，而毫无进展。

通过前面的分析可知，在训练神经网络时，需要利用损失函数。为了求损失函数的最小值，不可避免地需要计算损失函数对每个权值参数的偏导数数，这时前文提到的梯度递减方法就派上用场了。

利用随机梯度递减法求解极小值（谷底）的做法是，我们先随机站在山谷上的某一点，然后发现哪边比较低（陡）就往哪边走，通过多次迭代找到最低点。利用梯度递减更新网络权值如图 5-5 所示。

图 5-5 中的参数 η 就是学习率，它决定了梯度递减搜索的步长，这个步长过犹不及。若该值太小，则收敛慢；若该值太大，则容易越过极值，导致网络震荡，难以收敛。所以，通常要根据不同的状况来调整 η 的大小。

在图 5-6 中，假设最小值点为 D，当 w_i 落在最小值的右边时，斜率 $\Delta = \dfrac{\partial E}{\partial w_i}$ 为正，将其代入如图 5-5 所示的公式中，就会减小 w_i 的值；反之，若 w_i 比取得最小值 $E_{\min}$ 的 w 还小，则斜率是负的，代入如图 5-5 所示的迭代公式中，就会增大 w_i 的值。由于曲线越接近谷底越平缓，因此当 w_i 靠近最低点时，每次移动的距离也会越来越小，最终将在最低点处收敛。

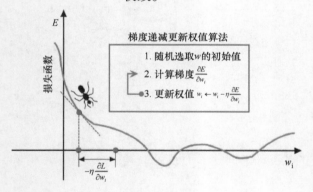

图 5-5 利用梯度递减更新网络权值

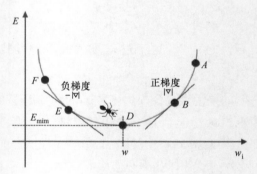

图 5-6 正负梯度示意

需要说明的是，负梯度方向并不一定指向最小值，但沿着它所在的方向，能够最大限度地朝向最小值。负梯度的每一项告诉我们以下两件事。

- 正负号：输入向量的每一项是增大的还是减小的。

- 值大小：告诉我们哪个值影响最大，即改变哪些参数性价比会更高。

梯度递减法目前主要分为三种：批量梯度递减法（Batch Gradient Descent，BGD）、随机梯度递减法（Stochastic Gradient Descent，SGD）及小批量梯度递减法（Mini-Batch Gradient Descent，MGD）。它们之间

的区别在于，每次参数更新时计算的样本数据量不同，下面分别给予简单介绍。

5.2.4　批量梯度递减法

假设训练样本总数为 n，样本可描述为 $\{(x^1,y^1),\cdots,(x^i,y^i),\cdots,(x^n,y^n)\}$，这里的 x^i 表示第 i 个样本的特征向量，其实它可能是一个 m 维度的向量，包含了 m 个特征，y^i 表示第 i 个样本的标签（输出的预期值）。如前所述，凡是有标签的样本训练都属于监督学习。

于是梯度递减的训练法则为

$$w_{t+1} \leftarrow w_t + \Delta w \tag{5-7}$$

其中，t 表示时间步长（Time Step），式（5-7）表明的含义很简单，就是说 $(t+1)$ 轮的权值 w_{t+1} 等于第 t 轮的权值 w_t 加上一个权值变化率 Δw。请注意，这里的权值 w 其实是一个向量，它泛指所有神经网络中的所有权值。这个权值的变化率 Δw 与第 t 轮的全体样本的权值梯度及学习率密切相关，即

$$\Delta w = -\eta_t \sum_{i\in D} \nabla_w J_i(w,x^i,y^i) \tag{5-8}$$

其中，负号 "$-$" 表示梯度相反方向，η_t 是步长（也称学习率），之所以有个下标 t，是因为学习率可能随着时间变化而不同（如学习率衰减）。因此，梯度下降的权值更新法则为

$$w_{t+1} \leftarrow w_t - \eta_t \sum_{i\in D} \nabla_w J_i(w,x^i,y^i) \tag{5-9}$$

由式（5-9）可以看出，每进行一次参数更新都需要计算整个数据样本集，因此这种算法也称为批量梯度递减法。

在工程实践中，批量梯度递减法主要存在以下三个方面的挑战。

（1）当数据量太大时，收敛过程可能非常慢。若根据式（5-9）的模型来训练权值参数，则每次更新迭代都要遍历训练样本集合 D 中的所有成员，然后求误差和，并且分别求各个权值的梯度，迭代一次都会 "大动干戈"。因此，导致批量梯度递减法的收敛速度会比较慢，尤其是数据集非常大的情况下，收敛速度会非常慢，但由于每次梯度递减的方向为总体平均梯度，因此它得到解的过程很平滑，发生震荡的概率较小。我们也可以将其理解为 "船大难调头" 的正面收益。

胡适先生曾经说过
这么一句名言，"怕什
么真理无穷，进一寸有
一寸的欢喜"。如果我们
追求一步到位的"真理
无穷"，它好比是批量梯
度递减法，这个固然是
好，但实际很难达到。

于是，我们选择"进一
寸有进一寸的欢喜"，这
就是批量梯度递减法。

（2）从工程实现的角度来看，消耗内存非常可观。可以想象，如果样本的数量非常庞大，如数百万到数亿，那么计算负载会异常巨大。

（3）批量梯度递减优化是一种离线（Off-Line）优化测量。即提前把所有数据全部装载到内存中训练，不允许在线更新模型，如新增训练实例。

为了解决这些问题，人们通常采用与批量梯度递减法近似的算法——随机梯度递减法。

5.2.5 随机梯度递减法

在随机梯度递减法中，遵循"一样本，一迭代"的策略。先随机挑选一个样本，然后根据单个样本的误差来调节权值，通过一系列的单样本权值调整，力图达到与批量梯度递减法采取"全样本，一迭代"类似的权值效果。随机梯度递减法的权值更新公式变为式（5-10），即

$$w_{t+1} \leftarrow w_t - \eta \nabla_w J_i(w, x^i, y^i) \tag{5-10}$$

从表面上看来，式（5-10）和式（5-9）非常类似，但需要注意的是，式（5-10）比式（5-9）少了一个梯度求和的步骤。

这种简化带来了很多便利。例如，对于一个具有数百万样本的训练集，完成一次样本遍历就能对权值更新数百万次，效率大大提升，甚至如果运气好的话，不用遍历所有样本，就可以中途找到最优解。反观批量梯度递减法，要遍历数百万样本后，才能更新一次权值。

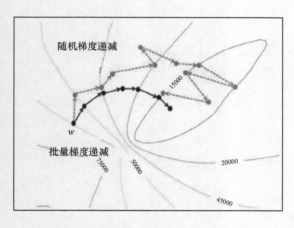

图 5-7 批量梯度递减法与随机梯度递减法的
权值调整路线对比

图 5-7 为批量梯度递减法与随机梯度递减法的权值调整路线对比。由图 5-7 可以看出，批量梯度递减法（实线曲线）是一直"稳健"地向最低点前进的，而随机梯度递减法（虚线曲线）明显"聒噪"了许多，具备很多随机性，蹦蹦跳跳、前前后后，但总体上仍然是向最优解逼近的。

但有时，这种随机性并非完全是坏事，特别是在探寻损失函数的极小值时。我们知道，若损失函数的目标函数是一个凸函数，则它的极小值存在且唯一，沿着梯度反方向就能找到全局唯一的最小值。然而对于非凸函数来说，就没那么简单了，它可能存在许多局部最小值。

对于批量梯度递减法而言，一旦陷入局部最小值，基于算法本身的策

略，它很难"逃逸"出来，如图 5-8(a)所示。对于局部最小值而言，左退一步、右进一点，函数值都比自己大，所以就认为自己是最小值。殊不知，一谷更比一谷低。

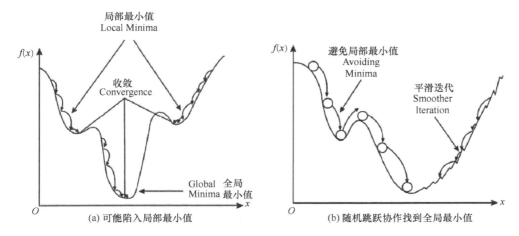

图 5-8 非凸函数的局部最小值和全局最小值

而基于随机梯度递减法先天的随机性，反而有助于"逃逸"出某些糟糕的局部最小值，从而获得一个性能更佳的模型。这种情况多少有点应了中国那句古话："失之东隅，收之桑榆"。随机梯度递减法虽然失去了权值调整的稳定性，但却意外带来了求得全局极小值的可能性，如图 5-8(b)所示。

如前所述，随机梯度递减法优点在于，收敛速度快。相比而言，在随机梯度递减法中，可以将整个样本视为一个"大样本"，即使可以训练很多轮，但由于每轮训练用的都是一个"样本"，因此，计算得到的梯度很多是冗余的，从而算法导致收敛速度很慢。

随机梯度递减法的第二个优点在于，它可以在线更新。由于训练随机梯度递减法的样本容量为 1，因此新加入一个样本，立刻可以参与到模型训练中，因此随机梯度递减法适应能力更强。

随机梯度递减法的第三个优点在于，它有一定的概率"逃逸"出一个比较差的局部最小值，而收敛到一个更好的局部最小值甚至是全局最小值。

随机梯度递减法的第三个优点，是需要打折扣的。因为"逃逸"出局部最优，凭的是运气。而更大概率是收敛到局部最小值，且容易被困在鞍点。

5.2.6　小批量梯度递减法

从上面的分析可知，批量梯度递减法和随机梯度递减法是利用梯度递减的两个极端。在研究过程中，有一种很简单但非常好用的方法论，那就是"中庸之道"。该方法把各个方案的优缺点做了取舍，取个中间态。针对梯度优化算法，批量梯度递减法和随机梯度递减法的中间态，就是小批量梯度递减法。对于含有 n 个训练样本的数据集，每次参数更新，选择一个大小为 b（$b < n$）的子集（Mini-Batch）计算其梯度，其参数更新公式为

$$w_{t+1} \leftarrow w_t - \eta \sum_{i=x}^{i=x+b-1} \nabla_w J_i(w, x^i, y^i) \tag{5-11}$$

小批量梯度递减法既能保证训练的速度，又能保证最后算法比较可靠地收敛。正是由于小批量梯度递减法的稳定性能，目前 TensorFlow 等深度学习框架所用的随机梯度递减法，实际上是指小批量梯度递减法，小批量梯度递减法成了随机梯度递减法的化身。

5.2.7　实战：基于梯度递减的线性回归算法

通过利用最小二乘法，我们可以显式求解线性方程组的解，从而可以解决部分线性回归问题。下面我们结合梯度递减策略，给出一个基于 Python 的简易线性回归求解方案。

简易线性回归模型用公式表示就是 $y = w_1 \times x + w_0 \times 1$。这里的 w_1 和 w_0 为回归系数，需要从训练数据中学习得到。为什么要把后面的系数 "1" 单独写出来呢？其实是为了以统一的方式求解系数。如果模型的第一个输入是可变参数 x，那么第二个输入就是固定值 "1"，称为哑元（Dummy）。

下面列举范例程序的目的在于，让读者对梯度递减有一个感性的认识（参见范例 5-5）。程序本身的功能非常简单，即给出有关面包重量（单位：磅）和售价（单位：美元）对应关系的 5 条数据。然后利用梯度递减策略，令程序在这 5 条数据中学习线性回归模型的参数 w_0 和 w_1。其中，w_0 和 w_1 的起始值是任意给定的，然后反复迭代多次，如图 5-9 所示，逐步逼近最佳的 w_0 和 w_1，让损失函数达到最小值。在得到 "最佳" 的参数之后，我们再给出一个面包重量，让模型预测它的售价。这样就完成了一个完整的有监督学习流程。

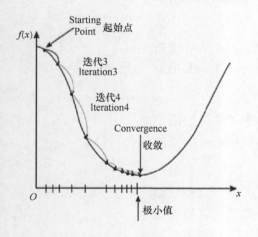

图 5-9　梯度递减策略示意图

范例 5-5 基于梯度递减的线性回归算法（bread-price.py）

```
01    import numpy as np
02    import random
03    import tensorflow as tf
04    # 定义损失函数
05    def loss(real_y, pred_y):
06        return tf.abs(real_y - pred_y)
07
08    # 生成训练数据
09    x_train_inch = np.asarray([1, 2, 3, 4, 5, 6, 7, 8, 9, 10, 11])
10    y_train_price = np.asarray([num * 10 + 5 for num in x_train_inch])
11
12    # 给待训练得到的两个参数进行随机初始化
13    w1 = tf.Variable(random.random(), trainable=True)
14    w0 = tf.Variable(random.random(), trainable=True)
15
16    def step_gradient(real_x, real_y, learning_rate):
17        with tf.GradientTape(persistent=True) as tape:
18            # 模型预测
19            pred_y = w1 * real_x + w0
20            # 计算损失
21            reg_loss = loss(real_y, pred_y)
22        # 计算梯度
23        w1_gradients, w0_gradients = tape.gradient(reg_loss, (w1, w0))
24        # 更新权值
25        w1.assign_sub(w1_gradients * learning_rate)
26        w0.assign_sub(w0_gradients * learning_rate)
27
28    if __name__ == '__main__':
29        learning_rate = 0.01      #学习率
30        num_iterations = 10000    #迭代次数
31
32        for _ in range(num_iterations):
33            step_gradient(x_train_inch, y_train_price, learning_rate)
34
35        print(f'拟合得到的模型近似为： y ≈ {w1.numpy()}x + {w0.numpy()}')
36        wheat = 0.9    #给出一个 0.9 磅的面包，预测其价格
37        price = w1 * wheat + w0
38        print ("price = {0:.2f}".format(price))
```

运行结果

拟合得到的模型近似为：y ≈ 10.073746681213379x + 4.170716762542725
price = 13.24

代码分析

从第 09 ~ 10 行代码生成训练数据的过程可以看出，自变量 x 和因变量 y 之间的关系是 $y = 10x + 5$。但机器事先并不知道这两个关键系数的值，此处 $w_1 = 10$ 和 $w_0 = 5$，是通过一步步试探式的"学习"得到的。通过学习而非事先设置，这就是机器学习的本质。那它学习的"养料"是什么呢？就是第 09 ~ 10 行所生成的数据。

有了学习的资源（即数据），还需要学习的方法论。这里的方法就是本节讲到的梯度递减，它利用随机梯度递减法来逼近令目标函数（损失函数）达到最小值的参数。

第 05 ~ 06 行定义了损失函数，为了简化起见，这里我们仅用预期值与目标值之间误差的绝对值，作为损失函数值（自然这里还有优化空间）。

第 17 ~ 21 行利用了 TensorFlow 求解梯度。如前所述，我们无须为目标函数提供其自身导数形式，TensorFlow 的"自动微分"功能自动为我们完成。此时，我们可以直接利用图 5-5 中的第 3 步所述的参数更新方式，即

$$w_i = w_i - \eta \frac{\partial E}{\partial w_i} \qquad (5\text{-}12)$$

式（5-12）实际上就是式（5-7）和式（5-8）的合并。现在 TensorFlow 完成了核心的部分 $\frac{\partial E}{\partial w_i}$ 的求解（参见代码第 17 ~ 21 行），那么权值的核心就"水到渠成"了。从代码操作的层面来看，不过是做了个自减赋值而已（参见代码第 25 ~ 26 行），这里用到了 Variable 对象的方法 assign_sub( )，这是一个自减赋值方法，其内的主要参数 delta，就是每次权值的更新量。例如，w1.assign_sub(w1_gradients * learning_rate)等价的数学表达式是 w1= w1 − w1_gradients × learning_rate，可以看出，该式是式（5-12）的代码化表达。

实际上，基于梯度递减的算法是非常"笨"的，最优参数是它一点点"试探"出来的。因此，若迭代次数少了，则很难找到最佳参数 w_0 和 w_1，通常需要迭代多次才能达到此目的。

程序中的迭代次数和学习率，其实也算是神经网络学习中的参数，但它们不是学习得来的，而是来自人为经验，因此模型性能的好坏，有一定的运气成分，因此这种人为设定的参数也被称为超参数。

从结果可以看出，通过 10 000 次的迭代，拟合出来的 w_1 接近最优

解，而 w_0 则相差较远。这通常和一些超参数及损失函数的定义有关。范例 5-5 其实还有很多优化空间，留给读者自行完成[①]。

5.2.8　基于梯度递减优化算法的挑战

下面我们总结一下随机梯度递减算法的优缺点。它的优点在于，对于大型的训练样本集合，该算法能更快地收敛（但这个收敛只是经验上的，并没有充分的理论证明）。其缺点在于，难以获得较高的预测精度，一些经典算法无法使用随机梯度递减法。

不论是随机梯度递减法和批量梯度递减法，还是二者的混合体小批量梯度递减法，基于梯度递减的算法，都存在一些挑战，主要表现在如下两个方面。

1. 合适的学习率很难找

若学习率 η 太小，则算法的收敛速度缓慢；而学习速度太快，算法就会显得"囫囵吞枣"，权值更新波动较大，可能错过最优解，进而也妨碍算法的收敛。

针对学习率 η 的调整问题，目前较为常用的方法是，在训练过程中动态调整学习率的大小，通常简称学习率衰减（Learning Rate Decay）。例如，采用模拟退火算法：预先定义一个迭代次数 m，当执行完 m 次训练后，便逐渐减小学习率（如分段常数衰减），或当损失函数的值小于一个给定阈值 t 后，减小学习率。但迭代次数 m 和阈值 t 都属于超参数，需要凭借经验，不断试错获得，换句话说，并没有普适的指定学习率的方法。

2. 鞍点比局部最优更可怕

研究表明，深层神经网络之所以比较难训练，其最大的问题可能并不在于容易陷入局部最优（优化方程的局部最大或最小）。相反，由于网络结构非常复杂，在绝大多数情况下，即使找到局部最优，但能获得不错的性能，因此也是能接受的。

深度学习网络之所以难训练是因为在学习过程中，优化方程可能困在马鞍面上，即一部分点的梯度是微升的，另一部分点的梯度是微降的（见图 5-10）。

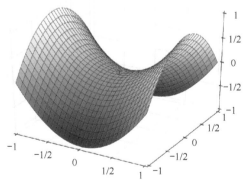

图 5-10　优化方程中的马鞍面

[①] 例如，读者可以将损失函数改成均方差，即把 06 行代码改为：return tf.keras.losses.MSE(y_true, y_pred)，在迭代次数为 1000 次的情况下，拟合效果要好很多。

在这样的区域中，很多点方向的梯度值都几乎趋近于 0（这些点称为鞍点），这使得以梯度递减为向导的权值更新策略，毫无前进的方向感。

结合上述挑战，很多研究人员给出了很多改进策略，我们会在后续章节继续讨论。

5.3　BP 算法

回顾神经网络的发展史就会发现 BP（Back Propagation，反向传播）算法占据了举足轻重的地位，即使到现在，它依然是很多优化算法的基础。下面我们介绍 BP 算法的发展历程和思想。

5.3.1　BP 算法的发展历程

2019 年，杰弗里·辛顿获得"本田奖"，用于表彰其对科技做出的重大贡献。这引起了 LSTM 发明人施密德胡伯（Schmidhuber）的不满，他旁征博引，用近百篇参考资料证明 BP 算法不是杰弗里·辛顿的原创。

人们在提及 BP 算法时，常将它与杰弗里·辛顿（Geoffrey Hinton）的名字联系在一起。但严格来说，提出 BP 算法的第一人并非杰弗里·辛顿，而是保罗·沃伯斯（Paul Werbos）。

1974 年，保罗·沃伯斯在哈佛大学取得博士学位。在他的博士论文中[2]，首次提出了通过误差的反向传播来训练人工神经网络。在当时，人工神经网络面临一个重大的挑战性问题：增加神经网络的层数，虽然可以让网络具有更强的表征能力，但随之而来的是，多层网络带来了数量庞大的、有待训练网络参数。训练这些海量参数需要大量计算资源，这成为制约多层神经网络发展的关键瓶颈之一。

保罗·沃伯斯的研究工作为多层神经网络的学习、训练与实现，提供了一种切实可行的解决途径。但当时保罗·沃伯斯的工作并没有得到足够的重视，因为当时的神经网络研究正处于低潮，可谓是"生不逢时"。

我们知道，发明是从 0 到 N 的全过程。从 0 到 1，从无到有，提出某个想法，发明某个物件，固然了不起，但是能走到 N 的人才是英雄。这就如同在马拉松比赛的起点挤满了人，到终点的人却寥寥无几一样。在科技史上，常有同一项技术或方法被不同科学家同步发现的例子，最后成就到底属于谁，就要看谁的发现对社会的贡献大，而不是看谁提出的早。

1986 年 10 月，杰弗里·辛顿还在卡耐基·梅隆大学任职。他和在加州大学圣迭戈分校的认知心理学家大卫·鲁梅尔哈特等人，在著名学术期刊《自然》上联合发表了题为"借助反向传播算法的学习表征（*Learning Representations by Back-propagating Errors*）"的论文[3]。该论文首次系统、简捷地阐述了 BP 算法在神经网络模型中的应用。BP 算法将调整网络权值的运算量从原来的与神经元数目的平方成正比，减小到只与神经元数目本身成正比。运算量大幅下降，从而让 BP 算法更具可操作性。

自 20 世纪 80 年代末起，微处理器和内存技术的高速发展，令计算机的运行速度和数据访存速度比 20 年前高了几个数量级。这一下（运算量下降）、一上（计算速度上升），加上多层神经网络可设置隐含层，这些都极大地提高了数据特征的表征能力，同时很大程度上缓解了当年马文·明斯基对神经网络的责难。于是，对人工神经网络的研究渐渐得以复苏。

一般地，优化就是调整分类器的参数，使得损失函数快速寻找极值的过程。而 BP 算法，在本质上是一个好用的优化函数。而说到 BP 算法，我们通常强调的是反向传播。其实在本质上，它是一个双向算法。也就是说，BP 算法分两步走：① 正向传播输入信息，实现分类功能（所有的监督学习基本上都可以归属于分类或回归）；② 反向传播误差，调整网络权值。

> 如果说保罗·沃伯斯的工作开创了 BP 算法的先河（相当于从 0 到 1 的创新），那么杰弗里·辛顿等人的工作则是极大地推动了 BP 算法的应用（相当于从 1 到 N 的推广）。

5.3.2　正向传播信息

在前面的章节中，我们提到的前馈网络的完成功能其实就是正向传播信息。简单来说，就是把信号通过激活函数的加工，一层一层地向前"蔓延"，直到抵达输出层。在这里，假设神经元内部的激活函数为 Sigmoid（$f(x) = 1/(1 + e^{-x})$），之所以选用该函数作为激活函数，原因主要有以下两点。

（1）该函数把输出的值域锁定在[0, 1]之间，便于调节。

（2）该函数的求导形式非常简单且优美，即

$$f'(x) = f(x)(1 - f(x)) \tag{5-13}$$

事实上，类似于感知机，前馈网络中的每个神经元功能都可细分为两个部分：①汇集各路连接带来的加权信息；②加权信息在激活函数的"加工"下，给出相应的输出，如图 5-11 所示。

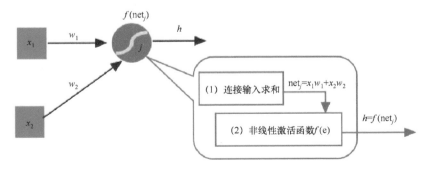

图 5-11　神经元的两部分功能

为了说明问题，假设我们有如图 5-12 所示的三层神经网络。在该网络中，假设输入层的信号向量为[1, −1]，输出层的目标向量为[1, 0]，学习率 η 为 0.1，权值是随机给的，这里为了演示方便，分别将权值赋值为 "1" 或 "−1"。下面我们详细讲解 BP 算法是如何运作的。

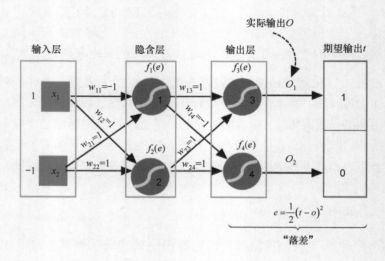

图 5-12　三层神经网络

在正向传播过程中，对于 $f_1(e)$ 神经元的更新如图 5-13 所示，其计算过程如下。

$$
\begin{aligned}
f_1(e) &= f_1(w_{11}x_1 + w_{21}x_2) \\
&= f_1((-1)\times 1 + 1\times(-1)) \\
&= f_1(-2) \\
&= \frac{1}{1+\mathrm{e}^{-(-2)}} \\
&= 0.12
\end{aligned}
$$

接着，更新在同一层的 $f_2(e)$（见图 5-14），过程和计算步骤与 $f_1(e)$ 类似。

$$
\begin{aligned}
f_2(e) &= f_2(w_{12}x_1 + w_{22}x_2) \\
&= f_2(1\times 1 + 1\times(-1)) \\
&= f_2(0) \\
&= \frac{1}{1+\mathrm{e}^{0}} \\
&= 0.5
\end{aligned}
$$

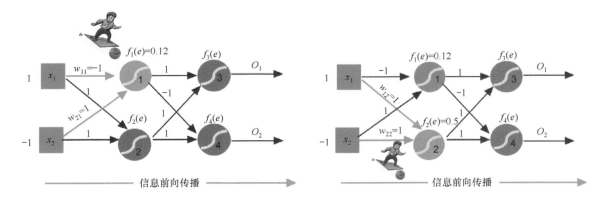

图 5-13　神经元信息前向更新神经元 1 的 $f_1(e)$　　　　图 5-14　神经元信息前向更新神经元 2 的 $f_2(e)$

接下来，信息要正向传播到下一层（输出层），如图 5-15 所示，其值为

$$
\begin{aligned}
O_1 = f_3(e) &= f_3(w_{13}f_1 + w_{23}f_2) \\
&= f_3(1 \times 0.12 + 1 \times 0.5) \\
&= f_3(0.62) \\
&= \frac{1}{1 + e^{-0.62}} \\
&= 0.65
\end{aligned}
$$

然后，类似地，计算同在输出层的神经元 $f_4(e)$ 的值，如图 5-16 所示，其值为

$$
\begin{aligned}
O_2 = f_4(e) &= f_4(w_{14}f_1 + w_{24}f_2) \\
&= f_4((-1) \times 0.12 + 1 \times 0.5) \\
&= f_4(0.38) \\
&= \frac{1}{1 + e^{-0.38}} \\
&= 0.59
\end{aligned}
$$

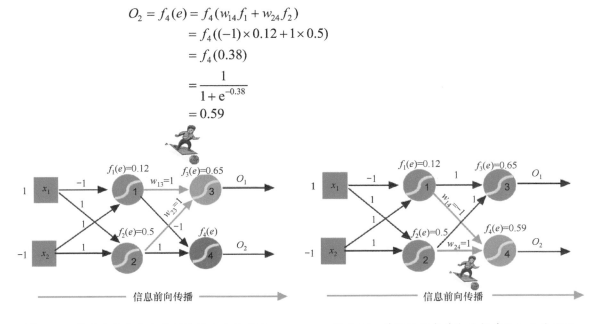

图 5-15　神经元信息前向更新神经元 3 的 $f_3(e)$　　　　图 5-16　神经元信息前向更新神经元 4 的 $f_4(e)$

> 此处的误差，可视为反向调参的动力。从信息的角度来说，有明确导向性的信息都是有用的信息

到此，在第一轮中，实际输出向量 $\boldsymbol{O} = [O_1, O_2] = [0.65, 0.59]^{\mathrm{T}}$ 已经计算得出。但参考图 5-12 可知，预期输出的向量是 $\boldsymbol{T} = [t_1, t_2] = [1, 0]^{\mathrm{T}}$，这两者之间是存在误差的。

于是，重点来了，下面我们就用误差信号反向传播来逐层调整网络参数（权值和阈值）。为了提高权值更新效率，这里要用到下文即将提到的"链式法则（Chain Rule）"——如何巧妙地引入计算策略，减少计算量，加快计算速度，这就是优化算法的目标所在。

5.3.3 求导中的链式法则

在信息正向传播的示例中，为了方便读者理解，对于所有的权值，我们都临时给予了确定的值，而实际上，这些值都是可以调整的，也就是说，它们都是变量。其实，神经网络学习的目的就是通过特定算法来调整这些权值，以最小化损失来拟合训练数据。而学习的结果就是得到最佳的权值。

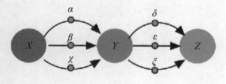

图 5-17　路径有向图

BP 算法之所以经典，部分原因在于，它是求解这类"层层累进"式函数偏导数数的利器。举例说明，如图 5-17 所示的有向图，若 X 到 Y 有三条路径（X 分别以 α、β 和 χ 的比率影响 Y），Y 到 Z 也有三条路径（Y 分别以 δ、ε 和 ξ 的比率影响 Z），则很容易根据路径加和原则得到 X 对 Z 的偏导数数为

$$\frac{\partial Z}{\partial X} = (\alpha\delta + \alpha\varepsilon + \alpha\xi) + (\beta\delta + \beta\varepsilon + \beta\xi) + (\chi\delta + \chi\varepsilon + \chi\xi) \tag{5-14}$$

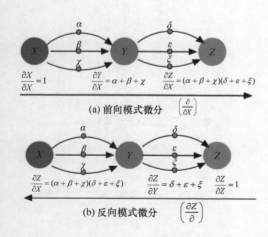

(a) 前向模式微分 $\left(\dfrac{\partial}{\partial X}\right)$

(b) 反向模式微分 $\left(\dfrac{\partial Z}{\partial}\right)$

图 5-18　前向模式微分与反向模式微分对比

前文用到的求偏导数数方法称为前向模式微分（Forward-mode Differentiation），如图 5-18(a)所示。好在这个网络比较简单，即使 X 到 Z 的每条路径都被遍历一次，总共才有 $3 \times 3 = 9$ 条路径，然而一旦网络的规模增大，那么这种前向模式微分就会令求导计算的次数与神经元个数的平方成正比。这个 n^2（n 为神经元个数）计算量就可能成为机器"难以承受的计算之重"。

为了避免这种海量求导模式，数学家们另辟蹊径，提出了反向模式微分（Reverse-mode Differentiation）。我们用式（5-15）求 X 对 Z 的偏导数为

$$\frac{\partial Z}{\partial X} = (\alpha + \beta + \chi)(\delta + \varepsilon + \xi) \qquad (5\text{-}15)$$

或许你会困惑，将式（5-14）恒等变换为式（5-15），有什么意义呢？

前文提到的前向模式微分，的确就是我们通常在高等数学课堂上学习的求导方式。在这种求导模式中，强调的是某个输入（如 X）对某个节点（如神经元）的影响。因此，在求导过程中，偏导数的分子部分总是根据不同的节点而不断变化，而分母则锁定为偏导数变量 ∂X，保持不变（见图 5-18(a)）。

相比而言，反向模式微分则有很大不同。首先在求导方向上，它是从输出端（Output）到输入端（Input）反向进行求导。其次，在求导方法上，它不再是对每一条路径加权相乘然后求和，而是针对节点采纳"合并同类路径"和"分阶段求解"的策略。

以图 5-18(b)为例，先求 Z 节点对 Z 节点的影响，即求 Z 对 Z 自身的偏导数

$$\frac{\partial Z}{\partial Z} = 1$$

这个步骤看起来没有意义，但对于算法而言，它是规范化的起点，相当于算法的初值，该值需要给出。然后，求 Y 节点对 Z 节点的影响，即求 Z 对 Y 的偏导数

$$\frac{\partial Z}{\partial Y} = \frac{\partial Z}{\partial Y} \cdot \frac{\partial Z}{\partial Z} = (\delta + \varepsilon + \xi) \cdot 1$$

再求节点 X 对节点 Z 的影响，即求 Z 对 X 的偏导数：

$$\frac{\partial Z}{\partial X} = \frac{\partial Y}{\partial X} \cdot \frac{\partial Z}{\partial Y} \cdot \frac{\partial Z}{\partial Z} = (\alpha + \beta + \chi) \cdot (\delta + \varepsilon + \xi) \cdot 1$$

在上述求导过程中，我们利用乘法规则来求 X 对 Z 的影响。观察等号最左端可发现，在求导形式上，偏导数的分子部分（如 ∂Z 节点）不变，而分母部分总是随着节点不同而变化。

还有一个值得注意的细节是，假设 X、Y 和 Z 代表的是不同网络的单元，当使用反向模式微分求导时，求后一层单元的导数，需要利用前面一层的求导结果，而前一层的值已经得到，这样大大节省了计算成本。

BP 算法将网络权值纠错的运算量从原来的与神经元数目的平方成正比，减小到只与神经元数目本身成正比。这是因为反向模式微分节省了计算冗余。

5.3.4 误差反向传播

有了前面链式求导知识做铺垫，下面我们开始讲解 BP 算法的反向传播部分。BP 算法的妙处所在就是，利用反向链式求导法则避免了大量计算冗余。然而，这个如此简单且显而易见的方法，却是 F. Rosenblatt 提出感知机算法（1958 年）近 30 年之后才被应用和普及的。对此，深度学习大家 Yoshua Bengio 是这样评价的："现在很多看似显而易见的想法，只有在事后才变得如此显而易见。"

在 BP 算法的反向传播过程中，利用了前面章节讲解过的随机梯度递减法。具体来说，对于样例 d，若它的预期输出（又称为教师信号）和实际输出之间存在误差 E_d，BP 算法利用这个误差信号 E_d 的梯度修改权值。假设权值 w_{ji} 的校正幅度为 Δw_{ji}。

需要说明的是，w_{ji} 和 w_{ij} 是同一个权值，表示的都是神经元 j 与第 i 个输入神经元之间的连接权值，这里之所以把下标 "j" 置于 "i" 之前，仅仅想表示这是一个反方向更新的过程。

其实，在前面的讲解中，我们已经给出了 SGD 算法的误差评估函数（也称损失函数）

$$E_d(w) = \frac{1}{2}(t_d - o_d)^2 \qquad (5\text{-}16)$$

对于权值 w_{ji}，针对其损失函数 $E_d(w_{ji})$，它的梯度可表示为 $\dfrac{\partial E_d}{\partial w_{ji}}$，而对应的梯度递减，即它的反方向可表示为 $-\dfrac{\partial E_d}{\partial w_{ji}}$，但若以此幅度调节 Δw_{ji}，则可能会因为步长过大而错失极小值。因此，通常会在这个幅度上加一个权值 $\eta \in (0,1]$ 来调节 Δw_{ji} 的幅度，它是一个超参数，即由人为设定，而非学习得到，可将其视为一个常数。综合起来，Δw_{ji} 权值的更新幅度为

$$\Delta w_{ji} = -\eta \frac{\partial E_d}{\partial w_{ji}} \qquad (5\text{-}17)$$

因此，对于 w_{ji} 的权值更新法则为

$$w_{ji} \leftarrow w_{ji} + \Delta w_{ji} = w_{ji} - \eta \frac{\partial E_d}{\partial w_{ji}} \qquad (5\text{-}18)$$

在式（5-18）中，箭头右边的 w_{ji} 表示旧的权值，而箭头左边的 w_{ji} 表

示更新后的权值，该式的核心在于求得梯度 $\dfrac{\partial E_d}{\partial w_{ji}}$，以便在梯度下降规则中

方便使用它。

　　如前所述，E_d 表示的是训练集合中第 d 个样例的误差。式（5-16）描述的情况是输出层只有一个变量。若输出层变量不止一个（如多分类），则可用输出向量表示，故 E_d 可更全面地表示为

$$E_d(w) = \frac{1}{2} \sum_{k \in \text{outputs}} (t_k - o_k)^2 \qquad (5\text{-}19)$$

其中，t_k 表示神经元 k 的目标输出值（可视为一个教师信号）；o_k 表示神经元 k 的实际输出值（模型的实际预测值）；outputs 表示输出层神经元集合（其数量等于输出神经元的个数）。

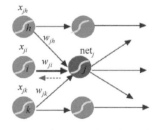

图 5-19　神经元权值的影响范围

　　首先，我们注意到，权值 w_{ji} 仅存在于神经元 i 和神经元 j 之间，它只能通过 net_j 影响其他相连的神经元，如图 5-19 所示。

　　这里，net_j 是神经元 j 的外部输入加权之和，可以表述为

$$\text{net}_j = \sum_i w_{ji} x_{ji} \qquad (5\text{-}20)$$

其中，x_{ji} 表示神经元 j 的第 i 个输入，w_{ji} 是对应的权值。具体到图 5-19 的例子，则有

$$\text{net}_j = x_{jh} w_{jh} + x_{ji} w_{ji} + x_{jk} w_{jk} \qquad (5\text{-}21)$$

　　此外，E_d 是 net_j 的函数，而 net_j 又是 w_{ji} 的函数。因此，根据链式求导法则有

$$\begin{aligned}
\frac{\partial E_d}{\partial w_{ji}} &= \frac{\partial E_d}{\partial \text{net}_j} \frac{\partial \text{net}_j}{\partial w_{ji}} \\
&= \frac{\partial E_d}{\partial \text{net}_j} \frac{\partial (x_{jh} w_{jh} + \cdots + x_{ji} w_{ji} + \cdots + x_{jk} w_{jk})}{\partial w_{ji}} \\
&= \frac{\partial E_d}{\partial \text{net}_j} x_{ji}
\end{aligned} \qquad (5\text{-}22)$$

　　很显然，在式（5-22）中，当 net_j 对 w_{ji} 求偏导数时，与 w_{ji} 没有关联的变量都可视为常数而被"过滤"掉（因为求其偏导数等于零），最后只留下 w_{ji} 的系数 x_{ji}。

　　需要注意的是，这里的 x_{ji} 是统称。实际上，在反向传播过程中，x_{ji} 可视为神经元 j 的"前驱"，在经历输出层、隐含层和输入层时，它的标记可能有所不同。

下面的任务是推导出一个便于计算的 $\dfrac{\partial E_d}{\partial \text{net}_j}$ 表达式。$\dfrac{\partial E_d}{\partial \text{net}_j}$ 的物理含义是神经元 j 加权输入 net_j 稍有变化时，误差 E_d 的变化是多少。事实上，神经元 j 所处的位置不同（在输出层还是在隐含层）对 E_d 的影响也不同，至少表达形式不同。这个推导过程相对复杂，请读者参考相关文献[4]。

BP 算法在浅层网络调参中用途很广，且是很多改进版算法的基础。下面我们利用 BP 算法"牛刀小试"，解决马文·明斯基诟病的异或问题。

5.3.5　实战：利用 BP 算法解决异或问题

在前面的章节中，我们提到可以用多层前馈网络来解决异或问题，但并没有动手实践。下面我们就利用前面学习的 BP 算法，结合 TensorFlow 的自动求导和更新工具，完成异或问题的解决。

范例 5-6　利用 BP 算法解决异或问题（bp-xor.py）

```
01   import tensorflow as tf
02   #构建模型
03   W1 = tf.Variable(tf.random.uniform([2,20],-1,1))
04   B1 = tf.Variable(tf.random.uniform([  20],-1,1))
05   W2 = tf.Variable(tf.random.uniform([20,1],-1,1))
06   B2 = tf.Variable(tf.random.uniform([   1],-1,1))
07
08   @tf.function
09   def predict(X):
10       X = tf.convert_to_tensor(X, tf.float32)
11       H1 = tf.nn.leaky_relu(tf.matmul(X,W1) + B1)
12       pre = tf.sigmoid(tf.matmul(H1,W2) + B2)
13       return pre
14
15   def fit(X, y):
16       Optim = tf.keras.optimizers.SGD(1e-1)
17       num_iter = 10000
18       y_true = tf.convert_to_tensor(y, tf.float32)
19
20       for step in range(num_iter):
21           if step%(num_iter/10)==0:
22               y_pre  = predict(X)
23               loss = tf.reduce_mean(tf.square(y_true - y_pre))
24               print(step, " Loss:", loss.numpy())
```

```
25
26          with tf.GradientTape() as tape:
27              y_pre  = predict(X)
28              Loss = tf.reduce_mean(tf.square(y_true - y_pre))
29              #自动求导
30              Grads = tape.gradient(Loss,[W1,B1,W2,B2])
31              # 反向传播并更新权值
32              Optim.apply_gradients(zip(Grads,[W1,B1,W2,B2]))
33
34  if __name__ == '__main__':
35      # 构建数据
36      X = [[0, 0], [0, 1], [1, 0], [1, 1]]
37      y = [[0], [1], [1], [0]]
38      fit(X, y)                      #模型训练，即数据拟合
39      pre = predict(X)        #预测
40  print("预测值： ", pre)
```

运行结果

```
0  Loss: 0.38306648
1000  Loss: 0.008049404
2000  Loss: 0.0027063687
3000  Loss: 0.0015056354
4000  Loss: 0.0010119531
5000  Loss: 0.00074987445
6000  Loss: 0.0005897413
7000  Loss: 0.0004829028
8000  Loss: 0.00040693578
9000  Loss: 0.00035044353
预测值：  tf.Tensor(
[[0.01626742]
 [0.9833946 ]
 [0.9820285 ]
 [0.01909028]],
shape=(4, 1), dtype=float32)
```

代码解析

首先说明网络层的构造。如前所述，所谓的网络就是一种逻辑描述，它表示数据计算（变换）的流程。这里的数据主要是指网络连接的权值（包括神经元的偏置）。而所谓的神经元，不过是一个需要变换的数值而已。

由于异或操作是一个二元操作，因此输入层是两个神经元。我们假设

隐含层的神经元为 20 个（这个设置并没有什么道理可讲，就是一种经验而已，也可以是别的值），那么输入层到隐含层的连接权值就是 2×20，需要构造这么一个矩阵 W1 来存储这些数值（第 03 行）。而每个隐含层的神经元都需要一个偏置，所以需要一个能存储 20 个偏置值的张量 B1（第 04 行）。W1 和 B1 都是需要参与求导的权值，所以必须将其声明为 tf.Variable 对象。输入层和输出层是全连接关系（Full Connected），即前一层的每一个神经元都与下一层的神经元保持连接。这种"稠密"的连接方式，在很多深度学习框架中，称为稠密层（Dense）。

由于"异或操作"的输出是一个值，因此输出层的设计也是显而易见的，即具有一个输出神经元。因此从隐含层到输入层，共有 20×1 个连接权值（第 05 行），而偏置只有一个（第 06 行），基于相同的原因，它们也必须被声明为 tf.Variable 对象。第 03~06 行申明的变量需要初始化才能使用，所用的初始值用到了 tf.random.uniform()方法，它的功能是产生指定尺寸的在[-1,1]区间的呈现正态分布的张量

第 09 ~ 13 行是一个网络的预测函数 predict()，实际上也是前向传播函数。在该函数中，我们描述了神经网络的细节构造。例如，我们使用改良版本的 ReLU 函数作为隐含层的激活函数，以修正线性单元 tf.nn.leaky_relu()，TensorFlow 已经为我们设计好了这样的函数，直接用即可。由于逻辑操作的输出值区间为[0,1]，因此在输出层我们用的激活函数为 tf.sigmoid()，它的值域符合这个区间。需要说明的是，为了便于操作，我们需要把第 36 行和第 37 行定义的训练数据和标签数据转换为 TensorFlow 适用的张量形式。这个工作分别在第 10 行和第 18 行完成。

在预测函数 predict()的前面一行（第 08 行），我们使用了一个 Python 装饰器 tf.function。当一个函数被 tf.function 装饰时，它依然可以像其他普通函数调用或被调用。但编译器看到这个标识，就会自动把它编译成一个计算图（AutoGraph），以便它基于计算图的操作可以更快执行，同时还可以导出计算模型。

第 15 ~ 32 行定义了一个拟合函数（模型训练函数）。所谓的拟合就是依据损失函数，利用 SGD 算法来反向更新网络权值。第 16 行利用了 tf.keras 模块提供的优化器 tf.keras.optimizers.SGD(1e−1)，括号内的值是学习率（通常记做 η），1e−1 是一种科学计数法实际上就是 $1×10^{-1}=0.1$。为了避免错过最优值，这个值通常比较小。但学习率如果过小，迭代次数就会增多，训练时间也就相应很长，通常是反复尝试，η 取一个折中的值。

第 26 ~ 32 行与前面的范例类似，利用 TensorFlow 提供的梯度来自动

求导。与前面的范例不同的是，它的反向传播更新权值的过程被封装在
Optim.apply_gradients()中，这是利用深度学习框架的便捷之处，但不便之
处是，前面关于 BP 算法权值迭代公式无法得到体现，对更为深刻认识算
法造成一定的困扰（我们会在课后习题中提供基于 NumPy 的异或问题求
解网络，在该范例中，可以清楚地看到 BP 算法的权值更新流程）。

第 30 行返回损失函数 Loss 涉及的 4 组变量 [W1,B1,W2,B2]的梯度，
返回值的个数和监控变量的个数是相等的。若要求得[W1,B1,W2,B2]的梯
度，则 Grads 就得有 4 组梯度，Grads[0]对应 W1 的梯度，Grads[2]对应 B1
的梯度，依此类推。

第 32 行使用函数 zip()，把这个梯度和对应变量一对一地"缝合"在
一起，然后用 apply_gradients()和式（5-18）这样的更新法则来更新权值。

当然一轮训练可能很难找到最优解，通常需要很多次迭代才能找
到。第 17 行给出了迭代次数为 10 000 次，实际上这也是个超参数，凭
经验设定。

下面我们来解释一下输出结果。在逻辑（和数学）上，我们知道"异
或"操作的结果是非 0 即 1，但是在工程上，1 和 0 都可能是个近似值。
例如，0 与 0 异或，其逻辑结果为 0，而经过 10 000 次迭代学习后的神经
网络给出的值，只能是"0"的近似值 0.01626742。类似地，0 与 1 异或，
其逻辑结果为 1，而我们训练的网络给出的结果，也只能是 1 的近似值
0.9833946。依次类推，不再赘述。

如前所述，BP 算法虽然非常经典，但也存在很多不足。例如，容易
陷入局部最优解、收敛速度较慢、梯度弥散与梯度爆炸等。因此，在显示
应用场景中，直接使用 BP 算法作为现代神经网络优化器的并不多。

有问题就会有解决方案。很多性能更佳的优化器被不断地提出，它们
极大地推动了神经网络的普及并提高了神经网络的可用性。下面我们讨论
常用的优化器。

5.4　TensorFlow 中的其他优化算法

在深度学习中，优化器对寻找神经网络最优解非常重要。但由于很多
深度学习框架（如 TensorFlow 或 PyTorch 等）已非常专业地实现了这些优
化器的功能，对于一般用户而言，没有必要将其再次编码实现一遍，所以
下面我们仅讲解一些常见优化器的工作原理和优缺点，以便我们能够有针
对性的选择使用这些优化器。

优化算法主要分为两大阵营：梯度递减法和牛顿法。梯度递减法的基础就是前面章节提到的随机梯度递减法、批量梯度递减法和小批量梯度递减法。由于这些基础算法存在性能上的一些挑战，因此有很多学者在此基础上做了进一步的优化，提出诸如动量优化法（Momentum）、AdaGrad、AdaDelta、RMSProp 和 Adam 等优化算法。另外一个算法阵营基于牛顿法（Newton Methon）。为了改善牛顿法在数值计算（如病态 Hessian 矩阵）上的不稳定性，通常使用它的近似版本——拟牛顿法（quasi-Newton Method）。基于拟牛顿法派生出 DFP、BFGS 和 L-BFGS 等算法，如图 5-20 所示。

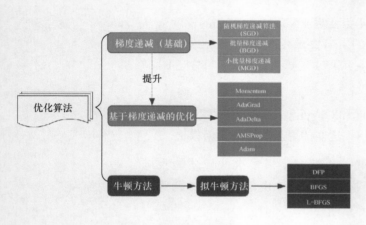

图 5-20 优化算法的派系图

下面我们简介一下这些算法的思想，具体实现还需要读者自行查询相关文献。首先介绍动量优化法，该方法的思想其实并不复杂，它借鉴了物理学中的动量（或称惯性）思想。基于常识，我们知道，一个小球从山顶滚下来，如果它在没有遇到阻力的情况下，基于自身惯性，其下滚的速度会越来越快，动量也会越来越大，但如果遇到了阻力，下滚速度就会减小。

动量优化法就是借鉴此思想，使得梯度递减在方向不变的基础上，参数更新越来越快，当梯度有所改变时，更新参数变慢（更加谨慎，是为了防止错过极值点），这样一来，既能加快收敛速度，又能减少寻找极值时带来的震荡。

如前所言，在机器学习中，学习率（η）是一个非常重要的超参数，但难以确定。虽然可通过多次训练来筛选出比较合适的学习率，但无法确定测试多少次能够得到最优的学习率。所以，需要研究一些能够自适应地调节学习率大小的策略，从而提高训练速度。目前，基于梯度递减的改良算法，很多都是在学习率的自适应上面做文章。常用的算法有 AdaGrad 算法、RMSProp 算法、Adam 算法及 AdaDelta 算法。

我们知道，整个神经网络实际上就是用数据拟合了一个表征能力很强的函数。我们的目标就是找到一组权值令自己定义的损失函数达到最小值。如果该函数能有显式解，那么自然是好的。但这显然对于有成千上万个未知变量的神经网络函数是不现实的。

若函数没有显式解，则只能用"摸石头过河"的方法，把最优解"试探"出来。利用计算机思维来解决数学问题的一大特点就是，"只要功夫深，铁杆磨成针"。这里的"功夫深"，其实就是计算机的速度快和"不知疲倦"，这里"针"就是我们要找到的最优解。凡是能提高"磨针"效率的技巧，都可归属于优化算法。

前面提及的梯度递减算法也是基于这个基本原理。如果最终函数到达了局部最优解，那么求出来的一阶梯度值为 0，即某一点（x^*）的一阶梯度 $f'(x^*)=0$ 是该点为局部最优解的必要条件。

而牛顿法也是一种"摸着石头过河"求局部最优解的方法。与梯度递减方法不同的是，它用的方法更加"高阶"，它用目标函数的二阶泰勒（Taylor）级数展开来近似该目标函数，通过求解这个二阶函数的极小值来求解凸优化（Convex Optimization）的搜索方向。

牛顿法利用的是二阶收敛寻找极值，而梯度递减法是利用一阶收敛寻找极值，所以牛顿法收敛速度更快。更通俗地来说，例如，我们想找一条最短的路径，走到一个山谷的最底部，梯度递减法只能让你每次从当前所处位置选一个坡度（梯度）最大的方向前进一步。而牛顿法在选择下山方向时，不仅会考虑坡度是否够大，还会考虑你走了一步后，坡度是否会变得更大（考虑二阶梯度）。所以，可以说牛顿法比梯度递减法看得更远，故通常也就能更快地抵达最底部。梯度递减法与牛顿法的对比示意图如图 5-21 所示。

从几何意义上讲，牛顿法是用一个二次曲面去拟合当前所处位置的局部曲面，而梯度递减法是用一个平面去拟合当前的局部曲面。通常情况下，二次曲面的拟合会比平面更好，所以牛顿法选择的下降路径会更符合真实的最优下降路径。

> 💡 凸优化是数学最优化的一个子领域，研究定义于凸集中的凸函数最小化的问题。在某种意义上来说，在凸最佳化中局部最佳值必定是全局最佳值。

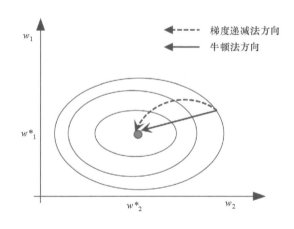

图 5-21　梯度递减法与牛顿法的对比示意图

凡事有利就有弊。相比于梯度递减法，牛顿法的确收敛速度更快，但付出了更高的计算成本，即在每次迭代过程中，牛顿法除了要计算一阶梯度（这个与梯度递减法是一致的），还要计算 Hessian 矩阵（二阶梯度）和 Hessian 矩阵的逆矩阵。若 Hessian 矩阵不是正定矩阵，即不可逆，则牛顿法会失效。

由于牛顿法计算 Hessian 矩阵的成本太高，因此就用各种方法来替代

Hessian 矩阵，这就是各种类型的拟牛顿法，如 DFP、BFGS、L-BFGS 等，各种拟牛顿法都有不同的应用场景，读者可查阅相关文献，以获得更多使用背景知识。

5.5 本章小结

在本章中，我们主要讲解了梯度的概念。所谓梯度就是函数值增长最为迅猛的方向，然后我们介绍了梯度递减法则，用以求得极小值，这个极小值是对损失函数而言的。

接着，我们介绍了随机梯度递减法、批量梯度递减法及小批量梯度递减法。其中批量梯度递减法的网络参数调参策略是全部样例计算一次误差、调整一次参数，随机梯度递减法的网络参数调参策略是一样例、一误差、一调参。在工程实践中，两种策略都被广泛采用。但当样本数量较大时，随机梯度递减法更容易收敛。

在本章中，我们还详细解释了反向传播（BP）算法。通过学习我们知道，BP 算法其实并不单纯是一个反向算法，而且是一个双向算法。也就是说，它其实分两步走：① 正向传播信号，输出分类信息；② 计算误差，反向传播误差，调整网络权值。若没有达到预期目的，则迭代重复执行步骤①和步骤②。然后，在实战部分，我们详细讲解了构建 BP 算法的每个环节，让读者对神经网络学习有一个感性认识。

BP 算法具有很多优点，但我们也要看到 BP 算法的不足。例如，BP 算法存在梯度弥散现象，其根源在于，对于非凸函数，梯度一旦消失，就没有指导意义了，导致它可能限于局部最优。而且梯度弥散现象会随着网络层数增加而愈发严重，也就是说，随着梯度的逐层减小，导致 BP 算法对网络权值的调整作用也越来越小，故 BP 算法多用于浅层网络结构（通常小于或等于 7 层的网络），这就限制了 BP 算法的数据表征能力，从而也就限制了 BP 的性能上限。

客观来讲，本章的几个范例实现都偏向于底层，例如，我们还需要显式地求解损失函数的梯度，更新权值，这并没有充分利用 TensorFlow 的框架优势，在下一章，我们将利用 TensorFlow 的 Keras 模块来迅速搭建并训练神经网络模型，从而体会深度学习框架的魅力。

5.6 思考与习题

通过本章的学习，请思考如下问题：

1．在多层前馈神经网络中，隐含层设计多少层、每一层有多少神经元比较合适呢？我们可以设定一种自动确定网络结构的方法吗？

2．编程实现：设计一个神经网络，利用 NumPy 或 sklearn 实现 BP 算法，解决感知机无法解决的异或问题。

3．在使用梯度递减算法时需要进行调优，哪些地方需要调优呢？

4．利用随机梯度递减法预测白酒质量。数据集来自加州大学埃文分校（UCI）机器学习数据库。该数据集合共有 4898 条数据，其中评价质量的指标包括酸度、游离二氧化硫、密度、pH、氯化物、硫酸盐、酒精度含量等 12 项参数，最后一项给出了白酒的质量评级（0～10 级），其部分数据样本如图 5-22 所示。

	fixed acidity	volatile acidi	citric acid	residual sugar	chlorides	free sulfur dioxide	total sulfur dioxide	density	pH		sulphates	alcohol	quality
1													
2	7	0.27	0.36	20.7	0.045	45	170	1.001	3		0.45	8.8	6
3	6.3	0.3	0.34	1.6	0.049	14	132	0.994	3.3		0.49	9.5	6
4	8.1	0.28	0.4	6.9	0.05	30	97	0.9951	3.26		0.44	10.1	6
5	7.2	0.23	0.32	8.5	0.058	47	186	0.9956	3.19		0.4	9.9	6
6	7.2	0.23	0.32	8.5	0.058	47	186	0.9956	3.19		0.4	9.9	6
7	8.1	0.28	0.4	6.9	0.05	30	97	0.9951	3.26		0.44	10.1	6
8	6.2	0.32	0.16	7	0.045	30	136	0.9949	3.18		0.47	9.6	6
9	7	0.27	0.36	20.7	0.045	45	170	1.001	3		0.45	8.8	6
10	6.3	0.3	0.34	1.6	0.049	14	132	0.994	3.3		0.49	9.5	6
11	8.1	0.22	0.43	1.5	0.044	28	129	0.9938	3.22		0.45	11	6
12	8.1	0.27	0.41	1.45	0.033	11	63	0.9908	2.99		0.56	12	5
13	8.6	0.23	0.4	4.2	0.035	17	109	0.9947	3.14		0.53	9.7	5
14	7.9	0.18	0.37	1.2	0.04	16	75	0.992	3.18		0.63	10.8	5
15	6.6	0.16	0.4	1.5	0.044	48	143	0.9912	3.54		0.52	12.4	7

图 5-22　白酒质量评估的部分数据样本

参 考 资 料

[1] LECUN Y, BOSER B, DENKER J S, 等. Backpropagation applied to handwritten zip code recognition[J]. Neural computation, 1989, 1(4): 541–551.

[2] WERBOS P J. Beyond regression: new tools for prediction and analysis in the behavioral sciences[D]. Harvard University, 1974.

[3] RUMELHART D E, HINTON G E, WILLIAMS R J. Learning representations by back-propagating errors[J]. nature, 1986, 323(6088): 533–536.

[4] 张玉宏. 深度学习之美: AI 时代的数据处理与最佳实践[M]. 北京：电子工业出版社, 2018.

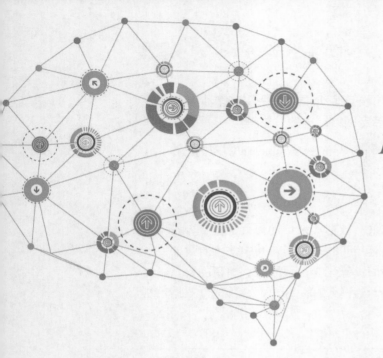

Deep Learning
&
TensorFlow

第 6 章　Keras 模块的使用

　　"纸上得来终觉浅，绝知此事要躬行"。前面我们学习了 TensorFlow 的基础语法和优化算法的重要意义，但深刻理解它们的应用，还需要集合具体实践项目。简捷的 Keras 框架已有机地融合在 TensorFlow 2 中，本章我们就结合 Keras 模块来动手实践经典的深度学习入门项目 MNIST。

在前面的章节中，我们已经把 TensorFlow 相关语法基础知识做了简要介绍。下面我们就来讨论如何借助 TensorFlow 中的 tf.keras 模块来完成小型神经网络的搭建与训练。

6.1　Keras 与 tf.keras 模块

如前所述，Keras 是一个主要由 Python 语言开发的开源神经网络计算库，最初由 F. Chollet 主持编写，它被设计为高度模块化和易扩展的高层神经网络接口（API），使得用户可以不需要过多的专业知识就可以简捷地调用这些 API，从而快速完成模型的搭建与训练。

Keras 分为前端和后端，其中后端一般是调用现有的深度学习框架实现底层运算，如 Caffe、CNTK、TensorFlow 等，前端接口是 Keras 经过抽象得到的一组统一接口函数。Keras 可视为一个更加面向应用层的深度学习框架，它将常用的网络计算层实施封装，封装后的模块，如同乐高积木一般，使数据科学家可以像搭积木一样构建神经网络，而无须再考虑深度学习算法内部复杂的实现，从而更加专注于任务的业务逻辑，这极大地解放了数据科学家的生产力。正是由于 Keras 的易用特性，2019 年前，在同类深度学习框架中，其市场接受度仅次于 TensorFlow。

Keras 创始人 Chollet 本身是 Google 的一名员工。在 TensorFlow 2 之前，Keras 与 TensorFlow 的关系是既竞争又合作。在技术的世界中，通常风起云涌，迭代速度非常之快。"城头变幻大王旗"是常有之事。近年来，PyTorch 异军突起，由于其易用性和卓越的社区支持，称霸学术界，在 CVPR、ICLR 和 ICML 等国际顶级会议论文中，使用率超过 60%，未来的使用率可能更高。TensorFlow 的开发者已然感到后来者居上的凉风来袭。

随后，Keras 和 TensorFlow 彻底结盟。为了提升 TensorFlow 的易用性，在 TensorFlow 2 版本中，Keras 正式被确定为 TensorFlow 的高层唯一接口，取代了 TensorFlow 1 版本中自带的 tf.layers 等高层接口。也就是说，现在只能使用 Keras 的接口来完成 TensorFlow 中神经网络的模型搭建与训练。在 TensorFlow 2 中，Keras 被整合在 tf.keras 子模块中。

对于使用 TensorFlow 的开发者来说，目前的 tf.keras 可以理解为一个普通的子模块，其地位与其他子模块（如 tf.math，tf.data 等）并没有什么本质差别。下文如无特别说明，Keras 均指代 tf.keras 模块，而不是原来的深度学习库 Keras。

tf.keras 模块提供了一系列高度封装的神经网络相关类和函数，诸如经典的数据集加载函数、常用的网络层类、损失函数类、优化器类及经典模型类等。

6.2 数据的加载

构建任意一个机器学习模型，通常需要遵循以下 5 个步骤：① 加载数据；② 定义模型；③ 构建损失函数并选择合适的优化器；④ 训练模型参数；⑤ 评估模型性能。

如同"兵马未动，粮草先行"，机器学习算法也需要"粮草"才能训练出所谓的"性能"。它的"粮草"就是数据。没有数据，所有神经网络模型的训练都无从谈起。利用 tf.keras 模块搭建机器学习模型时，要先讲讲它是如何加载数据的。

6.2.1 TensorFlow 的经典数据集

在进入实战之前，我们先简单介绍 TensorFlow 如何加载常用的经典数据集。为了便于学习、训练和测试某些算法，机器学习框架（如 sklearn）和深度学习框架（如 TensorFlow 或 PyTorch 等）都会内置一些经典的数据集或提供远程下载这些经典数据集的接口。这些常用的经典数据集包括（但不限于）以下数据集。

（1）MNIST/Fashion_MNIST：手写数字图片数据集，常用于图片分类任务（mnist /fashion_mnist）。

（2）Boston Housing：波士顿房价趋势数据集，常用于回归模型训练与测试（boston_housing）。

（3）CIFAR10/100：真实图片数据集，常用于图片分类任务（cifar10/cifar100）。

（4）IMDB：情感分类任务数据集，常用于文本分类任务（imdb）。

（5）Reuters：路通社文本数据集，常用于文本分类研究的测试集合（reuters）。

为方便用户使用，在 TensorFlow 中，keras.datasets 模块提供了这些经典数据集的自动下载、管理、加载与转换功能，并提供了 tf.data.Dataset 数据集对象，方便实现多线程（Multi-threading）、预处理（Preprocessing）、随机打散（Shuffle）和批训练（Training on Batch）等常用数据处理功能。

通过 datasets.xxx.load_data() 即可实现经典数据集的自动加载，其中 xxx 代表具体的数据集名称。需要注意的是，这里的 xxx 必须全部小写，参考上述介绍文字括号内的名称标识，如下载 MNIST 数据的语句为

```
(X_train,y_train), (X_test, y_test) = datasets.mnist.load_data()
```

在加载上述经典数据集时，如果当前数据集不在本地缓存中，这些数据处理函数会自动从网络上下载（需要具备联网条件）、解压和加载数据集。默认情况下，下载的数据缓存在用户目录下的.keras/datasets 文件夹中，若数据已经在缓存文件夹中，则 TensorFlow 自动从缓冲区完成加载，而无须二次下载。

6.2.2　Dataset 对象

当数据加载进内存后，它们就以 NumPy 数组的形式存在，对于小型数据集合，这时已具备直接操作它们的条件了。

但如果数据集很大，那么操作起来就没有那么简单了，这时更为专业的方法是，把这些数据转换成 tf.data.Dataset 对象。只有充分利用这个 Dataset 对象，才能享受 TensorFlow 提供的各种便捷功能。使用 Dataset 对象，通常遵循如下 3 个流程。

（1）数据导入。从源数据（可以是数组、张量、元组及文件等）中导入数据。

（2）数据加工。将这些数据转换为便于处理的数据（如切成不同的批处理块、做数值的归一化处理、将数据随机打散等）。

（3）迭代处理。逐份取出数据块交给深度学习算法加以处理（这里需要用到迭代器 Iterator）。

我们先来说数据的导入。Dataset 对象可以看成相同类型"元素"的有序列表。在实际使用时，单个"元素"可以是向量、字符串、图片，甚至是元组或者字典，如范例 6-1 所示。

> 不要用自己的业余，贸然挑战别人的专业。对于数据处理亦是如此。
>
> 对于小规模的数据集，我们可以任性地"玩耍"，但对于工业级别的数据集，相信专业，使用 Dataset 对象吧。

范例 6-1　利用 Dataset 对象处理数据（dataset.py）

```
01  import tensorflow as tf
02  import numpy as np
03  dataset = tf.data.Dataset.from_tensor_slices(
04          np.array([1.0, 2.0, 3.0, 4.0, 5.0]))
05  for element in dataset:
06      print(element)
```

运行结果

```
tf.Tensor(1.0, shape=(), dtype=float64)
tf.Tensor(2.0, shape=(), dtype=float64)
tf.Tensor(3.0, shape=(), dtype=float64)
tf.Tensor(4.0, shape=(), dtype=float64)
tf.Tensor(5.0, shape=(), dtype=float64)
```

代码解析

第 03 ~ 04 行实际上是一行完整的代码，它创建了一个 Dataset 对象 dataset，这个 dataset 中含有 5 个元素，它们是由 NumPy 生成的一个数组，分别是 1.0, 2.0, 3.0, 4.0, 5.0。

第 03 行的方法 from_tensor_slices()的作用是将传入的张量（tensor）切分成 n 片数据块（slices），这里 n 为 tensor 的第 1 个维度长度，并返回可迭代取出的数据对象。我们可以用 for 循环将其一一取出（第 05 ~ 06 行）。从输出结果可以看到，张量切片的数据内容、数据尺寸及数据类型均完备可见。

> 在范例 6-1 中，第 05 行不变，第 06 行可修改为：
> print(element.numpy())
> 亦可完成单纯张量数据的输出。

若仅提取张量的数据，则直接使用迭代器 as_numpy_iterator，即将上述代码的第 05 ~ 06 行修改为如下代码。

```
05   for element in dataset.as_numpy_iterator():
06       print(element)
```

输出的结果如下。

```
1.0
2.0
3.0
4.0
5.0
```

从上面的输出可以看出，tf.data.Dataset.from_tensor_slices()的主要功能就是，根据张量的第一个维度（设为 n），将张量数据切片为 n 份，这些切片张量事实上也被降了一个维度，相关代码如下。

```
01   import tensorflow as tf
02   dataset = tf.data.Dataset.from_tensor_slices([[5, 10, 9], [3, 6, 11]])
03
04   for element in dataset:
05       print(element)
```

注意：第 02 ~ 03 行的 from_tensor_slices()处理的数据张量的尺寸为 (2,3)，即 2 行 3 列，它的第 1 个维度值是 2，那么这个张量被均分为 2

份，每份形状均为(3,)，即每个切片张量都是二维张量的一行。因此，上述代码的输出结果为：

```
tf.Tensor([ 5 10  9], shape=(3,), dtype=int32)
tf.Tensor([ 3  6 11], shape=(3,), dtype=int32)
```

在实际使用中，我们可能还希望 Dataset 中的每个元素具有更复杂的数据类型，如每个元素都是一个 Python 中的元组，或是 Python 中的词典形式。

```
01   import numpy as np
02   import tensorflow as tf
03   feature = np.array([[1, 2],
04               [3, 4],
05               [5, 6]])
06   label = np.array(['dog', 'pig', 'cat'])
07   dataset2 = tf.data.Dataset.from_tensor_slices((feature, label))
08
09   for element in dataset2.as_numpy_iterator():
10       print(element)
```

上述代码的输出结果为：

```
 (array([1, 2]), b'dog')
(array([3, 4]), b'pig')
(array([5, 6]), b'cat')
```

在上述代码中，第 07 行中有两层圆括号，内层的圆括号的功能就是把 feature 和 label 这两个 NumPy 数组打包成元组，而外层括号才是 from_tensor_slices 方法的括号。从输出结果可以看出，from_tensor_slices 不仅把 feature 和 label 这两个张量成功切片，而且还将它们一一匹配成元组对。结合前面章节的学习，请读者思考上述输出结果中，为何字符串前还有一个字符 b？

此外，from_tensor_slices 还支持字典类型的数据切片。例如，在图像分类任务中，一个元素可以是{key_1 : image_tensor, key_2: image_label}的形式，这样处理起来更方便。相关代码如下。

```
01   import tensorflow as tf
02   dataset = tf.data.Dataset.from_tensor_slices(
03                           {'feature': feature,
04                           'label': label}),
05
06   for element in dataset.as_numpy_iterator():
07       print(element)
```

上述代码运行结果如下。

```
{'feature': array([1, 2]), 'label': b'dog'}
{'feature': array([3, 4]), 'label': b'pig'}
{'feature': array([5, 6]), 'label': b'cat'}
```

从输出可以看到，字典中的张量和对应的标签被分割为一个个"切片"。每个"切片"都是一对"特征-标签"。当特征数据和标签数据分开处理时，这种切片方式非常有用。需要说明的是，上述代码的第 03~04 行借用了前一个程序的 feature 和 label 数据。

6.3　Dataset 的变换

除了导入数据集合，Dataset 还支持一系列辅助操作，即做一些必要的数据变换（Transformation）。通过数据变换可以把一种形态的 Dataset 转换为另一种新形态的 Dataset。此外，Dataset 还支持数据随机打散（shuffle）、组成批块（batch）、设置重复循环轮次（epoch）、数据映射（map）变换等数据预处理和设置操作。下面就分别进行介绍。

6.3.1　随机打散

Dataset.shuffle(buffer_size)方法可以用来打散数据之间的顺序，该方法的作用是防止每次训练时数据都按固定顺序出场。否则模型可能会"记下"标签信息，从而陷入过拟合状态。该方法的参数 buffer_size 用于指定缓冲池的大小，通常将其设置为一个较大的常数。

```
train_db = train_db.shuffle(1000) # 随机打散样本，缓冲区大小为1000
```

注意：这种打散操作并不会打乱样本特征与它对应标签之间的映射关系。

6.3.2　设置批大小

将训练样本分割为若干个数据块，称之为"批（batch）"，一个批次中的样本数量称为"批大小"（batch size）。之所以"分批"，是因为在工程上至少有如下两个考虑。

（1）有利于并行。如果计算没有依赖关系，那么可以利用多核 CPU 或众核 GPU 的并行计算能力，实现每个 CPU 核或 GPU 核操作一个不同的数据批块，这在并行计算领域中称为数据并行。

（2）有利于内存装载。有时数据量太大，无法一次性将数据加载到内存或 GPU 的显存之中，这时需要将数据分割成块。

此外，还有一个算法的考虑，我们知道，目前基于梯度下降的优化算法，很多都是在批随机梯度（BGD）算法基础上做的变换，因此将数据进行分割也是算法匹配的需要。

为了能够一次性从 Dataset 中产生 batch size 数量的样本，需要将 Dataset 设置为批训练方式，实现方法如下。

```
train_db = train_db.batch(32)
```

其中，32 为 batch size 参数，即一个批块有 32 个样本的数据同时参与训练。该参数 batch size 是一个超参数，通常根据用户计算硬件资源"摸索"着设置该参数的大小。

6.3.3 数据映射

在很多情况下，直接加载原生态的数据格式并不能满足模型的输入要求，因此，需要用户根据需要做一些必要的预处理操作（如归一化处理）。Dataset 对象通过提供工具函数 map(func)可以调用用户自定义的预处理逻辑，把原始数据一一"映射"为另一种形式的数据，这个具体的映射关系在用户自定义的 func 函数中实现。

例如，将原始数据都实施加 1 操作，代码如下。

```
dataset = tf.data.Dataset.from_tensor_slices(np.array([1.0, 2.0, 3.0, 4.0, 5.0]))
dataset = dataset.map(lambda x: x + 1)      # 变换为: 2.0, 3.0, 4.0, 5.0, 6.0
```

6.3.4 循环训练

repeat()的功能就是将整个序列重复多次，主要用来处理机器学习中的 epoch，假设原来的数据是一个 epoch，使用 repeat(5)就可以将 epoch（遍）设置为 5。

对于 Dataset 对象，在使用时可以通过以下方式进行迭代训练。

```
for x, y in train_db: # 迭代数据集对象
```

在上述代码中，每次返回的 x 和 y 分别为批量的样本和标签。当对训练数据 train_db 的所有样本完成一次迭代后，for 循环终止退出，整个循环完成称为一个轮次（epoch）。for 循环中的每个单批次的训练，称为一步（step）。

epoch 是指将所有数据全部训练一次的次数。这个有点类似于"书读百遍，其义自见"中的"遍"。把书读过一遍，你就能理解全书的知识吗？或许不能，那就再来一遍！这就是"遍数"，即 epoch。

在实际训练时，通常一轮训练的算法效果并不好，因此需要对数据集迭代多个"轮次"才能取得较好地训练效果。为什么训练多次效果会好一些呢？我们知道，神经网络的性能与网络参数的初值密切相关，一开始，神经网络的初值通常都是随机设置的，因此性能通常并不好。而多轮训练的第 n 轮（$n \geqslant 2$）可视为将第($n-1$)轮训练的结果作为网络初值，一个通过($n-1$)轮数据喂养过的网络，其初值自然会比随机设置的值要可靠很多。当然这个 n 也不是越大越好，需要根据具体情况设定。

例如，固定训练 20 个 epoch，实现如下。

```
for epoch in range(20):          # 训练 epoch 数
    for x,y in train_db:         # 迭代 train_db//batch_size 步
        # 训练......
```

上述代码使得 for x,y in train_db 循环迭代 20 个 epoch 才会退出。事实上，可以认为通过 repeat(20)操作，数据被复制 20 次，即相当于数据集合被放大 20 倍，这样用一层 for 循环即可完成训练。

当然，我们也可以通过设置 Dataset 对象，使得数据集对象内部遍历指定次数才会退出，相关代码如下。

```
train_db = train_db.repeat(20)
for x,y in train_db:             # 迭代 train_db//batch_size 步
    # 训练......
```

事实上，上述变化操作可以"一次性"通过多个"."操作，叠加调用不同方法批量完成指定任务，相关代码如下。

```
dataset = dataset.shuffle(buffer_size=1000).batch(32).repeat(20)
```

调用 Dataset 提供的这些工具函数会返回新的 Dataset 对象，然后覆盖旧的 Dataset 对象，从而达到"辞旧迎新"的数据变换效果。

6.4　实战：基于梯度递减的手写数字识别 MNIST

有了前面辅助知识的铺垫，下面我们详细介绍一个 TensorFlow 的经典实战项目——手写数字识别 MNIST，它就好比是深度学习的"Hello World！"版本的进阶项目。从这个项目中，我们可以温习前面所学的基础语法知识。

6.4.1　MNIST 数据集简介

我们先来介绍本项目使用的数据集。MNIST 是 "Modified National

Institute of Standards and Technology database"的简写，从 MNIST 的全称可以看出，该数据集来自美国国家标准与技术研究所，是同时由 250 个人士手写数字构成的，其中 50%是高中学生，50%来自人口普查局（Census Bureau）的工作人员，作为著名的手写数字机器视觉数据库，MNIST 被广泛应用在各种图像分类与识别任务中。MNIST 的发起人是当前著名深度学习学者杨立昆（Yann Le Cun，2018 年图灵奖得主），在他的官网上，我们可以下载如下 4 类文件。

```
train-images-idx3-ubyte.gz:  training set images (9912422 bytes)
train-labels-idx1-ubyte.gz:  training set labels (28881 bytes)
t10k-images-idx3-ubyte.gz:   test set images (1648877 bytes)
t10k-labels-idx1-ubyte.gz:   test set labels (4542 bytes)
```

这 4 类文件分别是训练集图像文件（train-images-idx3-ubyte.gz）、训练集标签文件（train-labels-idx1-ubyte.gz）、测试集图像文件（t10k-images-idx3-ubyte.gz）和测试集标签文件（t10k-labels-idx1-ubyte.gz）。

在非工业应用场景下，人们常常"偷懒"，仅设置训练集和测试集。

具体到神经网络学习而言，训练集的目的就是拟合出模型参数，如求各个神经元彼此连接的 W（权值）和 b（偏置）。测试集的功能是测试模型的最终效果。但在实际训练中，还可能用到验证集（Validation Set）。若不设置验证集合，则测试集除测试模型性能外，还能作为"指挥棒"，对模型参数起到导向作用，久而久之，测试集就"蜕变"为训练集。这样一来，原本一分为二的集合（训练集和测试集），就融为一体（都变成了训练集）。在这样的情况下，即使得到很好的性能表现，也很可能是"过拟合"。

为了避免过拟合，通常设置一个验证集，可以多次使用它，不断调参，以便找到最佳的超参数。当模型在训练集上的精确度不断提高，但在验证集上的精确度并没有同步提高甚至下降时，就要及早停止训练，俗称早停（Early Stopping）。这意味着，此时发生了过拟合现象。

一旦设置了验证集，那么测试集存在的目的就变得"纯粹"很多。作为从不参与训练的"新"集合，它仅仅使用一次，就是为了衡量算法的泛化能力（Generalization Ability）。

泛化能力是指机器学习算法对新样本的适应能力。机器学习（自然包括深度学习）算法只有在新样本集中也表现出很强的预测能力，才可以说它具有很好的泛化能力。这是因为，算法的终极价值体现在对新样本的预测上。

MNIST 的训练集中共有 60 000 个手写训练样本，测试集中有 10 000 个测试样本。但测试集中的数据并不"单纯"，其中前 5000 个样本完全是从训练集中抽取的（可作为验证集合），后 5000 个样本才是真正异于训练集的手写数字，属于真正的测试集。

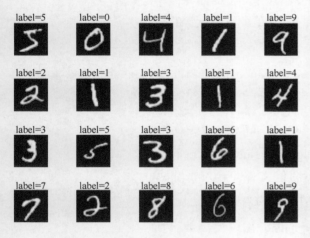

图 6-1　MNIST 手写数字图像及标签

在 MNIST 中，每个样本图像均由 28×28 像素的手写数字组成。这些图像只包含灰度信息和它对应的标签（Label）信息（正确的手写数字），如图 6-1 所示。

事实上，这些文件并非标准的图像格式，而是二进制文件，它的每个像素均被转换成了 0 ~ 255 的数值，0 代表白色，255 代表黑色。为了便于处理，还可以通过归一化处理，根据颜色的深浅，转换到 0 ~ 1 范围内。例如，手写数字 1 的灰度信息示意图如图 6-2 所示。

在下面的例子中，我们采用的数据集合就是 MNIST 手写数字集，该项目的目的是要实现一个简单的手写字体识别模型，将这些手写数字图像进行分类，即将其标记为 0 ~ 9 的数字。

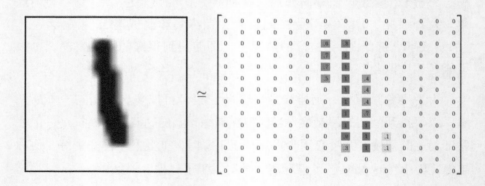

图 6-2　手写数字 1 的灰度信息示意图

6.4.2　MNIST 数据的获取

MNIST 数据的获取有两个途径：第一个途径是直接从杨立昆教授的官方主页上下载；第二个途径是直接使用 TensorFlow 的官方案例。在安装 TensorFlow 时，TensorFlow 已经把这些数据集包含在内了，使用范例 6-2 中的代码就可以直接下载并读取 MNIST 数据。

范例 6-2　读取 MNIST 数据（read_mnist.py）

```
01    from tensorflow.keras import datasets
02    from matplotlib import pyplot
03    # 导入数据
04    (X_train,y_train), (X_test, y_test) = datasets.mnist.load_data()
05    # 输出训练集和测试集中的元素尺寸
06    print('训练集 : X={0}, y={1}'.format(X_train.shape, y_train.shape))
07    print('测试集 : X={0}, y={1}'.format(X_test.shape, y_test.shape))
08    # 绘制前 4 个手写数字的图片
09    for i in range(4):
10      # 定义子图
11      pyplot.subplot(2, 2, i+1)
12      # 绘制图片数据
13      pyplot.imshow(X_train[i], cmap=pyplot.get_cmap('gray'))
14    # 显示图片
15    pyplot.show()
```

运行结果

```
Downloading data from https://storage.googleapis.com/ tensorflow/ tf-keras-
datasets/mnist.npz
11493376/11490434 [==============================] - 3s 0us/ step
训练集 : X=(60000, 28, 28), y=(60000,)
测试集 : X=(10000, 28, 28), y=(10000,)
```

代码分析

这里简单解释上述代码。第 04 行与 sklearn 一样，这里借助了 Keras 专用导入数据的 API 方法 load_data()，导入 MNIST 数据集。如果 load_data()中指定了路径（path）参数，那么该方法会根据指定的路径读取本地数据或远程数据。例如：

```
tf.keras.datasets.mnist.load_data(path='mnist.npz')
```

若 load_data()中没有指定路径参数，则该方法会自动从远程地址处下载数据。下载的数据集文件名为 "mnist.npz"。".npz" 文件是 NumPy 以未压缩的原始二进制格式保存的数据文件。下载完毕后，TensorFlow 会把它保存在 " ~ /.keras/datasets" 文件夹下，这里 " ~ " 表示家目录。在 Windows 系统中，保存的路径也是类似的，即 "C:\Users\name\.keras\datasets"，这里 "name" 就是用户名，不同的用户此处名称稍有不同。

因为 load_data()的返回值是 2 个元组，所以一定要设置对等类型的变量来接收这两个元组，所有的数据都用 Numpy 数组容器保存。

● X_train, y_train：第一个元组保存了用于训练的特征数据和训练集的标签，分别表示灰度图像数据和数字标签张量（0~9 之间的整数），它们

需要注意的是，一些在线数据集的下载地址位于国外服务器。在这种情况下，运行范例 6-2 可能需要具备一定的联网条件。

的尺寸分别为(num_samples, 28, 28)和(num_samples,)。

● X_test,y_test：第二个元组分别表示测试集合的灰度图像和数字标签张量，它们的尺寸分别为(num_samples, 28, 28)和(num_samples,)。

人们是有视觉青睐的。若我们想查看这些数字图片是什么样子的，则可用第 08 ~ 15 行将其绘制出来（图 6-3 仅显示了前 4 个样本图像）。

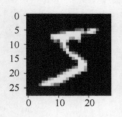 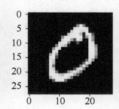 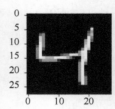 

图 6-3　MNIST 中的手写数字图像

当然，我们也可以在 IPython 环境下，利用下面的语句输出这些图像数字对应的标签。

```
In [1] y_train [:4]
Out[1]: array([5, 0, 4, 1], dtype=uint8)
```

范例 6-2 中的第 05 ~ 15 行并非 MNIST 手写数字识别的必要代码，在这里它们仅起辅助说明之用，理解代码后，可删除之。

6.4.3　手写识别任务的分类模型

如前所述，通过 Dataset.from_tensor_slices()方法可以将训练部分的数据图片 X_train 和标签 y_train 都转换成可迭代输出的数据切片，如下代码可完成特征张量与标签的成对匹配。

```
train_db=tf.data.Dataset.from_tensor_slices((X_train,y_train))
```

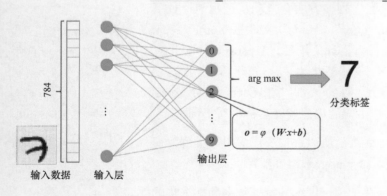

图 6-4　MNIST 中的数字分类模型

实验数据准备好后，下一步需要准备分类算法。对每个 28×28 像素的 MNIST 灰度图片来说，最简单的分类模型莫过于一个感知机模型，即一个没有隐含层的神经网络，如图 6-4 所示。少了隐含层，意味着这个模型的表达能力受到一定程度的限制，因此分类正确率可能会有所下降，这是在我们预期之内的。

在如图 6-4 所示的模型中，将 28×28=784 的像素作为输入，换句话说，输入层有 784 个神经元。输入数据首先经过神经网络的加工处理，然后在输出层给出一个 0 ~ 9 的数字分类预测，即输出层神经元个数为 10。

在如图 6-4 所示的全连接神经网络中，每个输出神经元都与输入层的 784 个输入神经元相连，它们之间的连接权值标记为 W。显然，W 的尺寸为[784, 10]。

神经元的输出取决于两部分：一部分来自各个输入神经元的加权和（Weighted Sum）；另一部分来自偏置（Bias）。这两部分的和在某个非线性激活函数的作用下，最终给出一个 0 ~ 9 的分类信息。

或许你会疑惑，每张手写数字图像明明是一个尺寸为 28×28 的二维张量，在图 6-4 中，为何变成了一个尺寸为 784 的一维张量？下面我们就解释数字"784"的由来。

神经网络用于分类时，通常输出层与其前一层为全连接，这意味着，输出层的前一个层（在本例，前一层就是输入层）通常是一个一维结构。为了适配全连接层的特征，原始的输入数据（一个二维张量）必须转换为一维张量，这就需要对张量进行降维处理。

> 在本质上，神经网络完成一种从数据到知识的萃取过程。
>
> 如果把这个过程分解为若干个子过程，那么神经网络中所谓的"层"就是数据处理的子过程。

通过降维可以把一个二维的图像转换成了一个包含 28×28=784 个特征的一维向量。其过程就是将二维矩阵的第 2 行、第 3 行、第 4 行……依次接到第一行的后面，如图 6-5 所示。这种将二维数据"拉伸"成一维数据的操作，在神经网络学习中，称为展平（Flatten）。对应的神经网络层称为展平层（Flatten Layer）。

展平层的不足之处显然是损失了原来图片的二维结构信息，但却带来了任务的简化。在后期的项目中，我们再使用更为复杂的模型（如 CNN 网络），即可利用 MNIST 样本的二维信息。

如此一来，训练集由一个 60 000×28×28 的三维向量被展平成一个 60 000×784 的二维张量。这个张量第一个维度的信息是图片的编号，第二个维度的信息是图片中每个像素的索引值，如图 6-6 所示。

在本项目中，要在 0 ~ 9 个数字（共 10 个子类）中预测其中一个数字，很明显，这属于多分类任务。最简单的模型莫过于 Softmax 回归（Softmax Regression）。那什么是 Softmax 回归呢？下面我们就讨论这个问题。

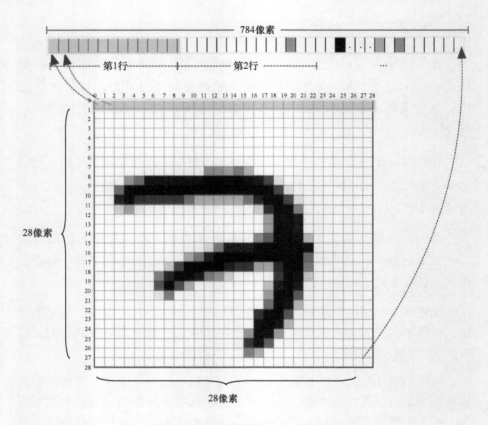

图 6-5 将二维图像展平为一维结构

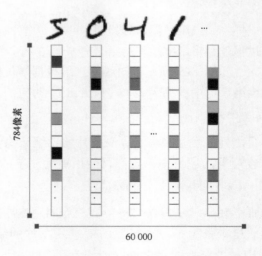

图 6-6 MNIST 训练数据的特征张量

6.4.4 Softmax 回归模型

Softmax 回归可视为 Logistis 回归在多分类问题上的推广。神经网络最终会有一个输出，在多分类任务中，如果不是直接比较数值本身的大小，而是比较这些值出现的概率，那么这个概率和它们原本的取值大小就是正相关的。最后，概率大者将被选中作为分类的依据，这种经过变换的最大值称为软最大值（Softmax）。

Logistic Regression 通常译作"逻辑回归"和"对数几率回归"等，虽然被称为回归，但实际上是分类模型，常用于分类任务。

那么，这个 Softmax 是如何定义的呢？假设一个向量 C 有 k 个元素，z_i 表示 C 中的第 i 个元素，那么它的 Softmax 值可定义为

$$\text{Softmax}(z_i) = \frac{e^{z_i}}{\sum_j e^{z_j}}, \quad (j = 1,2,3...,k) \tag{6-1}$$

在数学上，Softmax 函数又称为归一化指数函数。如果该函数应用在分类领域，假设向量 C 中有 k 个元素，它就是 k 分类。对于机器学习领域常用的 SVM（支持向量机）或神经网络分类器，它在分类计算的最后输出部分，会对一系列的标签如"猫""狗""鸟"等，输出一个具体分值，如[4, 1, −2]，然后取最大值（如 4）作为分类评判的依据，这个过程就是硬最大值分类。

而 Softmax 函数有所不同，它会把所有的"备胎"分类都进行保留，并把这些分值实施规则化（Regularization），也就是说，将这些实数分值转换为一系列概率值（信任度），如[0.95, 0.04, 0.0]，最后选择概率最大的数作为分类依据。Softmax 函数输出层示意图如图 6-7 所示。由此可见，其实 SVM 和 Softmax 是相互兼容的，只不过是表现形式不同而已。

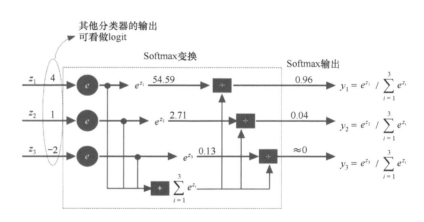

图 6-7　Softmax 函数输出层示意图

对于一个长度为 k 的向量 $[z_1, z_2, ... z_k]$，利用 Softmax 函数可以输出一个长度为 k 的向量 $[p_1, p_2, ..., p_k]$。如果一个向量想成为一种概率描述，那么它的输出至少要满足两个条件：一是每个输出值 p_i（概率）都在[0, 1]之间；二是这些输出向量之和等于 1，即 $\sum_j p_j = 1$。

对于向量 $[z_1, z_2, ... z_k]$，为什么 Softmax 函数要取指数 exp 来做值的映射呢？这里主要有以下 3 个原因。

（1）便于模拟概率值。因为概率不能为负值，而对于特征值 z_i，其本身的值可正可负，但通过 exp 函数的映射都能变成正值。即通过式（6-1）的变换，所有的概率都变成正值。

（2）为了计算方便，我们需要寻找一个可导的函数。这个原因和为什么用 Sigmoid 函数取代不可导的阶跃函数是一样的。exp 函数和 Sigmoid 函数不但可导，而且求导形式极其简单，极大方便了在损失函数中的求导计算。

（3）最重要的是，exp 函数是单调递增的，它能很好地模拟 max 的行为，而且它能让"大者更大"。其背后的潜台词是让"小者更小"，这有些类似马太效应，即"强者愈强、弱者愈弱"。这个特性对于分类来说尤为重要，它能让学习效率更高。

举例来说，在图 6-7 中，原始的分类分值（特征值）是[4,1, −2]，其中"4"和"1"的差值看起来没有那么大，但经过 Softmax 函数"渲染"后，前者的分类概率接近 96%，而后者的分类概率仅为 4%左右。而分值为"−2"的概率就更小了，直接趋近于 0。这正是 Softmax 函数的魅力所在。

6.4.5　手写数字识别 MNIST 中的 Softmax 回归模型

如前所述，在 Softmax 回归中，主要有两个步骤：第一，基于输入计算出一个用于判定分类的加权特征值；第二，将这个特征值转换为一个概率值。

计算每个分类的加权特征值，其逻辑并不复杂。例如，如果某个像素的灰度值大，并且可以将其表示成某个数 n，那么输出单元和这个像素之间的连接权值就是正值。反之，如果某个像素灰度值大，但却不能将其表示成某个数 n，那么它们之间的连接权值就是负值。

这些权值的起起伏伏都是在教师信号（分类标签）的指导下，通过诸如 BP 算法训练学习得到的。由于一个图像只能激活一部分神经元，因此特定图像会激活特定神经元（某种程度上，可称为"物体记忆"），这类似于人脑对图像的识别。

对于某张特定图片，我们可以把这些特征（或者说分类的证据）用公式表示出来，即

$$\text{evidence}_i = \sum_j W_{i,j} x_j + b_i \tag{6-2}$$

其中，evidence$_i$ 表示第 i 类的证据；x_j 表示图片中第 j 个像素值；$W_{i,j}$ 表示第 j 个像素值与第 i 个分类之间连接的权值；b_i 表示成为第 i 个分类的偏置（bias）。事实上，偏置也可以视为一种特殊的权值，可通过学习得到。

在计算完每个数字的证据分值后，接下来，要将这些分值转化为 Softmax 函数值，即

$$y_i = \text{Softmax}(\text{evidence}_i)$$
$$= \text{normalize}(\exp(x_i))$$

（6-3）

如前描述，每个 Softmax 函数值实际上都是一个指数函数（exp），它的功能相当于一个激活函数或连接函数，它把原来线性函数的输出转换成我们想要的模式，即 10 个分类的分布概率。

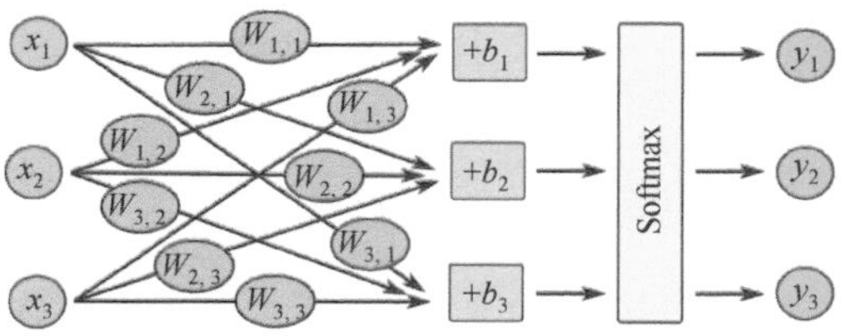

图 6-8 Softmax 回归的可视化流程
（图片来源：TensorFlow 官网）

为了计算这个概率，还需要对这些 exp 值进行标准化处理，具体过程见式（6-1）。这个 Softmax 回归的可视化流程如图 6-8 所示。其中，$[x_1, x_2, x_3]$ 是输入向量（在 MNIST 项目中，就是被展平成一维张量的像素值），$[y_1, y_2, y_3]$ 是输出向量，各个向量元素分别是多分类概率，如[0.95, 0.04, 0.0]。

若将如图 6-8 所示的可视化流程转换为更加形式化的公式，则可得到如图 6-9 所示的公式描述。

若再对如图 6-9 所示的公式做向量化（Vectorization）处理，可以得到如图 6-10 所示的向量矩阵描述。

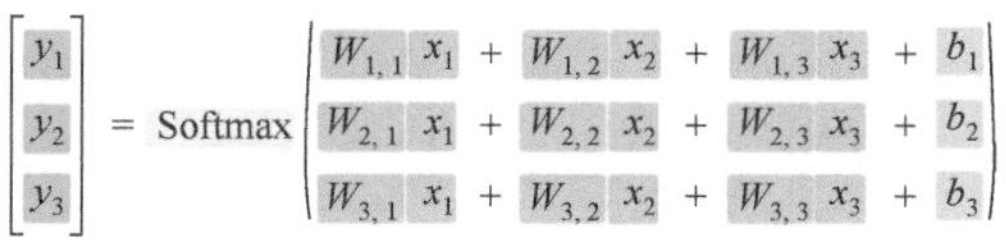

> 💡 向量化程序可以在一条指令中运行多个操作，而标量只能同时对一对操作数进行操作（如 for 循环）。

图 6-9 Softmax 回归的公式描述
（图片来源：TensorFlow 官网）

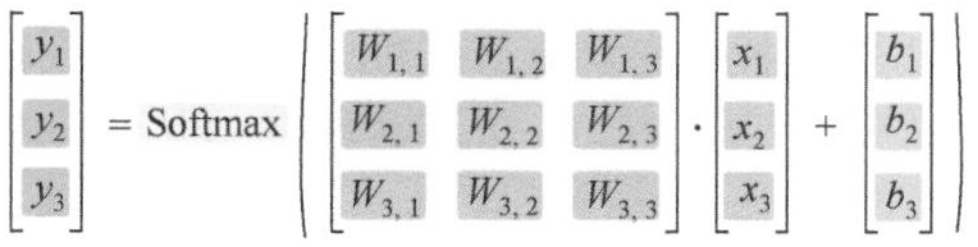

图 6-10 Softmax 回归的向量矩阵描述
（图片来源：TensorFlow 官网）

为了简单起见，如图 6-10 所示的公式可以简化为

$$y = \text{Softmax}(\boldsymbol{W}\boldsymbol{x} + \boldsymbol{b})$$

（6-4）

其中，$\boldsymbol{W}$ 表示权值矩阵，$\boldsymbol{x}$ 表示输入（像素）向量，$\boldsymbol{b}$ 表示偏置向量。

6.4.6　TensorFlow 中搭建模型的三种方式

对前面理论层面的回顾，暂告一段落。接下来，让我们把视角重新回到 TensorFlow 的实战上来。在前文中，我们已经阐述了如何从 MNIST 中读取数据集，下面是时候构建模型了。

在 TensorFlow 中，利用 tf.keras 模块可以有以下三种不同的模型搭建方式。

第一种方式为顺序模型（Sequential Model），顾名思义，它是按顺序逐层搭建模型的，适用于绝大多数应用场景。

第二种方式为函数模型（Functional Model），即像函数调用一样搭建模型。这里 "Functional" 还有一层含义，那就是 "功能"。这种模型构造方式实现的功能更多，可以支持多输入层、多输出层及共享部分层等，顺序模型可视作函数式模型的简化版。

第三种方式为子类模型（Subclassing Model）。即若 tf.keras 提供的模型不能适用于自己特定的工作场景，则可以把 tf.keras 模块提供的模型当作父类，通过继承共享部分父类模型的特征，然后在子类中，个性化定制自己的模型。相比与前两种模型，这种模型构造方式更加复杂。

这三种搭建模型的方法各有千秋，各有自身的应用场景，我们会在用到它们的时候给予详细介绍。

"Sequential model" 的翻译多有种，如 "顺序模型" "序变模型"，本质上都是一个意思：模型中的不同层一个接一个顺序堆叠。

6.4.7　常用的顺序模型

我们首先来了解最简单、也最为常用的顺序（Sequential）模型。有些文献将 "Sequential" 译作 "序贯"，翻译倒也非常形象，有种按顺序 "鱼贯而入" 的感觉。的确如此，顺序模型是由多个网络层的线性堆叠而成的，数据流在这些网络层中按照顺序流动，即第 k 层的输出是第 $k+1$ 层的输入，直到输出层。

然后，在输出层中计算损失函数，看是否达到预期，如果没有达到预期目标（存在落差），那么在误差流（也是一种信息流）的指引下，又一次 "鱼贯而出"，反向逐层调节网络权值。经过多次这样的循环，直至损失函数达到给定的阈值（或达到最大迭代次数）。

比较有名的顺序模型包括（但不限于）LeNet[1]（杨立昆等人在多次研究后提出的最终卷积神经网络结构，通常特指 LeNet-5）、AlexNet[2]（2012 年，由 Alex 和 Hinton 等人提出的网络结构模型，开启了深度神经网络的研究热潮）和 VGGNet[3]（牛津大学计算机视觉组和 Google DeepMind 公司的研究员一起研发的深度卷积神经网络）等。在后续的章节中，我们会有选择性地介绍这些经典神经网络。

如前所述，深度神经网络的核心观念就是"层"。"层"这个概念，其实并没有那么复杂，它就是对数据实施某种加工的过程。我们可以将神经网络层理解为数据过滤器。数据从输入层进来，经过转换，以另一种更有用的模式输出，这个过程称为数据蒸馏（Data Distillation）。通过层层数据的提炼和蒸馏，最后到了输出层，得到我们想要的结果。如果没有得到我们想要的结果（存在误差），那么这里就要通过优化算法进行调参。

因此，在本质上，深度学习所做的工作就好像把一个乱糟糟的纸团（好比高维、混杂的数据），通过一层层的展开操作（好比神经网络的各个不同层次），将其展开为一张"勉堪胜用"的纸张（好比简单易懂的数据结论，如分类操作、回归预测等）的过程[4]，如图 6-11 所示。

常见的神经网络层有 Flatten（展平层，将数据展平为一维张量）、Dense（全连接层，常用于分类）、Activation（激活层，对数据进行非线性变化）、Dropout（随机失活层，令部分神经元随机失效，防止过拟合）、Conv2D（卷积层，提取特征图谱）及 MaxPooling2D（最大池化层，通过最大值采样稀疏化全连接层，减少计算量）。

数据转换

图 6-11　数据的功能：将复杂、高维数据展平的隐喻

在 TensorFlow 2 中，推荐使用集成的 tf.keras 模块来构建神经网络，实际上它就是 Keras 计算框架高层 API 的一种包装。

tf.keras 模块中常用的 5 大模块有：datasets（数据库）、layers（神经网络层）、losses（损失函数）、optimizers（优化器）和 metrics（评价标准）。下面简述它们的功能。

datasets 模块的主要作用是导入数据和变换数据。范例 6-1 和范例 6-2 的代码初始部分已有涉及。

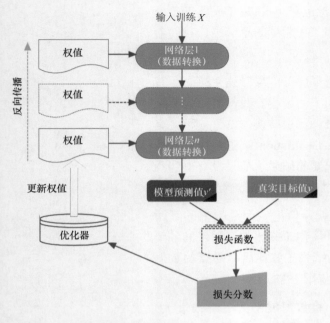

图 6-12　网络层、损失函数和优化器之间的关系

layers 模块的主要功能是搭建模型的不同网络层，每个网络层都负责一定的"数据蒸馏"工作，后续章节会陆续讲解不同网络层的应用。

losses 模块的主要功能是定义损失函数。损失函数主要用来衡量预测值和实际值之间的差异程度。这个误差信号是反向调节网络参数的重要信号源。

optimizers 模块的主要功能是如何快速找到最优解。网络层、损失函数和优化器之间的关系如图 6-12 所示。

当最优解找到后，模型就算训练好了。但是还需要在测试集上评估一下模型的好坏，这时就需要 metrics 模块，其主要功能是评价模型性能的。

图 6-12 中的每个模块其实都有多种选择，其中很多选择都是超参数（基于经验设定的参数）范畴。不同的选择组合起来，网络的拓扑结构和模型性能可能"大相径庭"，需要用户不断调参才能确定较为合适的参数。

6.4.8　利用 tf.keras 进行模型搭建

在以下范例中，我们仅用到展平层和全连接层，其他层会在后续的章节中陆续用到。

范例 6-3　利用 tf.keras 搭建模型（model.py）

```
01  import numpy as np
02  import tensorflow as tf
03  from tensorflow.keras import datasets, layers, Seqential
04  from tensorflow import keras
05  # 导入数据
06  (X_train,y_train), (X_test, y_test) = datasets.mnist.load_data()
07  # 获取图片的大小
08  in_shape = X_train.shape[1:]    # 形状为(28,28)
09  # 获取数字图片的种类
10  n_classes = len(np.unique(y_train)) #类别数为10
11  X_train = tf.convert_to_tensor(X_train, dtype=tf.float32)/ 255.
```

```
12   db = tf.data.Dataset.from_tensor_slices((X_train,y_train))
13   db = db.batch(32).repeat(10)
14   #搭建空顺序模型
15   model = keras.Sequential([
16       keras.layers.Flatten(input_shape=in_shape),
17       keras.layers.Dense(n_classes, activation='softmax')
18   ])
```

代码分析

在第 06 行读取数据后，数据集自动被 load_data()分割为两大部分：训练集和测试集，即(X_train, y_train)和 (X_test, y_test)，这两个部分被圆括号括起来，在 Python 语法上，说明它们是两个不同的元组。而每个元组包括两个子部分：特征数据和标签（如 X_train, y_train）。

上述程序运行后，各种变量已在内存中，我们很容易在 IPython 环境下验证每个集合的尺寸，例如：

```
In [1]: X_train.shape
Out[1]: (60000, 28, 28)
In [2]: y_train.shape
Out[2]: (60000,)
```

有了上述数据集合尺寸的输出验证，就很容易理解第 08 行的含义。X_train 是一个三维张量，第一个维度（60 000）表明样本的数量，而后两个维度（28, 28）表示每个图片的维度。读取元组与读取列表一样，可以用切片的方法读取，X_train.shape[1:]表示第 1 个维度以后的所有数据，实际上就是（28, 28）。

第 10 行利用 np.unique()除去数组中的重复数字，然后利用 len()获取序列的长度，从而间接获取数字的类别数。

第 06 行获取的数据是一个 NumPy 类型的数组，不能直接使用 TensorFlow 提供的一些方法。如果想使用它，就得"变身"为 TensorFlow 支持的张量。所以，在第 11 行，利用 tf.convert_to_tensor()来完成这项工作。接着，为了令神经网络更容易拟合，将 0 ~ 255 图像张量缩放到 0 ~ 1 范围内。如果不用 TensorFlow 的张量来处理，那么 NumPy 也可以用如下代码完成同样的数据预处理工作。

> 💡 这个归一化操作，也可通过 Dataset 的 map()方法来完成。这个尝试性任务，就交给读者自己完成吧。

```
X_train = X_train.astype('float32') / 255.0
```

第 12 行完成了训练样本和标签的切片操作，构造可迭代对象。第 13 行设置了训练的轮次和批次大小。

第 15～18 行，根据前面的描述搭建了一个两层的极简神经网络，只有输入层和输出层而没有隐含层。神经网络的第一层——输入层，它决定了输入数据的尺寸。出于这个原因，对于序列式模型中的第一层，需要通过设置 input_shape 参数来确定输入张量的尺寸信息，这个尺寸的设定是一个元组，元组中的各个元素值就是各个维度的具体尺寸。需要注意的是，在 input_shape 参数中，通常并不包含数据的批量大小。

我们只需要在第一层（输入层）设置 input_shape 参数，根据展平层的功能，将一个 28×28 的二维张量，展平为一个 784 的一维张量，随后神经网络层（Dense 层）可以自动推断前一层的输出尺寸（如 784），作为当前层的输入张量。

全连接层（Dense 层）可能是我们编写模型时使用最频繁的层了，所以有必要多花些笔墨来描述它。全连接表示上一层的每一个神经元都与下一层的每一个神经元相互连接，连接程度非常稠密（Dense），这就是 Dense 层的命名来源。

Dense 首字母"D"大写，根据 TensorFlow 的命名规则，我们知道，它是一个 Python 类。tf.keras.layers.Dense 的构造函数如下。

```
__init__(
    units,                                  #当前层的神经元个数
    activation=None,                        #该层使用的激活函数
    use_bias=True,                          #是否添加偏置项
    kernel_initializer='glorot_uniform',    #权值初始化方法
    bias_initializer='zeros',               #偏置值初始化方法
    kernel_regularizer=None,                #权值规范化函数
    bias_regularizer=None,                  #偏置值规范化方法
    activity_regularizer=None,              #输出的规范化方法
    kernel_constraint=None,                 #权值变化限制函数
    bias_constraint=None,                   #偏置值变化限制函数
    **kwargs
)
```

从上面所述 Dense 类的构造方法可以看出，除第一个参数 units 可以指定外，其他参数都有默认值，从而可以看出 units 至关重要，它描述的是全连接层神经元的个数（相当于本层输出神经元的个数，同时也是下一层输入神经元的个数）。

利用深度学习框架的好处就在于，一旦我们给出某一层的输出，后续网络层会自动将上一层的输出作为当前层的输入，而无须我们手动指定，极大地解放了程序员的生产力。

如前所述，激活函数存在的目的在于，做非线性变化，进而提升整个网络的表达能力。如果我们不设置第二个参数 activation（激活函数），那么默认值的 None 表示应用线性变化，即 $f(x)=x$，也就是输入什么样的值，就"原封不动"地输出什么样的值。在本范例中，我们设置激活函数为 Softmax，在前文中我们已经介绍过这个函数背后的含义。

顺序模型是创建神经网络拓扑结构最常见的方式。创建顺序模型有两种常用的方式。

第一种方式是范例 6-3 中第 15～18 行的"整体搭建"。在 Sequential 类的构造参数中，利用一个列表将不同网络层分别放入其中即可。

顺序模型还有一种搭建神经网络的方式，即逐层积木式搭建。这种方式先搭建一个空的序列式模型（好比是打地基），然后通过 add()方法逐个将不同的网络层，像搭建楼房一样，一层一层地搭建起来。例如，范例 6-3 中的第 15～18 行，完全可以改写为

```
15   model = keras.Sequential()                                      #搭建空的序列式模型
16   model.add( keras.layers.Flatten(input_shape=in_shape))          #添加输入层
17   model.add( keras.layers.Dense(n_classes, activation= 'softmax'))#添加输出鞴
```

【范例 6-3】这样搭建的神经网络还不能使用，它好比是个"毛坯房"，非常粗糙，还不能入住。如果要让模型正常工作，那么还需要定义好损失函数、优化函数和算法的评估性能。这部分的模型"装修"工作，在 tf.keras 模块中进行，该过程称为模型"编译（Compie）"。在后面的章节我们会逐步讨论这个议题。

6.4.9　利用梯度递减算法构建模型

如前所述，神经网络搭建完毕后，它还是一个空架子，并不能直接使用。下面我们还需要为这个神经网络定义损失函数和优化器（如梯度递减），进而计算梯度，反向更新权值，具体详情参见范例 6-4。

范例 6-4　基于梯度递减的手写数字识别（mnist-sgd.py）

```
01   import numpy as np
02   import tensorflow as tf
03   from tensorflow.keras import datasets, layers, optimizers, Sequential, metrics
04   # 导入数据
05   (X_train,y_train), (X_test, y_test) = datasets.mnist.load_data()
06   # 数据转换：归一化
07   X_train = tf.convert_to_tensor(X_train, dtype=tf.float32)/ 255.
08   dataset = tf.data.Dataset.from_tensor_slices((X_train, y_train))
```

```
09   dataset = dataset.batch(32).repeat(10)
10   # 获取图片的大小
11   in_shape = X_train.shape[1:]      # 形状为(28,28)
12   # 获取数字图片的种类
13   n_classes = len(np.unique(y_train))  #类别数为 10
14   model = Sequential()  #搭建空顺序模型
15   model.add( layers.Flatten(input_shape = in_shape))
16   model.add( layers.Dense(n_classes, activation = 'softmax'))
17   #设置优化器，学习率为 0.01
18   optimizer = optimizers.SGD(lr = 0.01)
19   #设置算法性能的评估标准：分类精确度
20   acc_meter = metrics.Accuracy()
21
22   for step, (x,y) in enumerate(dataset):
23       with tf.GradientTape() as tape:
24           # 计算模型输出
25           out = model(x)
26           # 将标签转换成独热编码
27           y_onehot = tf.one_hot(y, depth=10)
28           # 计算损失
29           loss = tf.square(out - y_onehot)
30           # 计算损失均值
31           loss = tf.reduce_sum(loss) / 32
32
33       acc_meter.update_state(tf.argmax(out, axis=1), y)
34       grads = tape.gradient(loss, model.trainable_variables)
35       optimizer.apply_gradients(zip(grads, model.trainable_variables))
36
37       if step % 200 == 0:
38           print('step {0}, loss:{1:.3f}, acc:{2:.2f} %'.format(step,
39               float(loss), acc_meter.result().numpy() * 100))
40           acc_meter.reset_states()
```

运行结果

```
step 0, loss:0.917, acc:3.12 %
step 200, loss:0.731, acc:23.77 %
step 400, loss:0.709, acc:55.87 %
……（省略部分输出）
step 18200, loss:0.206, acc:89.70 %
step 18400, loss:0.123, acc:90.58 %
step 18600, loss:0.075, acc:90.00 %
```

代码分析

从运行结果可以看出，分类预测准确率在 90%左右，对于一个简化版的入门级分类模型，这个准确率是可以接受的。但是如果使用更为复杂的模型（如在后续章节中添加隐含层或使用卷积神经网络等），那么最好的结果可达到 99.7%左右。

与范例 6-3 共享的代码（第 01~16 行），这里不再赘述。随后的代码，我们做简单介绍。第 18 行完成模型优化器的设置，第 20 行设置模型的性能评估指标。

在 22~40 行完成的是基于 SGD（随机梯度下降）的模型训练任务。从第 22 行可以看出，元组(x,y)是取自于第 08 行完成的数据切片，因此这是一个"32 样本，一迭代"的训练模式。

在搭建这个两层神经网络的模型后，给定一个批次的输入数据 x，调用 model(x)得到模型输出（out）后（第 25 行），out 是一个包含 10 个概率值的向量。第 27 行把预期值修改为深度为 10 的独热编码，这种变换是为了和 out 向量的维度相匹配。然后通过 MSE 损失函数计算当前的误差 loss（第 30 行）。由于一个批次的样本有 32 个，第 31 行求得这 32 个样本的平均误差。

若获得神经网络的误差，则可以再利用 TensorFlow 提供的自动求导函数 tape.gradient(loss, model.trainable_variables)求出模型中所有参数的梯度信息（第 34 行，关于如何利用 TensorFlow 的自动求解梯度的方法，我们已经在第 5 章介绍过）。然后，我们遵循着梯度递减这个权值更新优化算法来更新网络权值（第 18 行设置优化器，并在第 35 行的 for 循环中利用它）。

模型搭建完毕后，通常还需要判断模型性能的好坏。对于分类任务，最简单也最常用的模型性能，莫过于分类准确率。在 TensorFlow 中，tf.keras 提供 metrics 模块，该模块包含了常用的模型评估指标，metric 本身是有状态的，一般是通过创建变量（Variable）来记录和更新它。

在第 01 行中，我们导入了该模块。在第 20 行中，我们创建了求解精确度（accuracy）的性能对象 acc_meter。第 33 行，通过 update_state()来更新这个获取精确度的状态，result()方法是为了获得当前状态（第 39 行），而在第 40 行，通过 reset_states()方法重置初值。

在第 33 行中，利用了 update_state()方法来求解精确率，该方法需要两个参数：一个参数是预测的标签分类；另一个参数是真正的标签分类信息。通过比较二者的差异来获取预测的准确率。

如前所述，输出层 Softmax 输出了一个多分类的概率（具体到手写数字，这是一个关于 0~9 数字的分类概率）。假设实际输出分类标签向量标记为 output，其输出为[0.92, 0.01, 0.02, …, 0.03]（向量元素为 10 个）。很显然，最大的概率是 0.92，其所处向量的索引位置 0 就对应预测的数字（0），那我们如何获取一个向量中最大值所处的索引呢，这就用到了一个常用的函数 tf.math.argmax()，其原型如下。

```
tf.math.argmax(
    input, axis=None, output_type=tf.dtypes.int64, name=None
)
```

tf.math.argmax()是一个非常有用的函数，它的核心功能是在 axis 方向返回张量 input 中的最大值的索引。例如，tf.math.argmax(output, axis=1)表示的就是在"列"方向获取张量 output 的最大值的索引（Index）。

针对上述范例，还需要特别说明的是，为了计算神经网络的损失，需要将标签的输出转换为独热编码（One-hot Coding，见第 27 行）。

这里，我们简单解释一下独热编码。它又称为一位有效编码或独热编码，其主要思想非常简单，类似于位状态寄存器，在对状态进行编码时，只有一位有效，其中一位设为 1，其他位均为 0。在本例中，我们就用一个 1×10 的"One-hot"向量代表数字 0~9 的标签信息，数字 n 对应第 n 位为 1。举例来说，数字"0"对应的向量是[1,0,0,0,0,0,0,0,0,0]，数字"1"对应的向量是 [0,1,0,0,0,0,0,0,0,0]，数字"2"对应的向量是[0,0,1,0,0,0,0,0,0,0]，依此类推。

从某种角度来看，可以将 One-hot 编码看成将具体的标签空间转换到一个概率测度空间（设为 p），如 0 的独热编码为[1,0,0,0,0,0,0,0,0,0]。可以这样理解该向量，标签分类"0"的标量输出为 1（概率为 100%），其他值为 0（概率为 0%）。这个"另类"的概率向量可视为预期值（即教师信号），而实际输出的概率向量 out 不同于这个预期值，于是二者就存在差值，这个差值就是损失函数的计算来源（第 29 行）

为何需要独热编码来这蹭"热"度呢？这就非常有必要介绍一个另外常用的损失函数——交叉熵损失函数，它在各种分类任务中，有着广泛的应用。独热编码就是为了与这类损失函数适配而存在的。

6.4.10 损失函数的交叉熵模型

我们知道，损失函数具有监督学习的核心标配，其功能是"监督"，对实际的输出值和预期的输出值进行误差程度监控（损失函数），然后遵循

"有则改之，无则不管"的原则，调节神经网络的参数。

对于特定问题，损失函数的选择非常重要。一个好的损失函数，不仅能很好地刻画误差，还能反映形成误差的内在本质。对于多分类问题，最常用的损失函数就是交叉熵函数（Cross-Entropy）。相比而言，范例 6-4 中的 MSE（均方误差，第 29~30）就显得有些粗糙了。

那什么是交叉熵呢？说到交叉熵，就不得不回顾一下"熵"的概念。熵的概念源自热力学，它是系统混乱度的度量，即越有序，熵越小；反之，越杂乱无序，熵就越大。

信息领域中，信息论的开创者香农（Claude Shannon）在他的一篇经典论文"通信的数学原理（*A mathematic Theory of Communication*）"中，借用了热力学的熵，提出了信息熵的概念。

简单来说，信息熵描述了这样一件事情：一条信息的信息量和它的不确定程度有密切关系。例如：我们要搞清楚一件非常不确定的事情，就需要知道关于这件事的大量信息。相反，如果我们已经对某件事情了如指掌，那么不需要掌握太多的信息就能把它搞清楚。所以，从这个角度来看，信息熵就是一个系统的不确定性程度。简单来说，熵就是一个从"不知道"变成"知道"的差值。

那么，如何衡量事件的不确定程度呢？香农发明了一个称为"比特（bit）"的概念，并给出了信息熵的计算公式，即

$$H(X) = -\sum_{i=1}^{n} p(x_i)\log p(x_i) \tag{6-5}$$

其中，$p(x_i)$ 代表随机事件 X 为 x_i 的概率。简单来说，信息熵的大小与随机事件发生的概率有关。若发生越小概率的事件，则不确定程度越高，产生的信息熵越大。从信息论的角度来看，$-\log p(x_i)$ 表示编码长度（若 log 表示以 2 为底，则长度单位就是比特），$-\log p(x_i) \cdot p(x_i)$ 其实就是在计算加权长度（权值为概率）。所以，对于编码而言，信息熵的意义就是最小的平均编码长度。

举例说明，对于单词"HELLO"，我们可根据上述描述来计算它的熵，即

$$p('H') = p('E') = p('O') = 1/5 = 0.2$$
$$p('L') = 2/5 = 0.4$$
$$H('HELLO') = -0.2 \times \log_2(0.2) \times 3 - 0.4 \times \log_2(0.4) = 1.9293$$

通过上面的计算可知，若采用最优编码方案，则"HELLO"中的每个字符大致需要 2 比特来编码。

上面熵的计算是基于每个字符出现的真实概率 p_i 计算得到的。假设在

对字符编码时，采用的不是真实概率 p_i，而采用的是其他估算的概率 q_i 来近似 p_i。现在的问题是，如果用概率分布 p_i 近似概率 q_i，那么该如何评价这个"近似"的好与坏呢？这就要用到相对熵（Relative Entropy）的概念了。

相对熵的理论基础是 KL 散度（Kullback-Leibler Divergence），也称为 KL 距离，它可以衡量两个随机分布之间的距离，记为 $D_{KL}(p\|q)$，即

$$\begin{aligned} D_{KL}(p\|q) &= \sum_{x\in X} p(x)\log\frac{p(x)}{q(x)} \\ &= \sum_{x\in X} p(x)\log p(x) - \sum_{x\in X} p(x)\log q(x) \\ &= -H(p) - \sum_{x\in X} p(x)\log q(x) \end{aligned} \qquad (6\text{-}6)$$

参考式（6-5）可知，式（6-6）的第一部分就是 p 的负熵，记作 $-H(p)$。

假设 p 和 q 代表两种不同的分布，它们在给定样本集合中的交叉熵（Cross Entropy，CE）可描述为式（6-7），即式（6-6）的第 2 部分。

$$CE(p,q) = -\sum_{x\in X} p(x)\log q(x) \qquad (6\text{-}7)$$

这里的"交叉"之意，主要用于描述这是两个事件之间的相互关系。通过对式（6-6）实施变形，很容易推导出交叉熵和相对熵之间的关系，即

$$CE(p,q) = H(p) + D_{KL}(p\|q) \qquad (6\text{-}8)$$

由式（6-8）可知，交叉熵和相对熵之间相差了一个熵 $H(p)$。若 p 已知，则 $H(p)$ 是一个常数，此时交叉熵与 KL 距离（相对熵）在意义上是等价的，它们都反映了分布 p 和 q 的相似程度。最小化交叉熵，实质上就等价于最小化 KL 距离，它们都在 $p=q$ 时，取得最小值 $H(p)$，因为此时 $D_{KL}(p\|q)=0$。

如果说信息熵是一种最优编码的体现，那么交叉熵的存在允许我们以另外一种"次优"的编码方案计算同一个字符串编码所需的平均最小位数。如前文描述，$-\log q(x_i)$ 表示编码的长度，下面还以字符串"HELLO"为例来说明这个"次优"编码方案。

从前面的分析可知，若真实概率与预测概率相差很小，则交叉熵就会很小；反之，若二者相差较大，则交叉熵就较大。假设某个神经网络的输出值和预期值都是概率，交叉熵岂不是一个绝佳的损失函数？

的确是这样。对于多分类问题，在 Softmax 函数的"加工"下，它的

实际输出值就是一个概率向量设向量中的数据符合概率分布 q。而实际上，如前所述，它的预期输出向量就是标签的独热编码，也可以视作一种特殊的概率向量，设为 p。

现在我们要做的工作是，利用交叉熵评估实际输出的概率分布 q 与预期概率的分布 p 之间的差异程度。若差别较大，则接着调节网络参数，直至两者的差值小于给定的阈值。

6.4.11　tf.keras 中的模型编译

观察范例 6-4 可以发现，利用 tf.keras 搭建一个神经网络模型不难，但模型训练过程中，依然需要用户自己注意很多细节。例如，计算损失函数和更新梯度等，通常初学者掌握起来相对困难。事实上，在 TensorFlow 高度集成 Keras 模块之后，TensorFlow 就变得非常友好，更加好用了。

有了 Keras 模块的辅助，当模型搭建好后，我们还可以通过模型编译来完成模型运行参数的配置。在该阶段，主要配置如下三个参数。

（1）optimizer（优化算法）：能够更新权值，找到最优解的函数，通常已经由机器学习框架设计好，作为普通用户调用它们就可以。该参数可以是现有优化器的字符串标识符，如 adagrad（一种基于梯度自适应的优化算法）或 rmsprop（由 Geoff Hinton 提出的 AdaGrad 优化算法的改进版本），也可以是 Optimizer 类的实例。

（2）loss（损失函数）：模型试图最小化的目标函数。它可以是现有损失函数的字符串标识符，如 categorical_crossentropy（分类交叉熵）或 mse（均方误差），也可以是一个自定义的目标函数。损失函数是调参的方向标。

（3）metrics（评估标准）：通过测试集为模型打分。对于任何分类问题，我们都希望将其设置为 metrics = ['accuracy']（分类准确率）。评估标准可以是现有标准的字符串标识符，也可以是自定义的评估标准函数。

在编译阶段，针对不同问题，以上三个参数具有多种可选性，读者朋友可以自行在 Keras 官网上查询。

以下是一些常见的模型参数搭配。一般情况下，可以直接采用如下参数搭配即可。

① 二分类问题

```
model.compile(optimizer='rmsprop',
              loss='binary_crossentropy',    #二分类交叉熵损失函数
              metrics=['accuracy'])
```

② 多分类问题

```
model.compile(optimizer='rmsprop',
              loss='categorical_crossentropy',  #多分类交叉熵损失函数
              metrics=['accuracy'])
```

③ 均方误差回归问题。性能评估标准可有多个，它们可以形成一个列表，将其赋值给参数 metrics。

```
model.compile(optimizer='sgd',
              loss='mean_squared_error',        #均方差损失函数
              metrics = [metrics.mae, metrics.categorical_ accuracy])
```

④ 自定义评估标准函数

```
def mean_pred(y_true, y_pred):     #此处仅做示范，可根据需求自定义性能评估函数
    return tf.math.reduce_mean(y_pred)

model.compile(optimizer='rmsprop',
              loss='binary_crossentropy',
              metrics=['accuracy', mean_pred]) # mean_pred 为自定义函数
```

根据上述讨论，结合 MNIST 的问题场景，这是一个对 0 ~ 9 数字识别的多分类问题，改造范例 6-4，得到 Keras 版本的范例 6-5。

范例 6-5　带有编译参数的模型（model-compile.py）

```
01   import numpy as np
02   from tensorflow.keras.datasets.mnist import load_data
03   from tensorflow import keras
04   # 导入数据
05   (X_train,y_train), (X_test, y_test) = load_data()
06
07   # 获取图片的大小
08   in_shape = X_train.shape[1:]     # 尺寸为(28,28)
09   # 获取数字图片的种类
10   n_classes = len(np.unique(y_train)) # 类别数为10
11   # 数据预处理，将 0 ~ 255 缩小到 0 ~ 1 范围内
12   x_train = X_train.astype('float32') / 255.0
13   x_test = X_test.astype('float32') / 255.0
14   # 定义模型
15   model = keras.Sequential()   #搭建空的序列式模型
16   model.add( keras.layers.Flatten(input_shape=in_shape))
17   model.add( keras.layers.Dense(n_classes, activation= 'softmax'))
18
```

```
19    #编译模型：定义损失函数、优化函数和性能标准
20    model.compile(optimizer='adam',
21                    loss='sparse_categorical_crossentropy',#稀疏分类交叉熵
22                    metrics=['accuracy'])
```

代码分析

细究起来，针对不同的分类模式，交叉熵损失函数也可细分多类，有的放矢地使用这些损失函数，模型的性能会有显著的提升。具体说来，对于二分类，我们可以使用 binary_crossentropy；对于多分类（通常大于等于 3），使用 categorical_crossentropy；若是稀疏分类，如手写识别数字中，它的预测向量的独热编码中，10 个向量值中才有 1 位为 1，1 在众多 0 中，显得足够稀疏，则使用 sparse_categorical_crossentropy 比较好。交叉熵损失函数中凡是有 categorical 作为修饰的，表示使用了独热编码模式。在 TensorFlow 2 中，如果使用编译模式，将预测分类值转换为独热编码，那么这个工作已经由 tf.keras 内部实现了，其细节对读者是透明的。

上面代码可以简单运行，但依然意义不大。因为到目前为止，我们仅仅完成了模型的搭建和参数搭配。只有走完深度学习算法的余下流程：模型训练、模型预测和模型评估，工作才是善始善终，结果方能为我所用。

6.4.12　模型的训练与预测

到目前为止，我们已经为手写数字识别任务选择了 Softmax 回归模型，同时又为 Softmax 回归定义了损失函数——交叉熵。下面要做的工作就是定义一个优化算法来训练网络参数。最常见的优化算法包括随机梯度下降法（Stochastic Gradient Descent，SGD）、AdaGrad（自适应梯度）和 Adam（Kingma 和 Lei Ba 提出的一种结合 AdaGrad 和 RMSProp 优点的优化算法）。

一旦损失函数定义完毕，整个模型就可以根据优化算法的指引，每次微调网络参数（如 W 和 b），使其朝着最小化交叉熵的方向前进。如范例 6-6 所示。

范例 6-6　MNIST 模型的训练和预测（keras-mnist-train-predict.py）

```
01    import numpy as np
02    from tensorflow.keras.datasets.mnist import load_data
03    from tensorflow import keras
04    # 导入数据
05    (X_train,y_train), (X_test, y_test) = load_data()
06    # 获取图片的大小
```

```
07    in_shape = X_train.shape[1:]      # 尺寸为(28, 28)
08    # 获取数字图片的种类
09    n_classes = len(np.unique(y_train)) #类别数为10
10
11    #数据预处理，将0~255缩小到0~1范围内
12    x_train = X_train.astype('float32') / 255.0
13    x_test = X_test.astype('float32') / 255.0
14
15    # 定义模型
16    model = keras.Sequential()    #搭建空的序列式模型
17    model.add( keras.layers.Flatten(input_shape=in_shape))
18    model.add( keras.layers.Dense(n_classes, activation= 'softmax'))
19
20    #编译模型：定义损失函数和优化函数
21    model.compile(optimizer='adam',
22                  loss='sparse_categorical_crossentropy',
23                  metrics=['accuracy'])
24    # 模型拟合
25    model.fit(x_train, y_train, epochs=10, batch_size=128, verbose=0)
26    # 评估模型
27    loss, acc = model.evaluate(x_test, y_test, verbose=0)
28    print('测试集的预测准确率:{0:.3f}'.format(acc))
```

运行结果

测试集的预测准确率:0.927

代码分析

从运行结果可以看出，分类预测准确率在 92%左右。而在两者的网络拓扑结构一致的情况下（都只有输入层和输出层，而没有隐含层），本范例的分类准确率却比范例 6-3 的分类准确率略高，这是因为在本范例中，我们使用了一个更高级的损失函数 sparse_categorical_crossentropy（第22行）。

在代码层面可以看出，一旦使用了 Keras 编译（第 21~23 行）和训练模型（第 25 行），可以很简单地设置模型运行的轮次、批块大小、损失函数、优化器，而无须显式完成梯度的计算和更新，这样的操作，显然更加简便高效，这正是使用 Keras 的魅力所在——简单即美。

但凡事有利就有弊。范例 6-3 虽然更加底层，但给开发者更大的自由度去修改代码细节，这对高端用户很重要。范例 6-6 的封装性更强，使用起来更加方便，但模型底层细节已经不容用户置喙。这里犹如普通司机需

要在上班途中代步，买一辆自动挡汽车即可（好比使用 Keras），而如果你是专业赛车手，不仅要使用手动挡赛车，而且还需要对赛车的内部结构有所理解，才能取得较好的成绩。

下面我们来剖析范例 6-6 的代码。在本质上，所有基于数据的模型训练都是不断地通过数据拟合（fit）来找到合适的模型参数。因此，与 sklearn 类似，在 TensorFlow 中，所有模型的训练名称都称作 fit（即拟合，第 25 行）。

在 fit() 方法中，其实有很多参数，在本范例中，我们仅使用其中以下 5 个参数。

```
model.fit(x=None, y=None, batch_size=None, epochs=1, verbose= 1,…)
```

简单介绍一下这 5 个参数。第 1 个参数 x 表示训练集的特征数据。第 2 个参数 y 表示训练集的标签数据。第 3 个参数 batch_size，表示训练样本的"批"大小。每次训练仅采用全集的某个子集，即为"批"。

为了更好地理解"批"这个概念，现举例说明。假设我们有 550 个样本，若设置 batch_size（批大小）等于 100，则算法会首先从训练集中取第一批数据，即前 100（1～100）个数据；下一批接着取（101～200），依此类推，直到把所有的训练样本都取到。对于后面的 50 个样本可单独取出来训练一次，这样总共迭代 6 次训练网络参数。

假设将所有样本都拿出来训练，但训练的效果还是不尽人意，那么该怎么办呢？如果难以再次增加训练样本数，那么一种变通的简单方法就是，以上一次训练的网络参数为初值，将原来的数据取出，再把神经网络训练一遍，这个循环次数就是 epochs，它就是 model.fit() 的第 4 个参数。若 epochs = 1，则表示将所有数据训练 1 遍；若 epochs = 10，则表示将所有数据训练 10 遍，依此类推。

model.fit() 方法的第 5 个参数是 verbose，其本意是"冗余的信息"，这里表示是否打印输出详细的训练信息，若 verbose = 1，则表示输出详细信息；若 verbose = 0，则表示压制输出信息。model.fit() 方法还有其他参数，详细使用方法可查询 TensorFlow 的官方文献。

通过前面的工作，我们已经完成了模型的训练。但训练的效果如何呢？还需要进一步对准确率进行验证。验证的相关代码参考范例 6-6 的第 27 行。

在 tf.keras 模块中，模型的性能评估使用 evaluate() 方法。上述性能评估基于整个测试集的。有时，我们需要对单个样本进行预测，这时该如何做呢？对于新样本的预测，TensorFlow 使用的是 predict()方法，我们在范例 6-6 中追加如下代码。

```
29    #单个图片预测
30    image = x_train[100]              #选择第101个手写数字样本做测试
31    import  tensorflow as tf
32    image = tf.expand_dims(image, axis = 0)   #为适配模型，为图片数据添加一个维度
33    yhat = model.predict([image])   #模型预测
34    print('预测的数字为:{0}'.format(np.argmax(yhat)))   #转换输出预测的数字。
```

运行结果会多一行输出：

预测的数字为:5

> 请读者思考，代码第 32 行中的 np.argmax( )起什么作用？

如果我们觉得难以确认上述预测的数据是否正确，那么可以借助前面的代码，输出单个图片的标签和图像。我们继续在范例 6-6 中追加如下代码。

```
35    # 绘制像素数据
36    import matplotlib.pyplot as plt
37    plt.title('label = {}'.format(y_train[0]))
38    plt.imshow(x_train[100],cmap=plt.get_cmap('gray_r'))
39    plt.show()
```

运行代码得到的结果如图 6-13 所示。从输出的图像和标签可以看出，我们预测的手写数字分类是正确的。

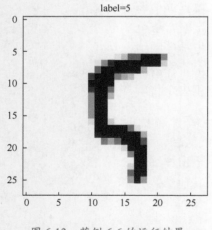

图 6-13　范例 6-6 的运行结果

下面我们简要分析上述追加在范例 6-6 之后代码的含义。为了统计预测的准确率，我们首先要获得实际预测的分类标签。第 34 行用到了一个函数 np.argmax()，其原型如下。

```
numpy.argmax(a,              #输入张量
             axis=None,      #设定轴方向
             out=None)       #输出张量，可选性
```

类似于前文提到的 tf.argmax()，np.argmax()的核心功能是在 axis 方向返回输入张量 a 中的最大值的索引值。

假设实际输出分类标签向量标记为 yhat。根据 Softmax 回归的输出可知，这个输出张量实际是 0～9 这 10 个数字的概率。在运行范例 6-6 后，可以在 IPython 环境下输出如下指令，输出 yhat 的值。

```
In [1]: np.set_printoptions(suppress=True)     #取消科学计数法
In [2]: print(yhat)
[[0.00035791 0.00024764 0.01265124 0.00098548 0.00349752
  0.85565275 0.00569079 0.00003551 0.09812038 0.0227608 ]]
```

从运行结果可以看到，np.argmax(yhat) = 5。这是因为，输出向量 yhat

中元素的最大值 "0.85565275" 所在的索引位置是 5。也就是说，模型以
85.6% 的概率判断当前输入图片为数字 "5"，判断为其他数字的概率要么
很小，要么接近于 0，可以忽略不计。很显然，最可靠的预测方式是以概
率最大的预测作为最终的预测结果。

6.4.13　训练模型的保存与读取

随着训练数据集合的不断扩大，我们会发现，训练一个深度学习模
型，非常耗时，短则可能需要几个小时，长则可能需要几天，甚至花费几周
也不足为奇。这些训练的模型（包括网络的拓扑结构，优化参数配置和网络
的权值）存储在内存中，一旦关闭运行环境，如果不加以妥善处理，那么这
些模型参数会随着运行环境的关闭而 "烟消云散"。如果是这样，那么这个
训练成本实在是太高了，因此需要一种方法，将训练好的模型保存起来，在
有必要时，重新加载并使用它们。那么该如何解决这个问题呢？

Keras 模块可以很好地解决这个问题，该模块能将训练好的权值参数
存储为 HDF5 格式的本地文件。HDF（Hierarchical Data Format，层级数据
格式）是一种为存储和处理大容量科学数据设计的文件格式及相应库文
件。HDF 最早由美国国家超级计算应用中心（NCSA）开发，目前在非营
利组织 HDF 小组维护下继续发展。顾名思义，HDF5 是 HDF 的第 5 个版
本（通常简称 H5）。H5 具有极高的压缩率，特别适合进行大量科学数据
的存储和操作。

保存神经网络的拓扑结构同样也非常重要。Keras 模块可以将这些结
构存储为 JSON 格式的文件。JSON（JavaScript Object Notation，JavaScript
对象表示法）是一种轻量级的数据交换格式，类似于 Python 中的字典数据
类型，可用来存储和传输由属性值或者序列值组成的数据对象。

Python 中有一系列的工具可以操作和使用 HDF5 数据，其中最常用
的是第三方包 h5py。使用 h5py 前，需要先安装它。我们可以在命令行中
使用 conda 或者 pip3 直接安装 h5py。

```
conda install h5py
```
或者使用如下命令。

```
pip3 install h5py
```
接下来的任务是保存范例 6-6 训练的模型，我们将网络的拓扑结构
用 JSON 格式保存，然后将模型权值参数保存为 H5 格式。具体代码参
考范例 6-7。

范例 6-7　保存手写数字识别训练的模型（save-model.py）

```
01    import numpy as np
02    from tensorflow.keras.datasets.mnist import load_data
03    from tensorflow import keras
04    # 导入数据
05    (X_train,y_train), (X_test, y_test) = load_data()
06
07    # 获取图片的大小
08    in_shape = X_train.shape[1:]      # 形状为(28,28)
09    # 获取数字图片的种类
10    n_classes = len(np.unique(y_train)) #类别数为10
11
12    #数据预处理，将 0～255 缩小到 0～1 范围内
13    x_train = X_train.astype('float32') / 255.0
14    x_test = X_test.astype('float32') / 255.0
15
16    model = keras.Sequential()   #搭建空的序列式模型
17    model.add( keras.layers.Flatten(input_shape=in_shape))
18    model.add( keras.layers.Dense(n_classes, activation= 'softmax'))
19
20    #编译模型：定义损失函数和优化函数
21    model.compile(optimizer='adam',
22                  loss='sparse_categorical_crossentropy',
23                  metrics=['accuracy'])
24    # 模型拟合
25    model.fit(x_train, y_train, epochs=10, batch_size=128, verbose=0)
26    # 评估模型
27    loss, acc = model.evaluate(x_test, y_test, verbose=0)
28    print('测试集的预测准确率:{0:.2f}%'.format(acc * 100))
29
30    # 将模型结构序列化为 JSON 格式
31    model_json = model.to_json()
32    with open("model.json", "w") as json_file:
33        json_file.write(model_json)
34    #将模型权值序列化 HDF5 格式
35    model.save_weights("model.h5")
36    print("成功：将模型保存在本地！")
```

运行结果

测试集的预测准确率:92.6%
成功：将模型保存在本地！

代码分析

本例的前 28 行来自范例 6-6，区别在于添加了保存模型的部分。第 31 行通过 to_json()方法将网络的拓扑结构保存为 JSON 格式，第 32 ~ 33 行将其写入到本地。第 35 行通过 save_weights()方法将模型权值参数保存到本地磁盘。

因此，除在屏幕显式上述输出提示信息外，还会在本地生成两个文件：model.json 和 model.h5。

JSON 文件在本质上是一个文本文件，我们可以通过任意文本编辑器将其打开并查看其中的内容，读者也可以下载专门的 JSON 文件解析器，以便更好地查看不同对象的层次关系。

将一个模型的参数保存到本地的过程，其实有一个更学术的称呼，即对象序列化（Serialization）。在计算机科学的数据处理中，序列化是指将数据结构或对象状态转换成可取用格式（如保存成文件，保存成缓冲数据，或经由网络发送），后续在相同或另一台计算机环境中，能恢复原先状态的过程。因此，model.json 和 model.h5 可以视为两个序列化的文件。

对应地，按照序列化格式文件，通过你想操作，可以恢复与原始对象相同语义的副本对象，这个过程称为反序列化（Deserialization）。

范例 6-8 利用 model.json 和 model.h5 来实施反序列化操作，从而可以还原一个训练好的神经网络，然后无需二次训练即可使用这个神经网络模型。

范例 6-8　通过反序列化重构训练好的网络（load-model.py）

```
01   import numpy as np
02   from tensorflow.keras.datasets.mnist import load_data
03   from tensorflow.keras.models import model_from_json
04   # 导入数据
05   (X_train,y_train), (X_test, y_test) = load_data()
06   # 获取图片的大小
07   in_shape = X_train.shape[1:]              # 形状为(28,28)
08   # 获取数字图片的种类
09   n_classes = len(np.unique(y_train))       # 类别数为 10
10
11   # 数据预处理，将 0 ~ 255 缩小到 0 ~ 1 范围内
12   x_train = X_train.astype('float32') / 255.0
13   x_test = X_test.astype('float32') / 255.0
14
```

```
15    # 读入模型文件
16    json_file = open('model.json', 'r')
17    loaded_model_json = json_file.read()
18    json_file.close()
19    # 反序列化：导入模型拓扑结构
20    loaded_model = model_from_json(loaded_model_json)
21    # 反序列化：将权值导入到加载的模型中
22    loaded_model.load_weights("model.h5")
23    print("成功：从本地文件中导入权值参数！")
24    # 编译导入的模型
25    loaded_model.compile(optimizer='adam',
26                loss='sparse_categorical_crossentropy',
27                metrics=['accuracy'])
28    # 测试模型是否可用
29    loss, acc = loaded_model.evaluate(x_test, y_test, verbose=0)
30    print('测试集的预测准确率:{0:.2f}%'.format(acc * 100))
```

运行结果

成功：从本地文件中导入权值参数！
测试集的预测准确率:92.60 %

代码分析

在代码层面，读入数据部分与前面的范例类似。当然，我们可以启动全新的数据来测试加载的模型。在第 16 ~ 18 行读入模型拓扑结构文件 model.json。第 20 行通过 model_from_json()方法将 JSON 描述的模型反序列化为一个可用的神经网络对象 loaded_model。

第 22 行的功能是将导入的权值赋值给神经网络对象 loaded_model。这时，模型已经重构好了。

需要注意的是，此时的模型还不能用，所有模型在使用（评估或预测）前都需要编译。如前所述，这里所谓的"编译"，是指模型配置的三大主题：优化器、损失函数和性能评估指标。第 25 ~ 27 行实际上是一行代码，它们完成了模型的编译。

此后，模型就可以正常使用了。从运行的结果可以看出，此时的模型与范例 6-6 的模型完全一样，说明模型的重构是成功的。至此，我们完成了利用 Keras 模块搭建神经网络的全过程。

6.5　本章小结

下面我们对本章的部分知识进行总结。我们先以 MNIST 手写数字识别项目为例，说明了如何利用神经网络解决分类问题，需要大致遵循如下 5 个步骤。

（1）加载数据。

（2）构建模型（如 Softmax 回归），即定义神经网络从输入层到输出层的前向传播计算。

（3）定义损失函数（如交叉熵），并选定优化器（如梯度下降）。

（4）在训练集上，训练模型参数。

（5）在测试集或验证集上，评估模型的性能（如使用分类准确率）。

另外，如果我们想后续使用已经训练好的模型，那么我们还需要将模型保存在磁盘中。

通过 MNIST 手写数字识别项目，我们学习搭建神经网络最常用的方式——"顺序模型"，在该模型搭建方式中，多个网络层依次线性堆叠，数据流在这些网络层中按训练流动，在第 k 层的输出是第 $k+1$ 层的输入，直到输出层为止。

6.6　思考与练习

通过前面的学习，请思考并完成以下问题。

1. 以鸢尾花数据集（iris.csv）为例，利用多层感知机模型，结合 sklearn 和 TensorFlow 编写程序，实现对应的多分类算法。

2. 利用多层感知机模型，利用 Keras 模块完成印第安人糖尿病分类案例，并完成模型的保存和二次载入。

参 考 资 料

[1]　LECUN Y, BOTTOU L, BENGIO Y, et al. Gradient-based learning applied to document recognition[J]. Proceedings of the IEEE, 1998, 86(11): 2278–2324.

[2] KRIZHEVSKY A, SUTSKEVER I, HINTON G E. Imagenet classification with deep convolutional neural networks[C]//Advances in neural information processing systems. 2012: 1097–1105.

[3] SIMONYAN K, ZISSERMAN A. Very deep convolutional networks for large-scale image recognition[J]. arXiv preprint arXiv:1409.1556, 2014.

[4] FRANCOIS CHOLLET. Deep Learning with Python[M]. Shelter Island, NY: Manning Publications Co., 2018.

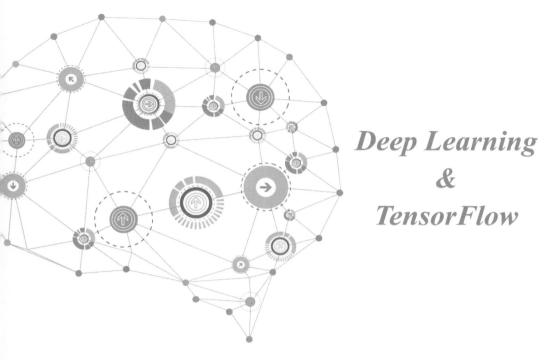

Deep Learning

&

TensorFlow

第 7 章　卷积神经网络

卷积神经网络是一种典型的深度学习
网络之一，它在图像识别、语音识别等
领域都有很多成功的应用案例。在本
章，我们首先讲解卷积的含义及卷积神
经网络的网络结构层次，然后再对经典
的卷积神经网络（如 LeNet–5、AlexNet
等）进行讨论。

本章我们讨论一种应用范围更广的网络——卷积神经网络（Convolutional Neural Network，简称 CNN 或 ConvNet），它在图像处理、语音识别、自然语言处理、药物发现及围棋博弈（如 AlphaGo）等众多任务中表现上佳。此外，CNN 还有很好的"生态圈"，它的众多变种算法，如 AlexNet、VGGNet、GoogLeNet 及 ResNet，在近几年的深度学习发展途中，大放异彩，它也为人工智能日渐渗透于我们的工作和日常生活，做出了可圈可点的贡献。

7.1 概述

下面，我们先来讨论一下前馈神经网络的问题，进而说明卷积神经网络的诞生契机及发展历程。

7.1.1 前馈神经网络的问题所在

解析视觉图像是人类获取智能的重要手段。自然地，我们也想用前面学习到的全连接前馈神经网络来处理图像数据。例如，在前面的章节中，我们利用前馈神经网络处理手写数字识别问题，得到还不错的分类效果，但所处理仅是 28 像素×28 像素的低分辨率图片，若图片分辨率一旦大幅提升，前馈神经网络的训练速度及预测性能就不忍细究。之所以会这样，是因为用全连接前馈网络来处理图像时，会存在以下两个问题[1]。

1. 网络参数太多，难以训练

假设我们分析的是高清图片，输入的是 1000×1000×3 的彩色图片，那么对于全连接前馈神经网络来说，输入层到隐含层的参数权值就达到 $(3\times10^3\times10^3)\times(3\times10^3\times10^3)=9\times10^{12}$ 个之多。这还是在只有一个隐含层的情况下，可想而知，如果网络中具有多个隐含层，那么全连接就会产生组合爆炸问题（见图 7-1）。过多的网络参数一方面会导致整个神经网络的训练效率非常低（因为需要计算的参数实在太多），同时也很容易出现过拟合（海量的参数需要海量的数据来"喂养"，数据量太少，就让网络难以学习数据的特征，从而泛化能力较差）。

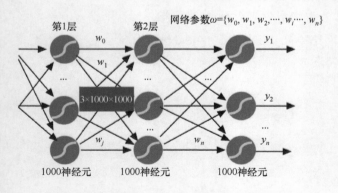

图 7-1　无法承受参数之重的全连接前馈网络

2．局部不变性特征，前馈神经网络难以捕捉

在自然图像中，物体通常都具有局部不变性特征。不变性（Invariance）是指对象语义信息不随对象 X 的变换而变换。从计算机视觉的角度来看，这里的变换包括平移、旋转、缩放等。例如，在图 7-2 中，无论我们怎么平移、旋转或缩放图片，我们的视觉系统感知到的语义，都是相同的——它们都是一只狮子。

很显然，如果神经网络能对图片的识别具备"不变性[①]"，那么自然会大大改善图片分类的准确性与鲁棒性。然而，全连接前馈神经网络很难提取这些局部不变性特征。

图 7-2　不变性示意图

如果非要达到类人系统的视觉"不变性"，那么前馈神经网络不得不把每个稍加变化的图片都当成一个新图片来学习。在神经网络训练中，如果样本不足，人们通常可以通过平移、旋转或缩放图片来增加样本数量，这个策略称为数据增强（Data Augmentation）。借助这个策略，前馈神经网络虽然可以勉强改善神经网络的性能，但显然也大大增加了训练的成本。

7.1.2　卷积神经网络的生物学启示

人工智能的目标之一是模拟人类的智能。事实上，人工神经网络就是人类神经网络的一种模仿（至少"初心"如此）。针对前面提及的前馈神经网络的缺点，我们还能接着从人类的神经网络的运行机制中获取灵感吗？

答案是肯定的。我们知道，所谓动物的"高级"特性，其具体表现体现在行为方式上。而更深层次的，它们会体现在大脑皮层的进化上。1968年，神经生物学家 D. Hubel 与 T. Wiesel 在研究动物（先后以猫和猴子为实验对象）视觉信息处理时，有以下两个重要而有趣的发现[2]。

1．神经元局部感知

神经元无须感知神经系统中所有其他神经元的存在，即存在局部感知

---

① 正如"成也萧何，败也萧何"，神经网络的"不变性"也带来很大的问题。例如，2019 年图灵奖获得者 Geoffrey Hinton 就认为，平移、旋转及缩放等变换之所以可以做到局部不变性，其实是以丢弃"坐标框架"为代价的。而"同变性"则不会失去这些信息，它只是对内容做了一种变换。据此理念，Hinton 提出了新的神经网络——胶囊网络（Capsule Networks），读者朋友可自行查阅相关文献以获取更多信息[3]。

域（Receptive Field），也就是说，听觉、视觉神经元具备局部感知且具有方向选择性，它只接收其所支配的刺激区域内的信号。

《大学》中有一句名言："心不在焉，视而不见"。这可不仅仅是一个态度问题，它还有很强的生物学解释：当你的大脑细胞在"忙别的事情（心不在焉）"时，即使有外物闯入你的"可视域"，但倘若相关的可视化细胞"无暇"被唤醒，那么这个外物就很难被大脑感知到。

这个生物学的机制给前面章节提到的全连接前馈神经网络泼了一盆冷水——全连接在很多时候可能是毫无必要的。

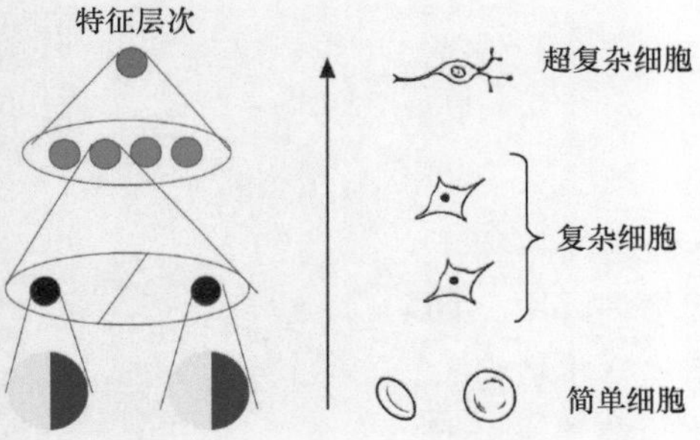

2. 动物大脑皮层是分级、分层处理信息的

图 7-3 大脑的分层结构

除局部感知外，休伯尔等人还发现，在大脑的初级视觉皮层（见图 7-3）中存在几种细胞：简单细胞（Simple Cell）、复杂细胞（Complex Cell）和超复杂细胞（Hyper-Complex Cell）。例如，在视觉神经系统中，视觉皮层中神经细胞的输出依赖于视网膜上的光感受器。视网膜上的光感受器受刺激兴奋时，将神经冲动信号传递到视觉皮层细胞。这些不同皮层的细胞承担着不同抽象层次的视觉感知功能。

这种由简单到复杂、由低级到高级的逐级抽象的过程，在我们生活中也有鲜活的例子。例如，我们学习一门外语（以英语为例），通过字母的组合可以得到单词；通过单词的组合，可以得到句子；然后我们通过对句子的分析，了解语义；最后，通过语义分析，可以获得句子表达的思想。

Hubel 等人的研究成果意义重大，它对人工智能的启发意义体现在对于人工神经网络的设计上，第一，不必考虑使用神经元的全连接模式；第二，神经网络拟合的复杂函数可分级、分层来完成。如此一来，可以大大降低神经网络的复杂性。

7.1.3 卷积神经网络的发展历程

受 Hubel 等人研究的启发，1980 年，日本学者福岛邦彦（Fukushima）提出了神经认知机（Neocognitron，也译为新识别机）模型[4]，这是一个使用无监督学习训练的神经网络模型，其实也就是卷积神经网络的雏形，如图 7-4 所示。从图中可以看到，神经认知机借鉴了 Hubel 等人提出的视觉可视区分层和高级区关联等理念。

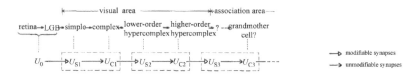

Fig.1. Correspondence between the hierarchy model by Hubel and Wiesel, and the neural network of the neocognitron

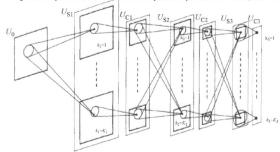

Fig.2. Schematic diagram illustrating the interconnections between layers in the neocognitron

图 7-4　神经认知机的结构（图片来源：参考资料[4]）

在福岛邦彦的神经认知模型中，有两种最重要的组成单元："S 型细胞"和"C 型细胞"，这两类细胞交替叠加在一起，构成了神经认知网络。其中，"S 型细胞"用于抽取局部特征（Local Feature），"C 型细胞"则用于抽象和容错。不难发现，这与现代卷积神经网络中的卷积层（Convolution Layer）和池化层（Pooling Layer）在功能上一一对应。

> 也有文献将池化层译作"汇集层"

自此之后，很多计算机科学家先后对神经认知机做了深入研究和改进，但效果却不尽如人意。直到 1990 年，在 AT&T 贝尔实验室工作的杨立昆等人，把有监督的反向传播算法（BP）应用于福岛邦彦等人提出的架构上，从而奠定了现代 CNN 结构的基础[5]。

基于卷积神经网络的工作原理，在手写邮政编码的识别问题（见图 7-5）上，杨立昆等人把识别错误率降低到 5%左右，达到实用水平。相对成熟的理论加之成功的应用案例，卷积神经网络吸引了学术界和产业界的广泛关注[6]。

杨立昆把自己的研究网络命名为 LeNet。几经版本的更新，最终定格为 LeNet 5[5]。在当时，LeNet 架构可谓是风靡一时，它的核心业务主要用于字符识别，如前文提到的读取邮政编码、数字等。

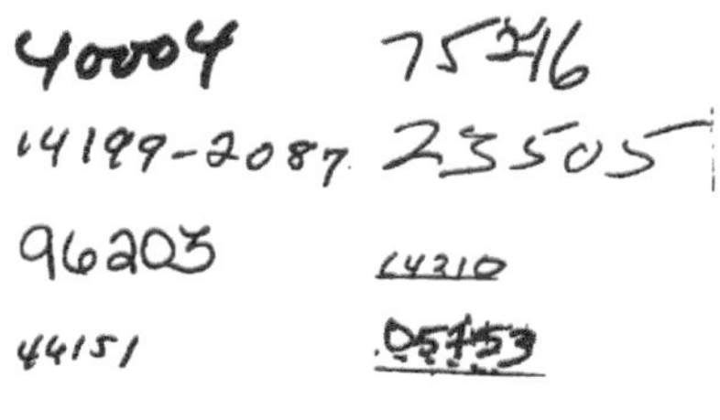

但是人们很快发现，卷积神经网络只能用于通常小于 7 层的浅层网络结构。这是因为卷积神经网络基于反向传播（BP）算法，而 BP 算法存在严重的梯度弥散问题。还有就是当卷积神经网络扩大规模后，大量的网络参数会进行更新，当时并没有相应的计算能力与之匹配。

图 7-5　识别手写邮政编码

与此同时，20 世纪 90 年代，Vapnik 提出了支持向量机（Support Vector Machine，SVM）。SVM 不但理论优美、算法高效，而且还不存在局部最优解的问题，因此使得很多卷积神经网络的研究者逐渐开始对 SVM 进行研究。故此，卷积神经网络的研究再次受到冷落。

那为什么 30 年前提出的卷积神经网络，现在突然又以深度学习的面目重新火爆起来了呢？对于深度学习，著名深度学习学者吴恩达（Andrew Ng）有个形象的比喻。他说："深度学习就犹如发射火箭。倘若想让火箭成功发射，需要依靠两种重要的基础设施：一是发动机，二是燃料。"而对深度学习而言，它的发动机就是"大计算"，它的燃料就是"大数据"。

在 30 年前，杨立昆等人虽然提出了卷积神经网络，但其性能严重受限于当时的大环境——既没有大规模的训练数据，又没有跟得上的计算能力，这导致了当时卷积神经网络的训练过于耗时，且识别性能不强。而现在，这两个制约卷积神经网络应用与发展的瓶颈得以大大缓解。在此背景下，深度卷积神经网络（Deep Convolutional Neural Networks，DCNN）的研究再次火爆起来就顺理成章了。

7.1.4 深度学习的"端到端"范式

下面我们来说明一下深度学习和传统机器学习的区别所在。简单来说，就是两者构建机器学习模型所用的特征范式（Paradigm）不同。

在传统的机器学习任务中，性能的好坏很大程度上取决于特征工程。工程师能成功提取有用的特征，其前提条件通常是，要在特定领域摸爬滚打多年，对领域知识有非常深入的理解。举例来说，对于一条海葵鱼的识别，需要经过"边界""纹理""颜色"等特征的抽取，然后再经过"分割"和"部件"组合，最后构建出一个分类器，如图 7-6 所示。

相比于传统的图像处理算法，杨立昆等人提出的卷积神经网络避免了对图像进行复杂的前期处理（特征抽取）。它能够直接从原始图像出发，只经过非常少的预处理，就能从图像中找出视觉规律，进而完成识别分类任务，其实这就是深度学习经常提及的"端到端（End-to-End）"概念。

这里"端到端"说的是，输入的是原始数据（始端），然后直接输出的就是最终目标（末端）。整个学习流程并不进行人为的子问题划分，而是完全交给深度学习模型直接学习从原始输入到期望输出的映射。例如，"端到端"的自动驾驶系统，输入的是前置摄像头的视频信号（也就是像素），而直接输出的就是控制车辆行驶的指令（方向盘的旋转角度）。这个例子中"端到端"映射就是像素→指令。"端到端"的设计范式，实际上体现了深度学习作为复杂系统的整体性特征。

再拿海葵鱼分类的例子来说，如图 7-7 所示。在卷积神经网络中，输入层是构成海葵鱼图片的各个像素，它们充当输入神经元，然后经过若干隐含层的神经元加工处理后，最后在输出层直接输出海葵鱼的分类信息。在此期间内，整个神经元网络大量权值在巨大算力的驱动下自动调整，而无须人工参与显式特征的提取。

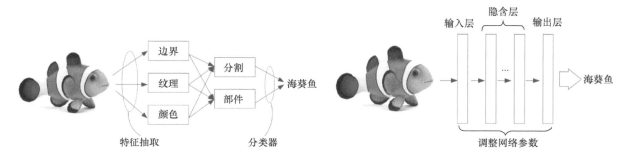

图 7-6 传统机器学习的特征抽取   图 7-7 深度学习中的"端到端"研究范式

这种"混沌"特征的提取方式，即使成功输出了海葵鱼的分类信息，但这些权值的意义和可解释性是不足的。人们不知道为何而调参，因此卷积神经网络也被人诟病为"黑箱"模型。然而，从实用主义的角度出发，有效就好！因此卷积神经网络还是被学术界和工业界广泛使用的。

7.2 卷积神经网络的概念

在前文中，我们简要地介绍了卷积神经网络的来龙去脉。接下来，我们将逐一解析它的核心要素。卷积神经网络的名称来自其中的卷积操作。因此说到卷积神经网络，它最核心的概念可能莫过于"什么是卷积"了。

7.2.1 卷积的数学定义

"Convolutional（卷积）"源自拉丁文"Convolvere"，其含义就是"卷在一起（Roll Together）"。脱离卷积神经网络这个应用背景，"卷积"其实是一个标准的数学概念。

从数学概念上讲，所谓卷积是指一个函数和另一个函数在某个维度上的"叠加累计"作用。这里的"叠加"就是一种"卷积"，记作"*"。这里的"累计"，对于连续函数而言，表示"积分"，对于离散信号而言，表示"求和"。

为了更好地理解卷积操作的数学意义，下面我们再列举一个具体的案例来加以说明[7]。假设我们的任务是实时追踪高速公路上跑车的位置，车载位置传感器在任意时刻 t 都实时记录信号 $f(t)$，这里 $f(t)$ 表示跑车在任意时刻 t 所处的位置。

💡 这里的"均值化"
处理，也称为平滑处理

但在实际情况中，处理并没有那么简单。因为会存在各式各样的噪音干扰，导致传感器信息传递的滞后。因此为了更加准确地获取跑车位置的实时数据，采用的方法是对测量结果 $f(t)$ 进行均值化处理。

很显然，对于运动中的目标，时间越长的位置则越不可靠（分配较小的权值），而时间越短的位置，则对真实值的相关性越高（分配较大的权值）。因此可以对不同的时间段赋予不同的权值，即通过一个权值定义来计算。

因此，加权平均后的跑车位置 $s(t)$ 为

$$s(t) = \int_{-\infty}^{\infty} f(a) * w(t-a) \mathrm{d}a \qquad (7\text{-}1)$$

💡 通俗来说，卷积核
就是那些抓住主要特征
的小模板。对于图像处
理而言，卷积核就是把
图片上下左右横扫一
遍，以期发现重要特
征，即特征图谱。

其中，函数 $f(\cdot)$ 和函数 $w(\cdot)$ 是卷积对象，a 为积分变量，"*"表示卷积。式（7-1）的操作被称为连续域上的卷积操作。这种操作通常被简记为

$$s(t) = (f * w)(t) \qquad (7\text{-}2)$$

在式（7-2）中，通常把函数 $f(\cdot)$ 称为输入函数（表示输入数据），函数 $w(\cdot)$ 称为滤波器或卷积核（Kernel），这两个函数的叠加结果即为输出 s，称为特征映射或特征图谱（Feature Map）。

在理论上，输入函数可以是连续的，因此通过积分可以得到一个连续的卷积。但实际上，在数字计算机处理场景下，卷积操作是不能处理连续（模拟）信号的，因此需要将连续函数离散化。

事实上，一般情况下，我们并不需要记录任意时刻的数据，而是以一定的时间间隔（也即频率）进行采样即可。对于离散信号，卷积操作可用式（7-3）表示。

$$s(t) = f(t) * w(t) = \sum_{a=-\infty}^{\infty} f(a)w(t-a) \qquad (7\text{-}3)$$

7.2.2　生活中的卷积

在前面我们已经提到，函数（Function）的本质就是功能（Function），功能的抽象描述就是函数，两者的内涵是相通的。卷积是函数的叠加，而函数的叠加，更通俗地讲，就是功能的叠加。

卷积的概念比较抽象，好在抽象的理论通常都源于具象的现实。为了便于理解这个概念，我们可以借助现实生活中的案例来辅助说明。

举例来说，在一根铁丝的某处不停地弯曲它，假设发热函数是 $f(t)$，散热函数是 $g(t)$，此时此刻的温度就是 $f(t)$ 与 $g(t)$ 的卷积。在一个特定环境下，发声体的声源函数是 $f(t)$，该环境下对声源的反射效应函数是 $g(t)$，那么在这个环境下感受到的声音就是 $f(t)$ 与 $g(t)$ 的卷积。

类似地，记忆也可视为一种卷积的结果[3]。假设认知函数是 $f(t)$，它代表对已有事物的理解和消化，遗忘函数是 $g(t)$，那么人脑中记忆函数 $h(t)$ 就是函数 $f(t)$ 与 $g(t)$ 的卷积，即

$$(f * g)(t) \stackrel{\text{def}}{=} \int_{-\infty}^{+\infty} f(\tau) * g(t - \tau) \mathrm{d}\tau \qquad （7\text{-}4）$$

卷积运算在图像处理等领域有着广泛的应用。以图像处理为例，它的作用就是对原始图像或卷积神经网络上一层的特征进行变换，即特征抽取。这就是为什么卷积后的结果被称为"特征图谱"的原因。

7.3　图像处理中的卷积

图像识别是卷积神经网络大显神威的地方，下面我们就以图像处理为例来说明卷积的作用。

7.3.1　计算机"视界"中的图像

对图 7-8(a)而言，正常人很容易判定出图像中分别是一个数字"8"和一只猫。但是，对于计算机而言，它们看到的是数字矩阵（每个元素都是 0～255 的像素值），至于它们据此能不能判定出是数字"8"和猫，这要依赖于计算机算法，这也是人工智能的研究方向之一。

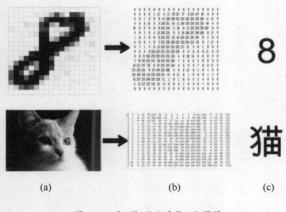

(a)　　　　　　(b)　　　　(c)

图 7-8　机器"眼中"的图像

在如图 7-8(b)所示的矩阵中，每个元素均表示该像素中的亮度强度。在这里，0 表示黑色，255 表示白色，数字越小，越接近黑色。在灰度图像中，每个像素值仅表示一种颜色的强度。也就是说，黑白图像只有一个通道，而在彩色图像中，可以有 3 个通道，分别指 R、G、B（红、绿、蓝）等 3 种演示。在这种情况下，把三个不同通道的像素矩阵堆叠在一起，即可描述彩色图像。

在图像处理中应用卷积操作，其主要功能在于，利用特征模板对原始信号（输入图像）进行滤波操作，从而达到提取特征的目的。卷积可以很方便地通过从输入的一小块数据矩阵（一小块图像）中学到图像的特征，并能保留像素间的相对空间关系。下面举例说明在二维图像中使用卷积的过程。

> 物理学对波的研究已经非常深入了，提出了很多处理波的方法，其中就有滤波器（Filter），其作用是过滤掉某些波（或说噪音信号），而保留另一些波。
>
> 简单来说，滤波就是一种信息萃取的方式。卷积操作本质上就是一种滤波行为。

7.3.2　卷积运算

在信号处理或图像处理中，经常使用一维（1D）卷积或二维（2D）卷积运算。下面，我们先来说明一维卷积运算，它经常用在信号处理任务中。

一维信号的两个向量的卷积结果仍然是一个向量，其计算过程如图 7-9 所示。首先，将两个向量的首元素对齐，并截取长向量的多余部分，然后，做这两个维度相同元素的向量内积运算。例如，一开始，向量(1, 2, 3)与临时向量(4, 5, 6)做点乘，即 $1×4+2×5+3×6=32$，这样就得到了结果向量的第一个元素 32，如图 7-9(a)所示。

然后重复"滑动–截取–计算内积"这个流程，直到短向量和长向量最后一个元素对齐位置，如图 7-9(c)所示。综合看来，上述例子中的卷积运算可以描述为$(1, 2, 3)*(4, 5, 6, 7, 8)=(32, 38, 44)$。其中，$(32, 38, 44)$就是计算出来的特征向量。

很显然，特征向量$(32, 38, 44)$的长度（3）要比长向量$(4, 5, 6, 7, 8)$的长度（5）要短。有时，我们希望得到的特征向量和长向量等长，这时，我们可以将长向量$(4, 5, 6, 7, 8)$左右两边都扩充一个 0，得到一个更长的向量$(0, 4, 5, 6, 7, 8, 0)$，然后重复如图 7-9 所示的计算过程，就会得到一个长度与原始长向量等长的结果向量（特征向量长度也为 5）。

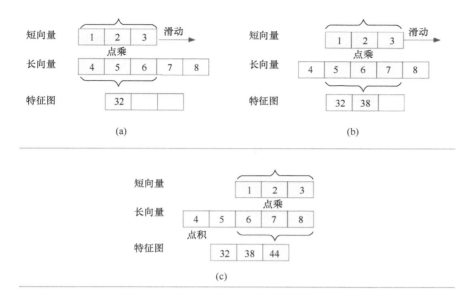

图 7-9　向量（一维）卷积的计算过程

　　该计算过程并不复杂，读者可自行推算。这种左右两侧都扩充一个 0 的操作，称为补零（Zero Padding），在后面的章节中，我们还会提及到。

　　前面讨论了一维向量的卷积，那么二维向量（矩阵）的卷积又是怎样处理的呢？二维卷积运算常用在图像任务中，它与一维向量的卷积具有相似性。

　　在图像处理领域中，卷积的两个对象都是离散的二维矩阵。在卷积神经网络中，通常利用一个局部区域（在数学描述上就是一个小矩阵）去扫描整个图像，在这个局部区域的作用下，图像中的所有像素点会被线性变换组合，形成下一层的神经元节点。这个局部区域被称为卷积核（Kernel）。

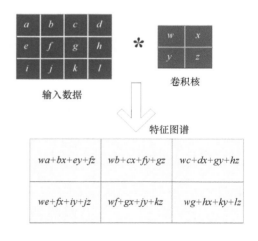

　　在图 7-10 中，为了便于读者理解，图像数据矩阵的像素值分别用诸如 a、b、c 和 d 这样的字母代替，卷积核是一个 2×2 的小矩阵。需要注意的是，在其他场合，这个小矩阵也被称为滤波器（Filter）或特征检测器（Feature Detector）。若将卷积核分别应用到输入的图像数据矩阵上，按照从左到右、从上到下的顺序分别执行卷积（点乘）运算，则可以得到这个图像的特征图谱。

图 7-10　二维图像数据的卷积操作实例

在不同的文献中，特征图谱也称为卷积特征（Convolved Feature）或激活图（Activation Map）。

从图 7-10 体现出来的计算可以看到，在本质上，离散卷积就是一个线性运算。因此，这样的卷积操作也被称为线性滤波。这里的线性是指我们用每个像素的邻域的线性组合来代替这个像素。

为了理解卷积核这个概念，我们可以设想这样一个场景：假设 E 是一名谍报人员，他发现了一个重要情报，但却无法脱身，于是他用一种隐形墨水，把情报信息写入一幅很大的油画中，然后托人带给上司 F。F 利用自己手中特制的方形光源手电筒，从油画的左上角开始，从左到右、从上到下，逐行扫描油画。于是，油画上的情报逐渐显现。

事实上，上面的场景是一个形象的比喻。油画好比我们要识别的对象，而特制的手电筒好比是卷积核，也就是滤波器。手电筒照过的区域称为感受域，而逐渐被解密的情报就好比特征图谱。

现在，让我们思考一个问题，为什么这个卷积核能够检测出特征呢？一种通俗的解释是：在图像中，相比于背景，描述物体的特征的像素之间的值差距较大（如物体的轮廓），像素值变化明显，通过卷积操作，可以过滤掉那些变化不明显的信息（背景信息）。

下面我们用更为浅显易懂的示意图来说明这个卷积过程。正如前文所说，每张图片都可视为像素值的矩阵。对灰度图像而言，像素值的范围是 0～255，为了简单起见，我们考虑一个 5×5 的图像，它的像素值仅为 0 或 1。类似地，卷积核是一个 3×3 的矩阵，如图 7-11 所示。

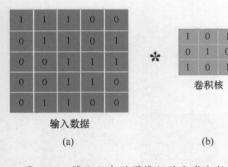

输入数据
(a)

卷积核
(b)

图 7-11　简化版本的图像矩阵和卷积核

下面我们来看一下卷积计算是怎样完成的。我们用卷积核矩阵在原始图像（见图 7-11(b)）上从左到右、从上到下滑动，每次滑动 s 个像素，滑动的距离 s 称为步幅（Stride）。在每个位置上，我们可以计算出两个矩阵间的相应元素乘积，并将点乘结果之和存储在输出矩阵（即卷积特征）的每个单元格中，这样就得到了特征图谱（或称为卷积特征）矩阵，如图 7-12 所示。

现在，让我们看看卷积特征矩阵中的第一个元素 "4" 是如何得来的（见图 7-12(a)）。它的计算过程是：$(1×1+1×0+1×1)+(0×0+1×1+1×0)+(0×1+0×0+1×1)=2+1+1=4$。乘号前面的元素来自原始图像数据，乘号后面的元素来自卷积核，它们之间做点乘，就得到了所谓的卷积特征。其他卷积特征值的求解方法类似，这里不再赘述。

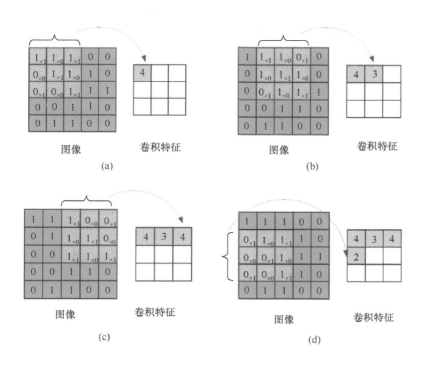

图 7-12　卷积的实现过程（图片来源：斯坦福大学）

7.3.3　卷积在图像处理中的应用

到目前为止，我们只做了一些简单的矩阵运算，卷积神经网络的好处体现在哪里，还不是十分明确。简单来说，这样做的用途在于，将图像相邻子区域的像素值与卷积核执行卷积操作，可以获取相邻数据之间的统计关系，从而可挖掘出图像中的某些重要特征。

这样说来，似乎还是比较抽象的，这些特征到底是什么？下面我们还是用几个图像处理的案例来形象地说明这个概念。卷积在图像处理中是一种常用的线性滤波方式，使用卷积可以达到图像降噪、边界检测、锐化等多种滤波效果，如图 7-13 所示[7]。下面我们简单介绍一下常用的卷积核。

原始图片

操作	卷积核（滤波器）	卷积后图像
同一化	$\begin{bmatrix} 0 & 0 & 0 \\ 0 & 1 & 0 \\ 0 & 0 & 0 \end{bmatrix}$	
边界检测	$\begin{bmatrix} -1 & -1 & -1 \\ -1 & 8 & -1 \\ -1 & -1 & -1 \end{bmatrix}$	
锐化	$\begin{bmatrix} 0 & -1 & 0 \\ -1 & 5 & -1 \\ 0 & -1 & 0 \end{bmatrix}$	
均值模糊化	$\frac{1}{9}\begin{bmatrix} 1 & 1 & 1 \\ 1 & 1 & 1 \\ 1 & 1 & 1 \end{bmatrix}$	

图 7-13　"神奇"的卷积核

需要说明的是，不同于后文提到的 CNN 中的卷积核，下面卷积核都算是超参数，也就是说，属于人们长期摸索而成的先验知识，而不是神经网络学习得到的。

（1）同一化（Identity）。由图 7-13 可知，该核什么也没有做，卷积后得到的图像与原图是一样的。因为该核只有中心点的值是 1，邻域点的权值都是 0，所以滤波后的取值没有任何变化。

（2）边缘检测（Edge Detection），也称为高斯-拉普拉斯算子。需要注意的是，该核矩阵的元素总和值为 0（中间元素为 8，而周围 8 个元素之和为−8），所以滤波后的图像会很暗，而只有边缘位置有亮度。

（3）锐化（Sharpness Filter）。图像的锐化和边缘检测比较相似。首先找到边缘，然后再把边缘像素加到原来的图像上，如此一来，强化了图像的边缘，使得图像看起来更加清晰。

（4）均值模糊化（Box Blur /Averaging）。该卷积核矩阵的每个元素值都是 1，它将当前像素和它的四邻域的像素一起取平均值，然后再除以 9。均值模糊比较简单，但图像处理得不够平滑。因此，还可以采用高斯模糊核（Gaussian Blur），这个核被广泛用在图像降噪上。

 * 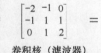 =

原始图像　　　　卷积核（滤波器）　　　　卷积后图像

图 7-14　浮雕核的应用

事实上，还有很多有意思的卷积核，如浮雕核（Embossing Filter），它可以给图像营造出一种艺术化的 3D 阴影效果，如图 7-14 所示。浮雕核将中心一边的像素值减去另一边的像素值。这时，卷积出来的像素值可能是负数，我们可以将负数当成阴影，而把正数当成光，然后再对结果图像加上一定数值偏移即可。

从上面的操作可以看出，所谓的卷积核，在形式上看，就是一个个权值矩阵。它们用于处理单个像素与其相邻元素之间的关系。

卷积核中的各个权值相差较小，实际上就相当于每个像素与其他像素取平均值，因此有模糊降噪的功能（见图 7-13 中的均值模糊化）。若卷积核中的权值相差较大（以卷积核中央元素来观察它与周边元素的差值），则能拉大每个像素与周围像素的差距，也就能得到提取图像中物体边缘或锐化的效果（见图 7-13 中的边缘检测和锐化）。

7.4　卷积神经网络的结构

在了解卷积这个核心概念之后，下面我们来讨论卷积神经网络的拓扑结构。一旦理解清楚它的设计原理，再动手实战，在诸如TensorFlow、Keras 等深度学习的框架下，亲自写一个卷积神经网络项目，自然就能较为深刻地理解卷积神经网络的内涵。

下面，我们先在宏观层面认识卷积神经网络中的重要结构，如图 7-15 所示。在不考虑输入层的情况下，一个典型的卷积神经网络通常由若干个卷积层（Convolutional Layer）、激活层（Activation Layer）、池化层（Pooling Layer）及全连接层（Fully Connected Layer）组成。下面先给予简单的介绍，后面会逐个进行详细介绍。

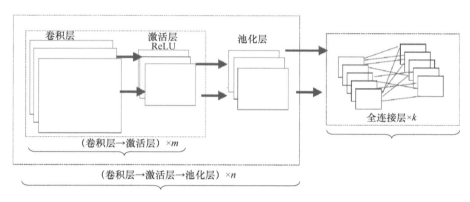

图 7-15　卷积神经网络中的重要结构

- 卷积层：是卷积神经网络的核心所在。在该层中，通过实现"局部感知"和"参数共享"这两个设计理念，来达到两个重要的目的，即降低网络连接和提取信号特征。

- 激活层：通过激活函数引入非线性变换，从而提高整个神经网络的表征能力。

- 池化层：有些资料也将其称为子采样层或下采样层（Subsampling Layer）。简单来说，采样就意味着减小数据规模。

- 全连接层：相当于多层感知机（Multi-Layer Perceptron，MLP），在整个卷积神经网络中起到分类器的作用。通过前面多个"卷积层→激活层→池化层"的反复处理，待处理的数据特性已有了显著改善：一方面，输入数据的维度已下降到可用传统的全连接前馈神经网络来处理了；另一方面，此时的全连接层输入的数据已不再是"泥沙俱下，鱼龙混杂"，而是经过反复提纯过的结果，因此输出的分类品质要高得多。

事实上，我们还可以根据不同的业务需求，构建出不同拓扑结构的卷积神经网络。也就是说，可以先由 m 个（$m \geqslant 1$）卷积层和激活层叠加，然后（可选）进行一次池化操作，重复这个结构 n 次，最后叠加 k 个全连接层。

通过前面的层层堆叠，将输入层导入的原始数据逐层抽象，形成高层语义信息，送到全连接层进行分类，该过程称为前馈运算（Feed-forward）。最终，全连接层将其目标任务（分类、回归等）形式化，表达为目标函数（或称损失函数）。

通过计算输出值和预期值之间的差异，得到误差或损失（Loss），然后再通过前面章节讲到的反向传播算法，将误差逐层向后反馈（Back-Forward），从而更新网络连接的权值。多次这样的前馈计算和反馈更新，直到模型收敛（误差小于给定值）。如此这般，一个卷积神经网络模型就训练完成了。下面我们一一详细讲解卷积神经网络中这几个层的设计理念。

7.5 卷积层要义

有了上面工作的铺垫，下面我们来聊聊卷积层的三个核心概念：局部连接、空间位置排列及权值共享。

7.5.1 卷积层的局部连接

相比于相邻网络层的完全连接，卷积核就是一个局部小区域。

如前所述，全连接很多时候可能毫无必要。局部连接强调的是"焦距当下"，即利用卷积核与前一层神经网络进行局部连接。

卷积神经网络的最核心的创新之一，就是用局部连接（Local Connectivity）代替全连接。局部连接也称为局部感知或稀疏连接，它是通过前层网络和卷积核实施卷积操作来实现的。

为了便于说明，我们先用一维空间的卷积来说明局部连接的含义。全连接要求前后两个网络层每一个神经元都是两两连接的（见图 7-16(a)），实际上，这种全连接并不是必需的。而局部连接则不同，我们假设在卷积层（假设是第 l 层）中的每一个神经元都只与前一层（第 $(l-1)$ 层）中的某个局部窗口内的神经元相连，构成一个局部连接网络，如图 7-16(b) 所示，这样卷积层与下一层之间的连接数大大减少，由原来的 $M_l \times M_{l-1}$ 个连接变为 $M_l \times K$ 个连接，这里 K 为卷积核的大小。

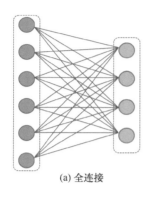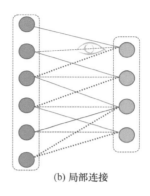

(a) 全连接　　　　　　　(b) 局部连接

图 7-16　全连接与局部连接示意图

局部连接要比原来全连接稀疏很多。因此，局部连接也称为稀疏连接（Sparse Connectivity）。

7.5.2　卷积核深度

卷积核的深度（Depth），对应的是卷积核的个数。每个卷积核都只能提取输入数据的部分特征。显然，在大部分场景下，单个卷积核提取的特征是不充分的。这时，我们可以通过添加多个卷积核来提取多个维度的特征。每个卷积核与原始输入数据执行卷积操作都会得到一个卷积特征。将多个这样的特征汇集在一起，称为特征图谱。

每个卷积核提取的特征都有各自的侧重点。通常来说，多个卷积核的叠加效果要比单个卷积核的分类效果好得多。例如，在 2012 年的 ImageNet 竞赛中，Hinton 与他的学生 Krizhevsky 构造了第一个大型深度卷积神经网络，即现在众所周知的 AlexNet[8]，成为第一个深度神经网络的应用，在这个夺得冠军的算法中，使用了 96 个卷积核。可以说，从那时起，深度卷积神经网络一战成名，逐渐被世人瞩目。

7.5.3　步幅

步幅（Stride），是指在输入矩阵上滑动滤波矩阵的像素单元个数。设步幅大小为 s，当 s 为 1 时，滤波器每次移动 1 像素，当 s 为 2 时，滤波器每次移动 2 像素。为简单起见，以一维数据为例，当卷积核为(1, 0, −1)，步幅分别为 1 和 2 时，图 7-17 显示了输入层后卷积层的神经元分布情况。从图中可以看出，s 越大，得到的特征图越小。

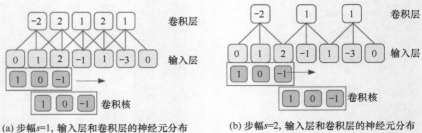

(a) 步幅s=1, 输入层和卷积层的神经元分布   (b) 步幅s=2, 输入层和卷积层的神经元分布

图 7-17 当步幅为 1 和 2 时，输入层和卷积层的神经元分布情况

7.5.4 填充

在有些场景下，卷积核的大小并不一定刚好被输入数据矩阵的维度大小整除[①]。因此，会出现卷积核不能完全覆盖边界元素的情况，这时部分边界元素将无法参与卷积运算。

此时，该如何处理这类情况呢？处理的方式通常有两种：第一种为有效填充（Valid Padding）。在这种策略下，直接忽略无法计算的边缘单元，实际上就是 padding = 0，即不填充。在步幅 $s = 1$ 时，图像的输入和输出维度关系为

$$
\begin{aligned}
H_{\text{out}} &= H_{\text{in}} - H_{\text{kernel}} + 1 \\
W_{\text{out}} &= W_{\text{in}} - W_{\text{kernel}} + 1
\end{aligned}
\tag{7-5}
$$

其中，H_{in} 和 H_{out} 分别表示图像的输入高度和输出高度（Height），H_{kernel} 表示卷积核的高度。类似地，W_{in} 和 W_{out} 分别表示图像的输入宽度和输出宽度（Width），W_{kernel} 表示卷积核的宽度。

例如，对于一个 800 像素×600 像素的图片，我们用 3×3 的卷积核进行卷积操作，利用式（7-5），很容易计算出卷积核可以有效处理的图片范围为 798 像素×598 像素。也就是说，原图的上、下、左、右均减少一个像素。

在有效填充过程中，每次卷积核处理的图像都是有效的，但原图也被迫做了裁剪，即变小了。这种策略犹如削足而适履，所以还有第二类常用的处理方式。

第二种处理方式是等大填充（Same Padding）。在这种处理模式下，在

[①] 与是否整除相比，使用填充更重要的好处在于，它可使卷积前后的图像尺寸保持相同，并且可以保持边界信息。换句话说，若没有填充策略，则边界元素与卷积核卷积的次数可能会少于非边界元素的数量。

输入矩阵的周围填充若干圈"合适的值",使得输入矩阵边界处的大小刚好与卷积核的大小匹配。这样一来,输入数据中的每个像素都可以参与卷积运算,从而保证输出图片与原图保持大小一致(这也是等大填充名称的由来)。

这里所说的"合适的值"有两类:第一类是填充最邻近边缘的像素值,即就近取材,重复利用,或者认为图片是无限循环的,用镜像翻转图片作为填充值;第二类更简单,直接填充 0,称为零值填充(Zero-Padding)。这样的填充相当于对输入图像矩阵的边缘进行一次滤波。

事实上,零值填充通常应用更为广泛。使用零值填充的卷积称为宽卷积(Wide Convolution);不适合使用零值填充的卷积称为窄卷积(Narrow Convolution)。

下面举例说明这个概念。假设步幅 s 的大小为 2,为了简便起见,我们假设输入数据为一维矩阵[0, 1, 2, -1, 1, -3],卷积核也是一维矩阵[1, 0, -1]。在移动两次后,此时输入矩阵边界剩余一个元素-3,如图 7-18(a)所示。此时,便可以在输入矩阵填入额外的 0 元素,使得输入矩阵变成[0, 1, 2, -1, 1, -3, 0],这样一来,所有数据都能得到处理。

图 7-18 是以一维数据为例来说明问题的。对于二维数据,零值填充就是围绕原始数据的周边来补零的圈数。在构造卷积层时,对于给定的输入数据,若确定了卷积核的大小、步幅及补零个数,则卷积层的空间分配就能确定下来。当补零的数目和步幅对输出都有影响时,输出的特征图谱的高度和宽度分别为

$$H_{out} = \left\lfloor \frac{H_{in} + 2H_{padding} - H_{kernel}}{H_{stride}} \right\rfloor + 1$$

$$W_{out} = \left\lfloor \frac{W_{in} + 2W_{padding} - W_{kernel}}{W_{stride}} \right\rfloor + 1$$

（7-6）

其中,$\lfloor \cdot \rfloor$ 操作表示向下取整。$H_{padding}$ 表示在垂直维度上的补零高度,H_{stride} 表示在垂直维度上的步幅大小,$W_{padding}$ 表示在水平维度上的补零宽度,W_{stride} 表示在水平维度上的步幅大小。

对于更高维的数据而言,对每个维度的数据都可以参照式(7-6)进行计算。图 7-19 是一个在等大填充模式下填充零值的示意图,在该二维矩阵中,我们在其周围填充了一圈 0,在步幅为 1 的情况下,可以确保原始矩阵的任何一个元素都能成为卷积核的中心点,从而保证卷积前后的图像大小是一致的。

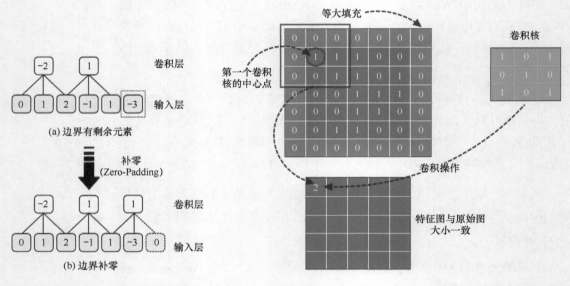

图 7-18　在输入矩阵边界处填充零

图 7-19　在等大填充模式下填充零的示意图

7.5.5　权值共享

卷积层涉及的另外一个核心概念是权值共享（Shared Weights）。那么为什么要实现权值共享机制呢？其实也是无奈之举。前文我们提到，通过局部连接处理后，神经元之间的连接个数已经有所减少。但如果卷积核比较多，那么整体上的下降幅度并不大，还是无法满足高效训练的需求。而权值共享就是来解决这个问题的。该如何理解权值共享呢？

我们可以将每个卷积核都当成一种特征提取方式，这种方式与图像的位置无关。这里隐含的假设是：图像的统计特性与其他部分的统计特性是一样的。

这就意味着，我们把同一个卷积核的所有神经元用相同的权值与输入层神经元相连，如图 7-20 所示。

在图 7-20 中，假设输入层是一维的，且神经元有 7 个，$x=[x_1, x_2, x_3, x_4, x_5, x_6, x_7]=[0, 1, 2, -1, 1, -3, 0]$。隐含层的神经元有 3 个，$h=[h_1, h_2, h_3]$，权值向量为 $w=[w_1, w_2, w_3]=[1, 0, -1]$。这个权值向量用于计算隐含层的 h_1、h_2 和 h_3，即

> 可以想象一下，卷积核在前一个网络层上做滑动积分时，卷积核内的数值不变，这种"以不变应万变"的卷积过程，就是权值共享。

$$h_1 = \boldsymbol{w} \bullet \boldsymbol{x}[1:3] = 0 \times 1 + 1 \times 0 + 2 \times (-1) = -2$$
$$h_2 = \boldsymbol{w} \bullet \boldsymbol{x}[3:5] = 2 \times 1 + (-1) \times 0 + 1 \times (-1) = 1$$
$$h_3 = \boldsymbol{w} \bullet \boldsymbol{x}[5:7] = 1 \times 1 + (-3) \times + 0 \times (-1) = 1$$

从上面的计算过程可以看出，在分别计算隐含层元素 h_1、h_2、h_3 时，权值向量都是一样的，换句话说，它们的权值都是彼此共享的。细心的读者可能看出来了，图 7-20 与图 7-18 非常类似。的确是这样的，我们前面反复提及的卷积核，其实就是这里的权值共享表。

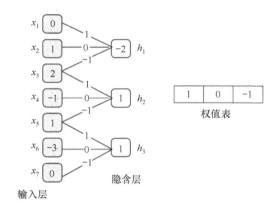

图 7-20 权值共享示意图

如果单从数据特征上来看，那么我们可以把每个卷积核（即过滤核）都当成一种特征提取方式。基于局部连接和权值共享的特性，卷积层的参数只有一个 K 维的权值 $\boldsymbol{w}$ 和一维的偏置 b，共$(K + 1)$个参数。权值参数的数量与神经元的数量无关，只与卷积核的大小有关[1]。

需要说明的是，图 7-13 中的各种卷积核都是来自计算机工程师或领域专家的经验，通常具有可解释性。而深度学习中的卷积核则不同，它是网络参数的一部分，是通过数据拟合自己学习出来的。权值共享保证了在学习过程中，一个卷积核只需要学习一套参数集合即可。

7.6 激活层

激活层并不是卷积神经网络中专有的层，它与普通的前馈神经网络一样，仅仅是为了提高神经网络的表征能力而添加的一种非线性变换。

我们知道，从宏观来讲，在本质上，人工神经网络分为两个层次：显层和隐层（隐含层）。显层就是我们能感知到的输入层和输出层，而隐含层则是除输入层和输出层外的无法被我们感知的层，可以将其理解为数据的内在表达[11]。

在前面的章节中，我们已经提到，如果隐含层具有足够多的神经元，那么神经网络能够以任意精度逼近任意复杂度的连续函数，这就是大名鼎鼎的通用近似定理（Universal Approximation Theorem）。

事实上，神经元与神经元的连接都是基于权值的线性组合。而线性的组合依然是线性的，这样网络的表达能力就非常有限了。换句话说，如果全连接层没有非线性部分，那么在模型上叠加再多的网络层，意义都是非常有限的，因为这样的多层神经网络最终会"退化"为一层神经元网络。

这样一来，通用近似定理又是如何起作用的呢？这就得请激活函数出山了。虽然神经元之间的连接是线性的，但激活函数可不一定是线性的，有了非线性的激活层函数，无论是多么复杂的函数，我们都能将其近似地表征出来。加入（非线性的）激活函数后，深度神经网络才具备分层的非线性映射学习能力。因此，激活函数是深度神经网络中不可或缺的一部分。

目前，在卷积神经网络中，最常用的激活函数就是修正线性单元（Rectified Linear Unit，ReLU）。这个激活函数是由 Krizhevsky 和 Hinton 等人在 2010 年提出来的[9]。标准的 ReLU 非常简单，即 $f(x) = \max(x, 0)$。简单来说，当 $x > 0$ 时，输出为 x；当 $x \leqslant 0$ 时，输出为 0。

虽然 ReLU 有不少优点，但 ReLU 的这种简单直接的处理方式也会带来一些副作用。而其中最为突出的问题就是，它有过于宽广的兴奋域。Sigmoid 函数和 Tanh 函数都会对输入数据的值域上界进行限制。例如，前者的值域为(0, 1)，后者的值域为(-1, 1)，它们都是饱和型非线性函数。

然而，ReLU 则完全不会限制输入数据的值域。当 $x > 0$ 时，输出一直为 x，也就是说，ReLU 是非饱和型线性函数。但随着训练的推进，一个非常大的梯度经过一个 ReLU 神经元，更新过参数后，部分输入会落入硬饱和区，即大数导致数值不稳定，计算值溢出，变成负值，这时 ReLU 的输出永远为 0。

> 当 $x < 0$ 时，ReLU 陷入硬饱和区。

如果发生了这种情况，那么这个神经元的梯度就永远都被锁定为 0。从而进一步导致该神经元永远无法对权值实施更新，相当于这个神经元"死掉了"。因此，此时的 ReLU 也被戏称为"死掉的 ReLU（Dying ReLU）"[10]。有研究表明，如果学习率很大，那么甚至有可能会让神经网络中的 40%的神经元都被迫"死掉"。

目前，还有一些研究工作对 ReLU 进行了改进，提出了一系列诸如 leaky-ReLU、random ReLU 及 PReLU 等优化方案，有兴趣的读者可自行查阅相关资料。

7.7 池化层

说完了激活层，下面我们讨论池化层。池化层也称子采样层或汇聚层，它是卷积神经网络的另外一个"神来之笔"。通常来说，当卷积层提取目标的某个特征后，我们都要在两个相邻的卷积层之间安排一个池化层。

池化就是把小区域的特征通过整合得到新特征的过程。以如图 7-21 所示的二维数据为例，如果输入数据的维度大小为 $W \times H$，那么给定一个过滤器，其大小为 $w \times h$。池化层考察的是在输入数据中，大小为 $w \times h$ 的子区域之内，所有元素具有的某一种特性。常见的统计特性包括最大值、均值、累加和及 L_2 范数等。池化层力图用统计特性反映出来的一个值来代替原来 $w \times h$ 的整个子区域。

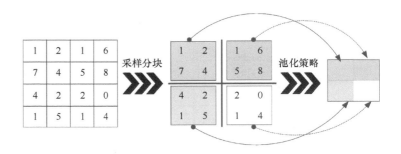

图 7-21　对二维数据进行池化操作

因此总结来说，池化层设计的目的主要有两个。最直接的目的就是减少下一层待处理的数据量。例如，当卷积层的输出大小是 32×32 时，如果过滤器的大小为 2×2，那么经过池化层处理后，输出数据的大小为 16×16，也就是说，现有的数据量一下子减少到池化前的 1/4。当池化层最直接的目的达到后，那么它的第二个目的也就间接达到了，即减少了参数数量，从而可预防神经网络陷入过拟合状态。

下面我们举例说明常用的最大池化函数和平均池化函数是如何工作的。我们以一维向量[1, 2, 3, 2]为例来说明两种不同的池化策略在前向传播和反向传播中的差异。

（1）最大池化（Max Pooling）函数

前向传播操作：取滤波器最大值作为输出结果，因此有 forward(1, 2, 3, 2) = 3。

反向传播操作：滤波器的最大值不变，其余元素均置为 0，因此有 backward(3) = [0, 0, 3, 0]。

（2）平均池化（Average Pooling）函数

前向传播操作：取滤波器范围内所有元素的平均值作为数据结果，因此有 forward(1, 2, 3, 2) = 2。

后向传播操作：滤波器中所有元素的值都取平均值，因此有 backward(2) = [2, 2, 2, 2]。

有了上面的解释，我们很容易得出图 7-21 所示的两种不同的池化策略前向传播的结果，如图 7-22 所示。

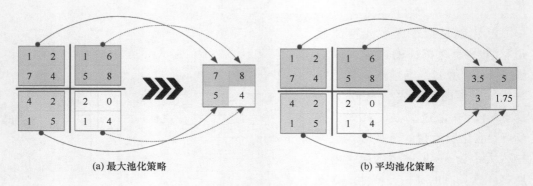

(a) 最大池化策略　　　　　　　　　(b) 平均池化策略

图 7-22　两种不同的池化策略结果的对比图

最大池化的结果就是保证前文提到的不变性（Invariance）。也就是说，如果输入数据的局部进行了线性变换操作（如平移、旋转或缩放等），那么经过池化操作后，输出的结果并不会发生变化。其中，局部平移不变性特别有用，尤其是我们关心某个特征是否出现，而不关心它出现的位置时。例如，在模式识别场景中，当检测人脸时，我们只关心图像中是否具备人脸的特征，而并不关心人脸是在图像的左上角还是右下角。

因为池化综合了（过滤核范围内的）全部邻居的反馈，即通过 k 个像素的统计特性而不是单个像素来提取特征的，自然这种方法能够大大提高神经网络的健壮性。

7.8　全连接层

前面我们讲解了卷积层、激活层和池化层。但要记住卷积神经网络的终极任务，通常是对图像进行分类，而分类就少不了全连接层的参与。

因此，在卷积神经网络的最后，还有一个或多个至关重要的全连接层。"全连接"意味着，前一层网络中的所有神经元与下一层网络中的所有神经元全部相连。实际上，全连接层就是传统的多层感知机。

如果说前面提及的卷积层、池化层和激活层等操作是将原始数据映射到隐含层特征空间，那么设计全连接层的目的在于，将前面各个层预学习到的分布式特征表示，映射到样本标记空间中，然后利用损失函数来调控学习过程，最后给出对象的分类预测。在某种程度上讲，甚至可以认为，前面的卷积层、池化层和激活层的数据操作，是对全连接层数据的

"预处理"。

我们可以将全连接层看成一个用于分类的多层感知机算法。因此前面章节中讲解的基于梯度递减的优化算法（如 BP 算法、Adam、交叉熵等），依然能在这样的全连接层中得到应用。

需要说明的是，观察图 7-15 可知，在卷积神经网络的前面几层是卷积层、激活层和池化层的交替转换，这些层中的数据（连接权值）通常都是高维度的。但全连接层比较"淳朴"，它的拓扑结构就是一个简单的 $n \times 1$ 模式，犹如一根擎天的金箍棒。

所以卷积神经网络前面的层在接入全连接层之前，必须先将高维张量展平成一维向量组（形状为 $n \times 1$），以便于和后面的全连接层进行适配，这个额外的多维数据变形工作层为展平层（Flatten Layer）。然后，这个展平层成为全连接层的输入层，其后的网络拓扑结构就如同普通的前馈神经网络一般，后面跟着若干个隐含层和一个输出层，如图 7-23 所示。

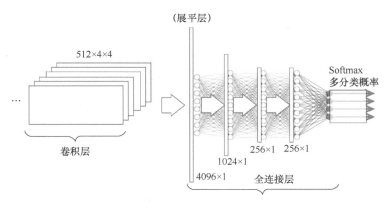

图 7-23　全连接层示意图

虽然全连接层处于卷积神经网络最后的位置，看起来貌不惊人，但由于全连接层的参数冗余，导致该层参数的总数占据整个网络参数的大部分比例（有的可高达 80%以上）。

这样一来，稍有不慎，全连接层就容易陷入过拟合的窘境，导致网络的泛化能力很难尽如人意。因此，在 AlexNet 中，不得不采用 Dropout 措施，随机丢弃部分节点来弱化过拟合现象。

7.9　防止过拟合的 Dropout 机制

2012 年，Geoffrey Hinton 等人发表了一篇引用率很高的论文[11]，其中提到了一种在深度学习中广为使用的技巧——Dropout（随机丢弃，也有资料将其译作"随机失活"），实际上它是一个防止过拟合的正则化技术。

在神经网络学习中，Dropout 以某种概率暂时丢弃一些单元，并丢弃与它相连的所有节点的权值，若某节点被丢弃（或称为抑制），则输出为 0。Dropout 的工作示意图如图 7-24 所示，图 7-24(a)为原始图，图 7-24(b)

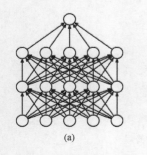 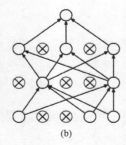

(a)　　　　　　　　(b)

图 7-24　Dropout 的工作示意图（图片来源：参考资料[11]）

为 Dropout 后的示意图，很明显，Dropout 之后的网络"清瘦"了很多，由于少了很多连接，所以网络也简单了很多。

事实上，Dropout 也是一种学习方式。通常分为两个阶段：学习阶段和测试阶段。在学习阶段，以概率 p 主动、临时性地忽略部分隐藏节点。这一操作的好处在于，在较大程度上缩小了网络的规模，而在这个"残缺"的网络中，让神经网络学习数据中的局部特征（部分分布式特征）。在多个"残缺"网络（相当于多个简单网络）中进行特征学习，总比仅在单个健全网络上进行特征学习，其泛化能力来得健壮。

而在测试阶段，将参与学习的节点和那些被隐藏的节点以一定的概率 p 加权求和，综合计算得到网络的输出。对于这样的"分分合合"的学习过程，有学者认为，Dropout 可视为一种集成学习（Ensemble Learning）。

> 这里顺便勘误一下，这个"皮匠"乃误传，实为"裨将"之谐音，也就是"副将"。

这里顺便介绍一下集成学习的理念，它有点类似于中国的那句古话"三个臭皮匠，赛过诸葛亮"。在对新实例进行分类时，集成学习将若干单个分类器集成起来，通过对多个分类器的分类结果进行某种优化组合，最终通过投票法决定分类的结果，即采用了"少数服从多数"的原则。

通常，集成学习可以取得比单个分类器更好的性能。如果把单个分类器比作一个决策者，那么集成学习的方法相当于多个决策者共同商定的一项决策。

但需要指出的是，要获得较好的集成效果，每一个单独学习器都要保证做到"好而不同"。也就是说，个体学习器都要有一定的准确性，并保证有多样性（Diversity），也就是说，学习器要有差异性，有了差异性，才能兼听则明，表现出更强的鲁棒性。

7.10　经典的卷积神经网络结构

前面的介绍仅给出了卷积神经网络的主要构成，而具体的网络构架方法有很多种。比较经典的卷积神经网络有 LeNet（1986 年）、AlexNet（2012 年）、GoogleNet（2014 年）、VGG（2014 年）和 ResNet（2015 年）。本节主要介绍其中几种典型的深层卷积神经网络，更为详细的介绍，还需要读者自行查阅相关文献。

7.10.1 LeNet-5

如前所述，杨立昆提出的 LeNet 是最早应用于数字识别的卷积神经网络[5]。它在推进深度学习的发展上功不可没，LeNet-5 是它的第 5 个演化版本。LeNet-5 共有 7 层（不包括输入层），每层都包含不同数量的训练参数。各层的结构如图 7-25 所示。

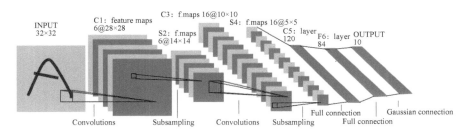

图 7-25　LeNet 的各层结构（图片来源：参考资料[5]）

在 LeNet-5 中，主要有卷积层（Convolutions）、亚采样层（Subsampling，池化层）和全连接层（Full connection）3 种连接方式。当前的卷积神经网络标配结构一般是：卷积 – ReLu 激活 – 池化，而在 LeNet-5 中的流程稍有不同，它采用"卷积 – 亚采样 – 激活"的结构。这里的"亚采样"其实就是现在称呼的"池化"。

LeNet-5 极大地启发了现代 CNN 结构的设计。但需要注意的是，LeNet-5 中的亚采样并不是现代卷积神经网络结构中常用的最大池化，而是平均池化，其效果是"4→1"，即前层 4 个神经元通过平均池化，变成 1 个数，神经元数量变少了，这个与最大池化的理念有相似之处。此外，LeNet-5 在激活层中的函数是 Sigmoid 函数，而当前的卷积神经网络结构中大多采用 ReLU 函数。在网络的最后，当下流行卷积神经网络和 LeNet-5 是相同的，都使用全连接层来辅助完成分类任务。

7.10.2 AlexNet

在 AlexNet 出现之前，神经网络沉寂良久。终于，在 2012 年出现了转机，Hinton 和他的博士生 Alex Krizhevsky 等人提出了 AlexNet，并一举拿下当时 ImageNet 比赛的冠军。相比于前一年的冠军，Top-5 的错误率一下子下降了 10 个百分点（达到 16.4%），而且远远超过当年的第二名（错误率为 26.2%），可见其功力非同一般，从而也确立了深度学习（确切来说是深度卷积神经网络）在计算机视觉领域中的统治地位。

AlexNet 不仅继承了 LeNet 的优点，还应用到更复杂的网络中，并发扬光大。也正是因为 AlexNet 的出现，人们更加相信深度学习可以被应用于机器视觉领域中，点燃了人们探究深度学习的热情。因为在那之后，更多、更复杂的神经网络被提出来，如 VGG、Inception 等。

AlexNet 除提出了新的网络架构外，还提出了几项全新的技术，如 ReLU、Dropout 及 LRN 等。与此同时，AlexNet 还使用当时最流行的硬件 GPU 来实施加速，并开源了他们的代码，极大地推动了深度学习的发展。AlexNet 的整体结构如图 7-26 所示。

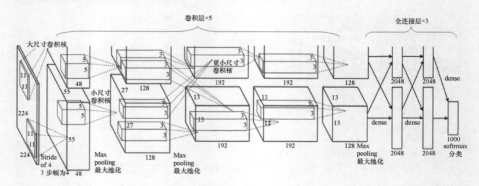

图 7-26　AlexNet 的整体结构（图片来源：参考资料[8]）

AlexNet 的应用创新主要表现在以下 6 个方面[8]。

（1）成功应用了 ReLU 激活函数。虽然 ReLU 并非 AlexNet 的原创，但是真正能发挥神奇功效并被世人所知的时间节点，还要当属它在 AlexNet 中的成功应用。

（2）成功使用了 Dropout 机制。在 AlexNet 中的最后几个全连接层中，都利用 Dropout 机制避免过拟合的发生。

（3）使用了重叠的最大池化。此前的卷积神经网络，通常使用平均池化，而 AlexNet 全部使用最大池化，成功避免了平均池化带来的模糊化效果。此外，AlexNet 令步长比池化核的尺寸小一些，这样做的好处在于，池化层的输出彼此有重叠和覆盖，这丰富了特征提取的多样性。

（4）提出局部响应规范化（Local Response Normalization，LRN）。规范化的特性，在本质上，也是"抑制"，即它将较大的输入抑制到指定范围内。由于 ReLU 是无边界函数，因此我们希望能利用某些形式的规范化，将无边界的 ReLU 输出"抑制"到有界范围内，从而提升高频特征的提取效率。

（5）使用 GPU 加速训练过程。之前杨立昂等人之所以止步于"收割"卷积神经网络的红利，其中很大的一个原因是，卷积神经网络受限于当时计算机硬件的"算力"。

（6）使用了数据增强（Data Augmentation）策略。深度学习项目通常需要大量的数据作为支撑，但是在现实中，我们很难找到数量庞大的数据集合来满足训练需求。另一方面，若训练数据量太少，则通常会造成欠拟合等问题。

那么该如何解决这个问题呢？数据增强通过技术手段根据现有的数据集合，合法地"伪造"（增强）数据。这些手段主要包括：水平/竖直翻转、随机裁剪、修改颜色数值、仿射/旋转变换及添加噪声等。

AlexNet 一共分为 8 层，包括 5 个卷积层和 3 个全连接层，在每个卷积层后面都跟着一个最大值下采样层和一个局部响应规范化层（LRN）。在前两个全连接层的后面都连着一个 Dropout 层。

7.10.3　VGGNet

2014 年，牛津大学计算机视觉组（Visual Geometry Group，VGG）和 Google DeepMind 的研究员团队共同开发了新一代的深度卷积神经网络：VGGNet[12]，并取得了 ILSVRC2014 比赛分类项目的第二名（第一名是 GoogLeNet[13]，同年由谷歌团队提出）和定位项目的第一名。

VGGNet 成功地构筑了 16~19 层的卷积神经网络，证明了增加网络的深度，能够在一定程度上影响网络的最终性能，使分类错误率大幅下降，于此同时，其泛化能力又很强。到目前为止，VGGNet 仍被广泛应用于图像处理任务。

在某种程度上，可以将 VGGNet 看成网络加深版的 AlexNet，它们的主要网络层"配方"都是由卷积层和全连接层等部分构成的（见图 7-27）。需要注意的是，在 VGGNet 中，最大池化和 ReLU 都属于数据变换，不足以作为一个网络层。

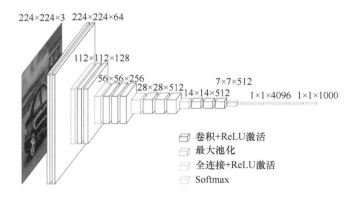

图 7-27　VGG16 的网络拓扑结构图

ConvNet Configuration					
A	A-LRN	B	C	D	E
11 weight layers	11 weight layers	13 weight layers	16 weight layers	16 weight layers	19 weight layers
input (224 × 224 RGB image)					
conv3-64	conv3-64 LRN	conv3-64 conv3-64	conv3-64 conv3-64	conv3-64 conv3-64	conv3-64 conv3-64
maxpool					
conv3-128	conv3-128	conv3-128 conv3-128	conv3-128 conv3-128	conv3-128 conv3-128	conv3-128 conv3-128
maxpool					
conv3-256 conv3-256	conv3-256 conv3-256	conv3-256 conv3-256	conv3-256 conv3-256 conv1-256	conv3-256 conv3-256 conv3-256	conv3-256 conv3-256 conv3-256 conv3-256
maxpool					
conv3-512 conv3-512	conv3-512 conv3-512	conv3-512 conv3-512	conv3-512 conv3-512 conv1-512	conv3-512 conv3-512 conv3-512	conv3-512 conv3-512 conv3-512 conv3-512
maxpool					
conv3-512 conv3-512	conv3-512 conv3-512	conv3-512 conv3-512	conv3-512 conv3-512 conv1-512	conv3-512 conv3-512 conv3-512	conv3-512 conv3-512 conv3-512 conv3-512
maxpool			VGG16	VGG19	
FC-4096					
FC-4096					
FC-1000					
soft-max					

图 7-28　VGG16 与 VGG19 拓扑结构的对比
（图片来源：参考资料[13]）

VGGNet 有两个版本：VGG16 和 VGG19。二者的差别在于模型的深度不一样，如图 7-27 所示，VGG19 有 19 层（图 7-28 中的第 E 列），而 VGG16 有 16 层（图 7-28 中的第 D 列），VGG19 多出的三层都是卷积层。

显然，VGG16 比 VGG19 更轻量化，虽然 VGG19 的性能表现稍好于 VGG16，但模型参数会增加很多，所以性价比并不高。于是 VGGNet 的研究团队适可而止，就把该模型的网络层数"定格"在 VGG19，不再继续增加更多层数了。下面我们简单介绍 VGGNet 的优点。

（1）结构简单

VGGNet 由 5 组卷积层（VGG16 与 VGG19 的每组卷积层的个数不同）、3 层全连接层、Softmax 输出层构成，层与层之间使用 Max-Pool（最大化池）分开，所有隐含层的激活函数都采用 ReLU 函数。

（2）小卷积核和多卷积子层

小卷积核是 VGGNet 的一个重要特点。虽然 VGGNet 依然借鉴了 AlexNet 的网络结构，但并没有采用 AlexNet 网络中比较大的卷积核尺寸（如 7×7），而是使用多个较小卷积核（3×3）的卷积层。

VGGNet 的研究者认为，两个 3×3 的卷积堆叠获得的感受域大小相当一个 5×5 的卷积；而 3 个 3×3 的卷积堆叠获得的感受域大小相当于一个 7×7 的卷积。

小而多的卷积层，一方面可以减少网络参数，另一方面，更多的卷积层相当于进行了更多次的非线性映射，从而提高网络的数据拟合（表达）能力。

7.11　实战：基于卷积神经网络的手写数字识别

在学习了必要理论知识之后，下面我们进入实战环节，来验证所学的理论部分。不同于第 6 章直接利用单层神经网络实现 MNIST 分类（准确率仅为 92%），本节我们利用卷积神经网络来实现相同的任务。利用更高阶的模型，我们期待 MNIST 分类准确率会更高。案例参考了 TensorFlow 提供的官方案例和其他网络资源的示范代码，为了便于读者理解，我们将较大的范例拆解为几个独立的代码段，逐步讲解。

7.11.1 数据读取

首先，我们同样要加载 MNIST 数据集，代码如下所示。

范例 7-1 数据的读取与预处理（mnist_cnn.py）

```
01  import os
02  from tensorflow.keras.datasets.mnist import load_data
03  class DataSource():
04    def __init__(self):
05      data_path = os.path.abspath(os.path.dirname (__file__)) +
                    '/data/mnist.npz'
06      (x_train, y_train), (x_test, y_test) = load_data (path=data_path)
07      # 增加一个通道
08      x_train = x_train[..., tf.newaxis]
09      x_test = x_test[..., tf.newaxis]
10      # 像素值缩放到 0~1 范围内
11      x_train, x_test = x_train / 255.0, x_test / 255.0
12      self.train_images, self.train_labels = x_train, y_train
13      self.test_images, self.test_labels = x_test, y_test
```

代码解析

由于实验数据来自于经典的数据集合，因此数据读取部分的代码和第 6 章的代码类似，而不同的是，这里将数据的加载与一些必要的预处理打包"封装"成一个数据读取的类。我们知道，封装是面向对象编程的一个重要特征，良好的封装性，能提供更为简捷的应用界面。

第 06 行为 datasets.mnist.load_data()配置了数据加载路径，它会从本地设置好的路径加载数据。

对于具备上网条件的读者，可将第 05 ~ 06 行代码，用如下一行代码代替。

```
(x_train, y_train), (x_test, y_test) = load_data ()
```

这是因为，若不设置数据读取路径，则会从国外的一些云平台上自动下载，然而国内下载这些数据集的速度，可能会非常缓慢。

需要注意的是，第 08~09 行的功能是为训练集和测试集添加一个新的维度。在语法细节上，省略号（…）表示读取张量所有维度的数据。

为什么需要增加一个维度呢？在第 6 章的范例中，在处理这个手写数字集合，我们并没有这样操作。下面我们来简单解释这个问题。

在第 4 章我们已经提到，很多成熟的网络模型（如 CNN）在处理图片时，有它们自己的特定格式。对于图片而言，其格式一般定义为：[batch, height, width, channel]，其中 batch 表示一次性处理的图片数量，channel 表

> 💡 需要注意：对于 Windows 用户，第 05 行的路径分隔符需要修改为双斜杠"\\"，如：'\\data\\mnist.npz'.
>
> 其中第一个反斜杠表示转义字符，第二个反斜杠才是路径分隔符。

示图片的通道数，对于彩色图片，channel 为 3（表示 RGB），对于黑白图片，channel 为 1。

基于前面章节相关范例的介绍，我们知道，训练集的尺寸为(60000, 28, 28)，测试集的尺寸为(10000, 28, 28)。换言之，这两个尺寸并没有提供"通道"这个维度。为了适配卷积神经网络模型，我们必须将其"升维"———这就是一种数据类型上的"削足适履"。如果我们不这么操作，就无法适配于深度学习框架中的那些高度封装的模块。因此，第 08～09 行实现的张量升维功能，就是为了适配模型。它们等价于如下代码的功能。

```
08  train_images = train_images.reshape((60000, 28, 28, 1))
09  test_images = test_images.reshape((10000, 28, 28, 1))
```

需要说明的是，范例 7-1 可以正常运行，但没有任何输出结果。这是因为，它的功能是仅构建一个数据读取与预处理的类，就如同一种"构思"，还没有任何"行动"（创建实例）。下面我们搭建一个卷积神经网络模型，在这其中，这个类才慢慢有"存在感"。

7.11.2 搭建模型

为了简化理解，下面我们利用 Keras 来搭建模型。下面的范例是范例 7-1 的延伸，相同的代码部分不再重复列出。

范例 7-2 卷积神经网络的模型搭建（mnist_cnn.py）

```
14  import tensorflow as tf
15  from tensorflow.keras import layers, models
16  class CNN():
17    def __init__(self):
18        model = models.Sequential()
19        # 第 1 层卷积，卷积核大小为 3*3，32 个，28*28 为待训练图片的大小
20        model.add(layers.Conv2D(32, (3, 3), activation = 'relu',
                    input_shape=(28, 28, 1)))
21        model.add(layers.MaxPooling2D((2, 2)))
22        # 第 2 层卷积，卷积核大小为 3*3，64 个
23        model.add(layers.Conv2D(64, (3, 3), activation= 'relu'))
24        model.add(layers.MaxPooling2D((2, 2)))
25        # 第 3 层卷积，卷积核大小为 3*3，64 个
26        model.add(layers.Conv2D(64, (3, 3), activation= 'relu'))
27        # 增加一个展平层，展平数据
28        model.add(layers.Flatten())
29        model.add(layers.Dense(64, activation='relu'))
30        model.add(layers.Dense(10, activation='softmax'))
31
32        model.summary()
33        self.model = model
```

代码分析

类似于范例 7-1，我们也把模型搭建的过程封装为一个类——CNN。在这个类中，我们主要使用 Keras.layers 提供的 Conv2D（卷积层）与 Dense（全连接层），其中卷积层有 3 个，全连接层有 2 个。卷积层中穿插了两个池化层，使用的是 MaxPooling2D()。为什么使用 3 个卷积层和 2 个全连接层呢？其实，这里没有什么道理可讲，它们是需要多次尝试而获得较好性能的超参数。

在代码层面，可以看到，每个 Conv2D 和 MaxPooling2D 的输出都是一个三维的张量尺寸(height, width, channel)。

Conv2D 是一个常用的二维卷积方法，它有很多参数，我们仅仅给出常用的参数，没有明确给出的参数通常都配有"无伤大碍"的默认值，如下所示。

```
keras.layers.Conv2D(filters, kernel_size, strides=(1, 1), padding='valid',…)
```

在该方法中，filters 表示卷积中卷积核（或称过滤器）的输出数量，kernel_size 是一个整数，或者是 2 个整数表示的元组或列表（用以指明二维卷积窗口的宽度和高度）。若该参数是一个整数，说明这是"方形"卷积核，即所有空间维度指定相同的值。strides 是一个整数，或者是 2 个整数表示的元组或列表，指明卷积沿宽度和高度方向的步长。padding 表示填充策略，这个参数可选值为"valid"或"same"（参数字符串的大小写敏感）。

当使用该层作为模型第一层时，需要提供 input_shape 参数。例如，当 data_format="channels_last"（通道参数在最后面）时，input_shape=(128, 128, 3)表示 128×128 的 RGB 三色图像。

而在第 20 行，输入层的尺寸设置为 input_shape=(28, 28, 1)，它表明这是一个 28×28 的单色图片。需要注意的是，这里的手写数字并没有被展平成 28×28=784 这样的一维结构，即没有破坏图片的二维结构信息，而是利用了更多的图片信息，我们有理由相信，该算法的性能会更好。

但在连接到全连接层前，需要将数据展平，因此使用了 layers.Flatten()（第 28 行，读者可参考图 7-23 获得更多感性认识）。Flatten 层会将三维的张量转换为一维的向量。例如，在展平前，三维张量的尺寸是(3, 3, 64)，展平或一维向量后的尺寸为(576)，紧接着使用 layers.Dense 层，构造了 2 层全连接层，逐步地将一维向量的数量从 576 转换为 64，再转换为 10。

在网络的后半部分，相当于构建了一个输入层为 576（展平层），隐含层为 64，输出层为 10 的普通 3 层前馈神经网络。最后一层的激活函数是

Softmax()，手写识别数字实际上是一个 10 分类（0～9），因此输出层的神经元个数为 10。

若我们添加一行如下测试代码

```
network = CNN()
```

上述代码的功能是生成一个 CNN 模型对象 network，这时 CNN 类会触发构造函数__init__()的调用，从而输出模型的概要情况（代码第 32 行），输出结果如下。

```
Model: "sequential_1"
_____
Layer (type)                 Output Shape              Param #
=================================================================
conv2d_12 (Conv2D)           (None, 26, 26, 32)        320
_____
max_pooling2d_8 (MaxPooling2 (None, 13, 13, 32)        0
_____
conv2d_13 (Conv2D)           (None, 11, 11, 64)        18496
_____
max_pooling2d_9 (MaxPooling2 (None, 5, 5, 64)          0
_____
conv2d_14 (Conv2D)           (None, 3, 3, 64)          36928
_____
flatten_4 (Flatten)          (None, 576)               0
_____
dense_8 (Dense)              (None, 64)                36928
_____
dense_9 (Dense)              (None, 10)                650
=================================================================
Total params: 93,322
Trainable params: 93,322
Non-trainable params: 0
_____
```

7.11.3　模型训练

下面，我们开始训练模型并保存训练结果。类似地，为了让代码更有条理性，我们将这个训练操作也封装为一个类——Train，参见范例 7-3，该范例依然与前面范例紧密相关，无法单独运行。

范例 7-3　模型训练与保存（mnist_cnn.py）

```
34   class Train:
35     def __init__(self):
36        self.network = CNN()
37        self.data = DataSource()
38     def train(self):
39        check_path = './ckpt/cp-{epoch:04d}.ckpt'
40        # 每隔 5epoch 保存一次
```

```
41              save_model_cb = tf.keras.callbacks.ModelCheckpoint (check_path,
42                                              save_weights_only=True,
43                                              verbose=1,
44                                              save_freq='epoch')
45          self.network.model.compile(optimizer='adam',
46                          loss='sparse_categorical_crossentropy',
47                          metrics=['accuracy'])
48          self.network.model.fit(self.data.train_images,
49                          self.data.train_labels,
50                          epochs=10,
51                          callbacks=[save_model_cb])
52          test_loss, test_acc = self.network.model.evaluate (self.data.test_
                         images,self.data.test_labels)
53          print("准确率:{0:.2f}%，共测试了{1}张图片".format (test_acc * 100,
                len(self.data.test_labels)))
54
55  if __name__ == "__main__":
56      mnist_train = Train()
57      mnist_train.train()
```

运行结果

```
Train on 60000 samples
Epoch 1/10
60000/60000 [==============================] - 19s 320us/ sample - loss:
0.1484 - accuracy: 0.9541
Epoch 2/10
60000/60000 [==============================] - 19s 322us/ sample - loss:
0.0459 - accuracy: 0.9856
……(省略部分输出)
Epoch 00010: saving model to ./ckpt/cp-0010.ckpt
60000/60000 [==============================] - 26s 429us/ sample - loss:
0.0095 - accuracy: 0.9969
10000/10000 [==============================] - 1s 142us/ sample - loss: 0.0544
- accuracy: 0.9903
准确率:99.03%，共测试10000 张图片
```

代码分析

从运行结果可以看出，在第一轮训练后，识别准确率达到了 95.41%，而 5 轮训练后，使用测试集验证，准确率达到了 99.03%，这个效果的确比没有使用隐含层模型的效果好很多（可对比前一章的范例输出结果）。

第 41 行使用了 tf.keras.callbacks.ModelCheckpoint ( )方法，该方法的功

> 当然，与前面章节一样，我们也可以将模型保存并序列化为 HDF5 格式（扩展名为 .h5）。

能是设置模型检查点，逐轮保存训练时期的模型权值，其目的在于复用训练好的模型，或在中断的地方开始训练（类似于我们在使用 Word 编辑文档，按照一定的时间间隔按保存键保存文档，然后就可以安装某个检测点，恢复文档）。

在第 n（01<=n<=10）轮时，模型参数成功保存在 ./ckpt/cp-00n.ckpt 中。接下来，我们就可以加载保存的模型参数，通过反序列化恢复整个卷积神经网络的权值，然后对真实图片进行预测。

在此之前，我们还有个很好用的调试技巧需要掌握，那就是在训练期间可视化我们的训练效果。在模型调参时，可视化起到了非常重要的启示作用。

7.11.4 可视化展现 TensorBoard

人们在训练庞大而复杂的深度神经网络时，经常会出现难以理解的运算。而人类是有"视觉青睐"的，也就是说，人们通常更善于理解图片带来的信息。为了迎合这一特性，也为了更方便地理解、调试和优化程序，TensorFlow 提供了一个非常好用的可视化工具——TensorBoard。

通过 TensorFlow，可以将监控数据写入本地文件系统之中，TensorBoard 能够可视化显式这些监控数据，并利用 Web 后端监控对应的文件目录，从而可以允许用户从远程查看网络的监控数据。

通常在安装 TensorFlow 时，通常会自动安装 TensorBoard。如果你的系统没有安装，那么可以通过如下命令进行安装。

```
conda install tensorboard
```

可视化是数据的另外一种表达。因此，可视化之前必须获得数据。对模型训练而言，有两种获取训练数据的方法。第一种方法相对比较底层，它是利用 TensorFlow 自身的数据处理逻辑，在模型训练时，事先需要我们创建监控数据的 Summary 类，并在需要时写入监控数据。首先使用 tf.summary.create_file_writer()方法创建监控对象类实例，并指定监控数据的写入目录，示例代码如下。

```
# 创建监控类，监控数据将写入 log_dir 目录中
summary_writer = tf.summary.create_file_writer(log_dir)
```

在神经网络完成前向传播后，可以计算损失，对于误差这种标量数据，我们通过 tf.summary.scalar()方法记录和监控数据，并指定时间戳 step 参数。这里的 step 参数类似于每个数据对应的时间刻度信息，也可以理解为数据曲线的 X 坐标。每类数据都可以通过不同的字符串名称来加以区

分，同类的数据需要写入相同名称的数据库中。例如：

```
01    # 创建默认的写入环境
02    with summary_writer.as_default():
03    # 当前时间戳 step 上的数据为 loss，写入到名为 train-loss 数据库中
04        for step in range(100):
05            # …     模型训练的其他操作
06                tf.summary.scalar("train-loss", float(loss), step=step)
07                writer.flush() #刷新缓冲区，即将缓冲区中的数据立刻写入磁盘文件中
```

由于 TensorBoard 是通过字符串 ID 来区分不同类别的监控数据，因此对于误差数据，这里将它命名为"train-loss"，其他类别的数据不可写入该字符串 ID 对应的数据区，以防造成数据污染。

简单来说，TensorFlow 支持写入如下 4 类概要（Summary）数据，分别简介如下。

（1）标量数据，如代价损失值、准确率等，这时需要使用 tf.summary.scalar()方法。

（2）张量数据，参数（weights）矩阵、偏置（bias）矩阵等，使用 tf.summary.histogram()直方图方法。

（3）图像数据，使用 tf.summary.image()方法。

（4）音频数据，使用 tf.summary.audio()方法。

很显然，第一种写入数据的方法，对于高端用户而言，灵活空间大，但细节琐碎，实现起来不易，对初学者并不友好。第二种可视化 TensorBoard 数据的方法是，利用高度集成的 Keras 模型，这种方法更加简便，推荐初学者使用。

接下来，我们介绍如何使用 TensorBoard 来监控网络模型的训练进度。改造范例 7-3 得到如下新的训练模型。

范例 7-4　模型训练可视化（mnist_cnn.py）

```
01    import numpy as np
02    from datetime import datetime
03    from tensorflow import keras
04    class Train:
05        def __init__(self):
06            self.network = CNN()
07            self.data = DataSource()
08
```

```
09      def train(self):
10          logdir = "./logs/scalars/" + datetime.now( ).strftime ("%Y%m%d-%H%M%S")
11          tensorboard_callback = keras.callbacks.TensorBoard (log_dir=logdir)
12
13          self.network.model.compile(optimizer='adam',
14                              loss='sparse_categorical_crossentropy',
15                              metrics=['accuracy'])
16          training_history = self.network.model.fit(
17                              self.data.train_images,
18                              self.data.train_labels,
19                              epochs=10,
20                              validation_data=(self.data.test_images,
21                              self.data.test_labels),
22                              callbacks=[tensorboard_callback])
23          test_loss, test_acc = self.network.model. evaluate
                              (self.data.test_images, self.data.test_labels)
24          print("准确率:{0:.2f}%, 共测试了{1}张图片 " .format (test_acc * 100,
                  len(self.data.test_labels)))
24          print("平均误差: ", np.average(training_history. history['loss']))
25
26  if __name__ == "__main__":
27      mnist_train = Train()
28      mnist_train.train()
```

代码分析

第 10 行设置了日志文件的存储路径，这里借用了 datetime.now()方法，它的作用是返回当期时间。这样一来，每次运行程序时，由于系统时间不同，因此得到二级文件夹名称就不一样，从而就能区分不同时间的日志了。

第 11 行利用回调函数 keras.callbacks.TensorBoard()生成日志。其中，参数 log_dir 用来保存被 TensorBoard 分析的日志文件的文件名。

需要注意的是，与范例 7-3 不同，本范例中第 22 行的回调函数，已经设置 TensorBoard 的参数。这个参数的外层方括号表示它是一个列表，列表内包含多个参数，每个参数对应一个回调函数。在本例中，我们仅仅使用了第 11 行返回的 TensorBoard 参数。如果我们既想保存模型，又想可视化训练效果，那么可以在这个列表中添加多个回调函数。这个工作就留给读者自行完成。

范例 7-4 中，仅仅是把监控数据写入到本地磁盘，想可视化显示它们，还得请 TensorBoard 出马。在终端命令行模式下输入如下指令，即可调用 TensorBoard 来解析这些监控的参数值。

```
$ tensorboard --logdir logs
Serving TensorBoard on localhost; to expose to the network, use a proxy or
pass --bind_all
TensorBoard 2.3.0 at http://localhost:6006/ (Press CTRL+C to quit)
```

作为终端启动命名，TensorBoard 必须全部小写为 **tensorboard**，其后的启动参数选项--logdir 可知，它指定的参数就是写入日志文件的目录路径。这个路径要与第 10 行的顶级目录一致（./logs）。该目录下的子目录会被 TensorBoard 感知到。TensorBoard 在加载日志文件时，会把日志目录下的所有事件文件全部读取出来，一并分析。

这样做是有原因的，因为深度学习项目在训练过程中，会因各种各样的错误停止，而后又重新执行，这样每次都会生成一个事件文件，一并读取出来的好处在于，有参照对比的作用。这就好比，医生在给患者看病时，为了准确诊断病情，希望看到患者以前的诊断记录。

实际上，除前面讲到的参数--logdir 外，TensorBoard 还有其他启动参数，下面一并给予简单介绍。

需要注意：对于 Windows 用户，参数 --logdir 后面需要添加完整路径：

如 tensorboard --logdir D:\your\path\logs

• --port：设置 Web 服务的端口号，若显式不设置，则默认值是 6006。

• --event_file：指定一个特定的事件日志文件。

• --reload_interval：Web 服务后台重新加载数据的间隔，默认值为 120s。

由上面 TensorBoard 启动后显示的提示信息可知，由于我们并没有手动设置服务端口号，因此 TensorBoard 会在后台自动开启了一个端口号为 6006 的 Web 服务。

在浏览器地址栏中输入 http:// localhost:6006，TensorBoard 显示的数据流图（GRAPHS）如图 7-29 所示。我们可以用鼠标拖动这个图的显示区域，还可以利用鼠标滚轮放大或缩小该图。这个数据流图就是我们搭建的神经网络模型拓扑结构，之所以会并排拥有多组类似的图，是因为我们多次运行这个程序，TensorBoard 为了区分彼此，给后续出现的模型加上编号，如 flatten_1、flatten_2 等字样。

在 TensorFlow 2.x 以后，如图 7-29 所示的计算图的意义并不是很大，我们主要是借助 TensorBoard 来查看训练过程中性能（如损失、精确度等）的变化，以便调整网络参数。

这时，单击图 7-29 中的"SCALARS"选项，以标量形式显示每轮的精度（epoch_accuracy）和每轮的损失（epoch_loss）。若训练过程较长，则可以看到这是一个动态图，默认是每 30s 刷新一次，如果我们想手动刷新，那么可以单击该页面右上角的刷新按钮（ ⟳ ）。

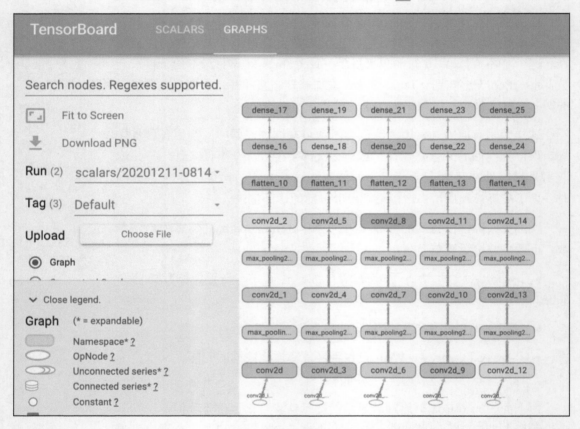

图 7-29　TensorBoard 显示的数据流（部分）

从图 7-30 中容易看出，当 epoch=6 时，损失较小，精度接近 100%。故此时的模型参数可能是最佳的。这个值就是我们从范例 7-3 保存的模型中提取的第 6 轮参数。

若想停止 TensorBoard 的服务，也很简单，在开启这个服务的终端窗口中，按下 Ctrl+C 组合键。请注意，这里的"C"表示的是"Cancel（取消）"，而非我们常用的"Copy（复制）"。

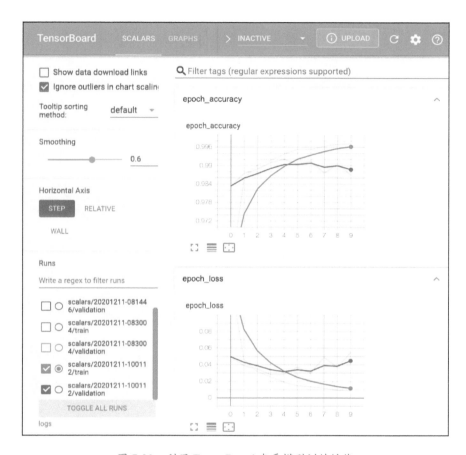

图 7-30 利用 TensorBoard 查看模型训练性能

7.11.5 模型预测

如前面章节所述，训练好的模型是可以直接拿来用的。这里的"用"就是预测新样本的分类。为了将模型的训练和加载分开，我们可以将预测代码写入另外一个文件 predict.py 中，见范例 7-5。

范例 7-5 模型预测（predict.py）

```
01  from PIL import Image
02  import numpy as np
03  from mnist_cnn import CNN
04
05  class Predict(object):
06      def __init__(self):
07          self.network = CNN()
08          # 恢复网络权值
09          self.network.model.load_weights('./ckpt/cp-0004.ckpt')
```

```
10
11      def predict(self, image_path):
12          # 以方式读取图片
13          img = Image.open(image_path).convert('L')
14          flatten_img = np.reshape(img, (28, 28, 1))
15          x = np.array([1 - flatten_img])
16          y = self.network.model.predict(x)
17          print(image_path)
18          print(y[0],' -> 预测数字为: ', np.argmax(y[0]))
19  if __name__ == "__main__":
20       = Predict()
21      app.predict('./test_images/0_57.png')
22      app.predict('./test_images/1_32.png')
23      app.predict('./test_images/3_59.png')
```

运行结果

```
./test_images/0_57.png
[1. 0. 0. 0. 0. 0. 0. 0. 0. 0.]  -> 预测数字为: 0

./test_images/1_32.png
[0. 1. 0. 0. 0. 0. 0. 0. 0. 0.]  -> 预测数字为: 1

./test_images/3_59.png
[0. 0. 0. 1. 0. 0. 0. 0. 0. 0.]  -> 预测数字为: 3
```

代码分析

首先我们要保证本范例的 predict.py 和前面范例的 mnist_cnn.py 处于同一个路径下，这样便于第 03 行导入前面设计的 CNN 类，这里主要是读取前面设计的模型结构。

第 09 行比较关键，从前面可视化范例可以观察到，当网络训练到第 4 轮时，其训练性能是可以接受的（损失较小，预测精度较高），故将第 4 轮训练的网络权值导入。需要说明的是，模型的性能并不是训练的轮数越高越好，而是应该"适可而止"。

有了模型结构，有了导入的网络参数，那么这个网络模型就具备预测作用了。

这里我们随机挑选了 3 个手写数字图片（28×28，格式为.png），如图 7-31 所示。

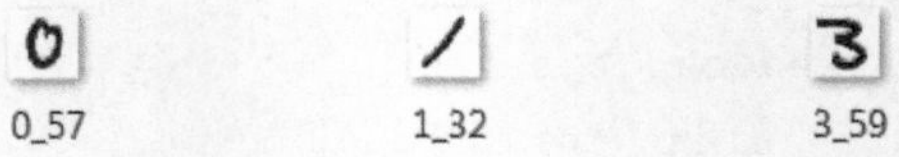

图 7-31　测试集合中的三张图片

在导入这些图片时，需要特别注意的是，必须把它们转换为模型需要的模样。因此，在图片导入时，我们采用了 PIL（Python Imaging Library）模块来做图像的转换工作。PIL 应用非常广泛，基本上就是 Python 平台事实上（*de facto*）的图像处理标准库。

PIL 库的安装包名称为 Pillow，支持最新 Python 3.x。若用户系统中没有安装这个模块，则可通过如下命令进行安装。

```
conda install pillow    #也可用pip3 install pillow 来安装
```

我们知道，PIL 模块中的图片有 9 种不同模式，分别为 1（二值图像）、L（灰度图）、P（8 位彩色图像）、RGB、RGBA（32 位彩色图像）、CMYK（另一种 32 位彩色图像）、YcbCr（24 位彩色图像）、I（32 位整型灰色图像）和 F（32 位浮点型灰色图像）。由此可知，第 13 行代码的功能是将读入的图片转换为灰度图。

代码第 14 行的功能是，为了让数据适用于 CNN 模型，为图片数据添加一个维度（Channel）。

由于我们一次仅预测一个图片（第 21 ~ 23 行），因此仅需要 y[0]将这个预测向量取出来即可。需要注意的是，当使用 Keras 模型的 predict()方法（第 16 行）进行预测时，返回值是数值，表示样本属于每一个类别的概率，我们可以使用 np.argmax()方法（第 18 行）找到样本以最大概率所属的类别作为样本的预测标签。

7.12　本章小结

在本章中，我们先回顾了卷积神经网络的发展史，接着，给出了卷积的数学定义，然后借用生活中的相近案例来反向演绎了这个概念。最后用几个著名的卷积核演示了卷积在图像处理中的应用。

随后，我们讨论了卷积神经网络的拓扑结构，并重点讲解了卷积层的设计目的和卷积层的三个核心概念：空间位置排列、局部连接和权值共享。空间位置排列确定了神经网络的结构参数，局部连接和权值共享大大减少了神经网络连接权值的数量，这为提高卷积神经网络的性能奠定了坚实基础。

卷积神经网络中的各个"层"各司其职，概括一下，卷积层从数据中提取有用的特征；激活层在网络中引入非线性，通过弯曲或扭曲映射来实现表征能力的提升；池化层通过采样减少特征维度，并保持这些特征具有某种程度上的尺度变化不变性；在全连接层实施对象的分类预测。

最后，为了让读者有更深刻的认知，从实践的角度，讨论了基于卷积神经网络的 MNIST 分类器，借此实现了卷积神经网络的各个常用层，并讲解了模型的训练与保存、可视化展示、模型的二次读取及预测。

7.13 思考与练习

通过本章的学习，请思考如下问题。

1. 我们常说的分布式特征表示，在卷积神经网络中是如何体现的？

2. 除了本章中描述的常见卷积核，你还知道哪些常用于图像处理的卷积核？

3. 虽然权值共享大大减少了卷积层（隐含层）与输入层之间权值调整的数量，但是并没有提高前向的传播速度，你知道用什么策略来加速吗？

4. 本章中我们提到"肤浅而全面"的全连接，不如"深邃而局部"的部分连接。2016 年，商汤科技团队在 ImageNet 图片分类比赛中勇夺冠军，其网络深度已达到 1207 层。那么，深度学习是不是越深越好？为什么？

5. 请尝试使用 LeNet 的网络结构完成 Fashion MNIST 的识别，并用 TensorBoard 监控训练过程。

参 考 资 料

[1] 邱锡鹏. 神经网络与深度学习[M]. 北京: 机械工业出版社, 2020.

[2] HUBEL D H, WIESEL T N. Receptive fields and functional architecture of monkey striate cortex[J]. The Journal of physiology, Wiley Online Library, 1968, 195(1): 215–243.

[3] 张玉宏. 深度学习之美：AI 时代的数据处理与最佳实践[M]. 北京: 电子工业出版社, 2018.

[4] FUKUSHIMA K, MIYAKE S. Neocognitron: A self-organizing neural network model for a mechanism of visual pattern recognition[G]//Competition and cooperation in neural nets. Springer, 1982: 267–285.

[5] LECUN Y, BOSER B E, DENKER J S, 等. Handwritten digit recognition with a back-propagation network[C]//Advances in neural information processing systems. 1990: 396–404.

[6] LECUN Y, BOTTOU L, BENGIO Y, 等. Gradient-based learning applied to document recognition[J]. Proceedings of the IEEE, Ieee, 1998, 86(11): 2278–2324.

[7] 王晓华. TensorFlow 2.0 卷积神经网络实战[M]. 北京:清华大学出版社. 2019

[8]　KRIZHEVSKY A, SUTSKEVER I, HINTON G E. Imagenet classification with deep convolutional neural networks[C]//Advances in neural information processing systems. 2012: 1097–1105.

[9]　NAIR V, HINTON G E. Rectified linear units improve restricted boltzmann machines[C]//Proceedings of the 27th international conference on machine learning (ICML-10). 2010: 807–814.

[10] LU L, SHIN Y, SU Y, 等. Dying relu and initialization: Theory and numerical examples[J]. arXiv preprint arXiv:1903.06733, 2019.

[11] HINTON G E, SRIVASTAVA N, KRIZHEVSKY A, 等. Improving neural networks by preventing co-adaptation of feature detectors[J]. arXiv preprint arXiv:1207.0580, 2012.

[12] SIMONYAN K, ZISSERMAN A. Very deep convolutional networks for large-scale image recognition[J]. arXiv preprint arXiv:1409.1556, 2014.

[13] SZEGEDY C, LIU W, JIA Y, 等. Going deeper with convolutions[C]//Proceedings of the IEEE conference on computer vision and pattern recognition. 2015: 1–9.

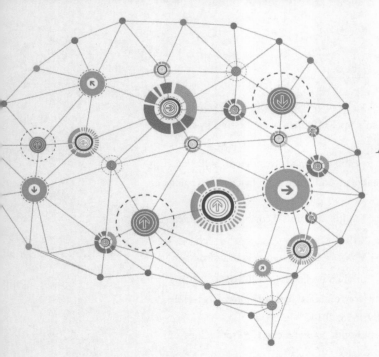

Deep Learning
&
TensorFlow

第 8 章　循环神经网络与 LSTM

在本章，我们主要讲解循环神经网络（RNN）的发展历程、工作原理，以及它的更通用变种 LSTM（长短期记忆单元）。此外，我们还将学习自然语言处理的基本知识（如词向量表示和语言模型），它们都是循环神经网络的主要应用场景之一。

8.1 标准神经网络的缺点

深度信念网络（Deep Belief Network，DNN）与卷积神经网络（CNN）等标准神经网络，都能充分挖掘输入数据的局部依赖性，因此在很多领域得到广泛应用。尽管如此，标准的神经网络依然有着不容忽视的内在缺点。其中最显著的缺点莫过于，在构建模型时，都基于这样一个假设，即训练集和测试集彼此都是独立的。

但在真实的世界里，很多样例之间彼此有千丝万缕的关联。例如，从视频中抽取的一帧帧图像，从音频中截取的一段段语句，从语句中提取的一个个单词，它们怎么可能是真正相互独立的呢？

如果假设的基础存在问题，那么以此为基础构建的模型自然也难以成立。故 DNN 和 CNN 很难在数据间存在依赖的场景下胜出。

前文我们说过，现在的人工智能在很大程度上是模仿人类智能的。而人类智能具有"承前启后"的特征。例如，当我们在思考问题时，都是在先前经验和已有知识的基础上，结合当前实际情况，综合给出决策，而不会把过往的经验和记忆都"弃之如敝屣"。

例如，如果我们做一道填空题，"天空飞过一只__"，这个空应该填入什么？利用前面输入一连串的历史信息："天空/飞过/一只"，我们就能大致猜出最后一个词可能是"小鸟"，也可能是"蜻蜓"之类的飞行动物，但必然不能是"人"或"坦克"。这是因为，人和坦克都不能"飞"，也不能和"一只"这样的量词进行搭配，可见前面的语境（历史信息）是非常有用的，如图 8-1 所示。

除此之外，标准神经网络还存在一个短板，那就是其输入都是标准的等长向量。例如，如果输入层有 10 个神经元节点，那么该层就只能接收 10 个元素，多了或少了都不行（除非做截断或填充到标准长度，否则难以处理）。

而真实场景下，数据的模样并不满足这样"规则"。文本、视频、音频、等数据的长度并不固定，可长可短，因此标准神经网络很难胜任这类应用场景。

有问题，就有解决问题的驱动力。为了拓展神经网络的处理能力，让其拥有过往信息的"记忆"能力，就

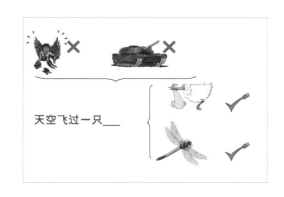

图 8-1　历史信息带来的启发作用

成为神经网络改良的重要方向。循环神经网络（RNN）就是在这种背景下应运而生的。

8.2 循序神经网络的发展历程

谈到 RNN，这里需要提前讲明，它其实是两种不同神经网络的缩写。一种是时间递归神经网络（Recurrent Neural Network，RNN），另一种是结构递归神经网络（Recursive Neural Network，RNN）。请注意，很多资料也分别将它们称为"循环神经网络"和"递归神经网络"。在下文中，如果不特别注明，在提及 RNN 时，我们指的是"时间递归神经网络"，即"循环神经网络"。

前文我们提到，RNN 的核心诉求之一，是能将以往的信息连接到当前任务之中。过往的知识对于我们推测未来是极有帮助的，不可轻易抛弃。顺应这个思路，我们也顺便回顾一下 RNN 的发展历史，或许能从中觅寻到部分启迪。

8.2.1 Hopfield 网络

追根溯源，RNN 最早是受 Hopfield 网络启发变种而来的[2]。Hopfield 网络模型是 1982 年由美国科学家 J. Hopfield 提出来的。Hopfield 网络是一种循环神经网络，从输出到输入有反馈连接。Hopfield 网络在反馈神经网络中引入了能量函数的概念，从而将最优化问题的目标函数转换成 Hopfield 神经网络的能量函数，并通过网络能量函数最小化来寻找对应问题的最优解。

Hopfield 网络提供了模拟人类记忆的模型。该模型的一个重要特点是，它可以实现联想记忆功能，即作为联想存储器。通过学习训练，当网络的权值系数确定后，即使输入的数据不完整或部分正确，网络也可以通过联想记忆给出完整的正确输出。事实上，Hopfield 网络还是玻尔兹曼机（Boltzmann Machine）和自动编码器（Auto-encoder）的探路者。

8.2.2 Jordan 循环神经网络

1986 年，迈克尔·乔丹（Michael Jordan）①借鉴了 Hopfield 网络的

---

① 他的名字的确就是 Michael Jordan，但并不是那位 NBA 篮球之神，而是 UC Berkeley 教授，著名机器学习者、美国科学院院士，门下著名学生有 Yoshua Bengio（图灵奖得主）、吴恩达（前百度首席科学家）等。

思想，正式将循环连接拓扑结构引入神经
网络[1]。

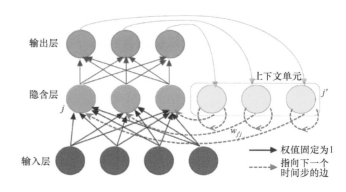

图 8-2 Jordan 循环神经网络结构

Jordan 提出的循环神经网络结构是一
种前馈网络，该网络包含单个隐含层，输
出节点将输出值反馈给一种特殊的单元，
即上下文单元（Context），也就是图 8-2 中
间层右边的 3 个单元。下一个时间步负责
将接收到的输出层的值反馈给隐含层单元
（图 8-2 中间层左边的 3 个单元）。

如果输出层的值是某种行为
（Action），那么这些特殊单元就允许网络记住前一个时间步发生的行
为，而且这些特殊单元还是自连接的。从直观上来看，这些边允许跨多
个时间步发送信息，且不会干扰当前时间步的正常输出。

8.2.3 Elman 循环神经网络

1990 年，J. Elman 又在 Jordan 的
研究基础上做了部分简化，正式提出
了 RNN 结构（见图 8-3），不过那时
将 RNN 称为 SRN（Simple Recurrent
Network，简单循环网络）[2]。由于引
入了循环，RNN 具备有限短期记忆的
优点。

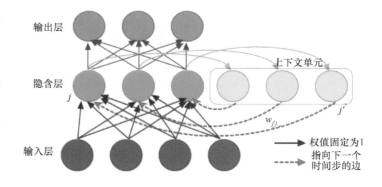

图 8-3 Elman 循环神经网络结构

类似于 Jordan 循环神经网络，在
Elman 循环神经网络中，每个隐含层
的单元都配有专职"秘书"——上下
文单元。每个这样的"秘书单元" j' 都负责记录它的"主人单元"——隐
含层神经元 j 的前一个时间步的输出。"秘书单元"和"主人单元"的连接
权值 $w_{j'j} = 1$，这意味着"秘书单元"作为一个普通的输入边，会把接收到
的前一个时间步的值作为输入送还给隐含层的单元。

Elman 循环神经网络与 Jordan 循环神经网络的不同之处在于，Elman
循环神经网络的反馈是从隐含层反向作为输入的一部分，而 Jordan 循环神
经网络的反馈是从输出层反向作为输入的一部分。

由于输出层是可见的，甚至是有标签的，因此以输出层为信息反馈
的 Jordan 循环神经网络比较稳健。而以隐含层的输出作为反向输入的

Elman 循环神经网络，由于隐含层本身不稳定，因此整个网络相对不容易收敛。

Elman 循环神经网络的结构更加简单，可视为一个简化版的 RNN，它为隐含层神经元配备固定权值的自连接循环构思，其实也是长短期记忆网络（Long Short-Term Memory，LSTM）的重要理论基础。LSTM 是 RNN 的一种高级变种[3]，后面的章节会详细讲解。

8.2.4　RNN 的应用领域

我们知道，根据通用近似定理，一个三层的前馈神经网络，在理论上，可以学会逼近任意函数。那 RNN 又如何呢？1995 年，Siegelmann 和 Sontag 已经证明了带有 Sigmoid 激活函数的 RNN，是图灵完备（Turing Completeness）的[3]。这就意味着，若给定合适的权值，则 RNN 可以模拟任意计算的能力。然而，这仅仅是一种理论上的情况，因为对于给定的一个任务，我们很难找到完美的权值。

事实上，第一代 RNN 并没有引起世人的注意，就是因为 RNN 在利用反向传播调参过程中，产生了严重的梯度消失或梯度爆炸（连乘的梯度趋于无穷大，造成系统不稳定）等问题。直到 1997 年，才有了重大突破，如 LSTM 等模型的提出[4]，才让新一代的 RNN 获得蓬勃发展。

RNN 最先是在自然语言处理（Natural Language Processing，NLP）领域中被成功用起来的。例如，2003 年，约书亚·本吉奥（Yoshua Bengio）将 RNN 用于优化传统的 N 元统计模型（N-gram Model）[5]，提出了关于单词的分布式特征表示，较好地解决了传统语言处理模型的维度诅咒（Curse of Dimensionality）问题。

后来，RNN 的作用越来越大，并不限于自然语言处理，它还在机器翻译、语音识别应用（如谷歌的语音搜索和苹果的 Siri）、个性化推荐等众多领域大放光彩。

8.3　RNN 的理论基础

RNN 之所以被称为"循环（Recurrent）"神经网络，是因为它的网络表现形式有循环结构，从而使得过去输出的信息能够作为"记忆"被保留下来，并可应用于当前的输出计算中。也就是说，RNN 在同一隐含层之间

> 在可计算性理论，如果一系列操作数据的规则（如指令集、编程语言）可用来模拟任何图灵机，那么它是图灵完备的。图灵完备性也可以用来描述某系统的计算能力。

的节点是有连接的（这一点与前馈神经网络有显著不同）。下面我们简单介绍 RNN 的理论基础。

8.3.1 RNN 的形式化定义

最简单的 RNN 莫过于 Elman 网络。图 8-4 是传统的 Elman 的循环图与展开图。无论是循环图还是展开图，都有其示意作用。循环图（见图 8-4(a)）的折叠形式比较简单，而展开图则能表明其中的计算流程。

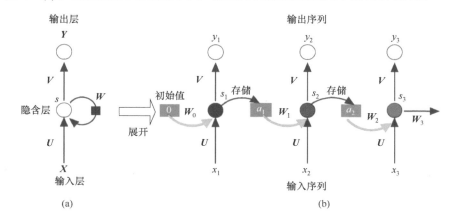

图 8-4 传统的 Elman 循环神经网络的循环图与展开图

图 8-4(a)中，有一个紫色的方块，它描述了一个延迟连接，即从上一个时刻的隐含状态 s_{t-1} 到当前时刻隐含层状态 s_t 之间的连接。需要特别注意的是，图 8-4(b)的展开图是同一个网络在不同时刻的呈现，它真正的拓扑结构就是图 8-4(a)展开之前的"简单"样式。

由图 8-4 可知，$t=3$时刻的输出 y_3，不仅依赖输入 x_3，还依赖隐含层的权值 W_2，而 W_2 代表着隐含层的历史记忆，受 x_1 和 x_2 的影响。换句话说，输出 y_3 依赖于 x_1、x_2 和 x_3。依此类推，y_i 的输出依赖于 $x_1, x_2, \cdots, x_i$。利用之前和现在的信息综合计算输出，这正是 RNN 的典型特征。

在图 8-4 中，Elman 循环神经网络除向量 X 表示输入层的值、向量 Y 表示输出层的值外，还提供了三类参数矩阵：U（输入权值）、V（输出权值）和 W（隐含权值），它们分别代表三种不同类型的神经元连接权值矩阵，即输入权值矩阵、输出权值矩阵和隐含层权值矩阵。下面我们分别来解释一下它们所代表的物理意义。

假设输入层神经元的个数为 n，隐含层神经元的个数为 m，输出层神经元的个数为 r，那么 U 表示输入层到隐含层的权值矩阵，尺寸

（Shape）为 $n \times m$ 维；V 表示隐含层到输出层的权值矩阵，尺寸为 $m \times r$ 维。前面这两个参数矩阵与普通的前馈神经网络完全一样，它们代表的是"现在"。

那么，W 又是什么呢？通过前面的介绍，我们知道，W 表示用隐含层上一次的输出值作为本次输入的权值矩阵，尺寸为 $m \times m$ 维，它代表的是"历史"。

由图 8-4 可知，在理论上，这个模型可以扩展到无限维，也就是说，可以支撑无限时间序列。但实际上，并非如此，就如同人脑的记忆力是有限的。下面我们对 Elman 循环神经网络的结构和符号进行形式化定义。我们先用一个函数 $f^{(t)}$ 演示经过 t 步展开后的循环，即

$$s^{(t)} = f^{(t)}(\boldsymbol{x}^{(t)}, \boldsymbol{x}^{(t-1)}, \boldsymbol{x}^{(t-2)}, ..., \boldsymbol{x}^{(2)}, \boldsymbol{x}^{(1)})$$
$$= \begin{cases} 0, & t = -1 \\ \sigma(\boldsymbol{a}^{(t-1)}, \boldsymbol{x}^{(t)}; \theta) & t \geqslant 0 \end{cases} \qquad (8\text{-}1)$$

函数 $f^{(t)}$ 将过去到现在的所有序列 $\boldsymbol{X} = (\boldsymbol{x}^{(t)}, \boldsymbol{x}^{(t-1)}, \boldsymbol{x}^{(t-2)}, ..., \boldsymbol{x}^{(2)}, \boldsymbol{x}^{(1)})$ 作为输入，从而生成当前的状态，其中，σ 表示激活函数，θ 表示激活函数中所有涉及的参数集合。$\boldsymbol{x}^{(t)}$ 表示序列中第 t 时刻或第 t 时间步的输入数据，它通常也是一个向量；向量 $\boldsymbol{a}^{(t)}$ 表示隐含层的值。

在式（8-1）中，激活函数 σ 是一个平滑的、非线性的有界函数，它可以是前面章节中提到的传统的 Sigmoid 函数、Tanh 函数，也可以是新兴的 ReLU 等。一般来讲，我们还需要设定一个特殊的初始隐含层 $\boldsymbol{a}^{(-1)}$，表示初始的"记忆状态"，通常将其设置为零。

由式（8-1）可知，第 t 时刻的记忆信息有两个部分构成：（1）前 $(t-1)$ 个时间步"沉淀"下来的历史信息 $\boldsymbol{a}^{(t-1)}$；（2）当前的输入 $\boldsymbol{x}^{(t)}$。它们两个共同"叠加"形成当前的记忆事实。这些信息保存在隐含层中，不断向后传递，跨越多个时间步，共同影响每个新输入信息的处理结果。

8.3.2 循环神经网络的生物学机理

在某种程度上，RNN 循环处理信息的机制与人类大脑记忆的过程非常类似。人类的记忆何尝不是多次循环且在不断更新中。人们常说："书读百遍，其义自见"。书为什么要读百遍呢？这里的"百遍"自然是虚词，表示很多遍，它表示一种强化记忆的动作。

那为何要强化呢？其实就是在前期留下记忆的基础之上再与本次"读书"重新输入的知识叠加起来，逐渐沉淀下来，最终成为我们的先

验知识。

RNN 通过使用带有自反馈的神经元处理理论上任意长度的（存在时间关联性的）序列数据。相比于传统的前馈神经网络，RNN 更符合生物神经元的连接方式，也就是说，如果以模仿大脑作为终极目标，它更有前途。这在某种程度上也说明了近几年 RNN 研究异常火爆的原因。

8.4 常见的 RNN 拓扑结构

针对不同的业务场景，RNN 有很多不同的拓扑结构。从输入、输出是否为固定长度来区分，可以分为 5 类：one-to-one（一对一）、one-to-many（一对多）、many-to-one（多对一）、many-to-many（多对多，异步）及 many-to-many（多对多，同步），如图 8-5 所示。

在图 8-5 中，每个方块都代表一个向量。底层方块代表输入向量，顶层方块代表输出向量，中间方块代表隐含层状态向量。此外，图中的每个箭头都代表施加在向量上的运算，我们也可以将其理解为张量（Tensor）的流动（Flow）方向。下面我们来分别解释一下这 5 种结构的含义。

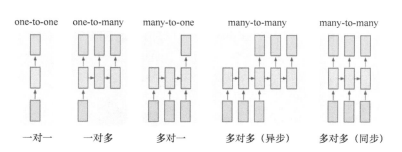

图 8-5 RNN 的拓扑结构

8.4.1 one-to-one

one-to-one 的含义是单输入单输出。注意，这里的"单（one）"并非表示输入的向量的长度为 1，而是指输入长度是固定的。one-to-one 更严格的解释是 "from fixed-sized input to fixed-sized output（从固定输入到固定输出）"。这种结构事实上就是传统的卷积神经网络结构，如图像分类，一张图片对应一个分类。

再例如文本分类。文章的 n 个特征向量为 $(f_1, f_2, \cdots, f_n)$，将这些特征向量输入网络后，得到 c 个分类的概率 $(p_1, p_2, \cdots, p_c)$。这里，n 和 c 都是大于 1 的数字，但由于它们的值都是在设计网络拓扑结构时就固定下来的，因此仍属于 one-to-one 结构范畴。

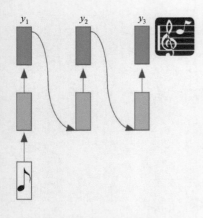

图 8-6 RNN 的 one-to-many 结构

8.4.2 one-to-many

one-to-many 结构也是容易理解的。它表示输入为定长，输出为变长的结构。在字典模式中，这种结构非常适用。例如，给定一个词"中国"（固定长度为 2），输出解释为"初时本指河南省及其附近地区，后来华夏族、汉族活动范围扩大，黄河中下游一带也被称为中国"（以上解释来自新华字典网络版。输出长度可长可短，取决于解释的详细程度）。又如，音乐的生成也是 one-to-many 结构。我们给 RNN 一个起始音符，它自己生成一首钢琴曲谱（见图 8-6）。

8.4.3 many-to-one

many-to-one 结构也是很常见的。它表示输入为可变长度的向量，输出为固定长度的向量。例如，在情感分析场景中，输入为长度可变的文章、留言等，而输出为某个情感分析（如积极、中性或消极）的分类，如图 8-7 所示。

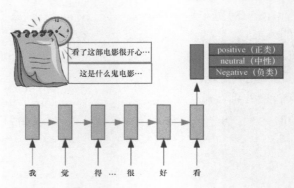

图 8-7 RNN 的 many-to-one 结构

8.4.4 many-to-many

many-to-many 有两种结构，第一种属于异步结构，也就是输出相对于输入如"流水线排空期"。就如经典的 Encoder-Decoder（编码-解码）框架，它的特点就是将不定长的输入序列，通过编码器的加工后，获得新的内部表示，然后再基于这个表示进行解码，生成新的不定长的序列并输出。这两个"不定长"可以不相同。

man-to-many 典型应用场景是"机器翻译"。例如，使用 RNN 进行英文对中文的翻译，在输入为"I can't agree with you more"时，如果机器同步翻译，那么在同步到"I can't agree with you"时，将会翻译成"我不同意你的看法"，而全句的意思却是"我太赞成你的看法了"。所以对于翻译而言，需要一定的"滞后"（异步）来捕捉全句的意思，如图 8-8 所示。

相对而言，many-to-many 的另一种结构是同步结构。该结构的特点是输入和输出元素一一对应，输入长度是可变的，输出长度也随之而变，且不存在输出延迟。这种结构的典型应用场景是文本序列标注（Text Sequence Labeling）。

例如，我们可以利用 RNN 对给定文本的每个单词进行词性标注或命名实体识别（Name Entity Recognition，NER）。以词性标注为例，假设句子为"She is pretty"，那么"She""is""pretty"三个单词，可以同步被标注为：r（pronoun，代词）、v（verb，动词）和 a（adjective，形容词），如图 8-9 所示。

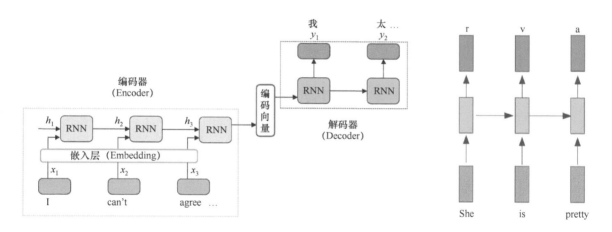

图 8-8　RNN 的 many-to-many（异步）结构　　　图 8-9　RNN 的 many-to-many（同步）结构

8.5　RNN 的训练

当 RNN 结构确定后，接下来的核心工作就是训练 RNN。也就是说，如何找到一个"好"的权值矩阵，或如何来优化这些权值？下面我们就来讨论这个问题。

8.5.1　单向 RNN 建模

在后续章节中，你会发现，RNN 有很多变种，其模型变来变去，但变动的范围都集中在隐含层的设计上。在 Elman 循环神经网络中，隐含层的设计比较简单。其基本原理就是将当前输入与反馈回来的记忆数据进行线性组合，然后利用非线性激活函数进行处理。

为了调整网络中的权值参数，需要构建损失函数。而构建损失函数的前提是，先确定损失函数的形式。损失函数就是衡量预期输出和实际输出的差异度函数。作为教师信号，预期输出可视为常量，因为它们很早就待在那里了。因此，建模的首要任务就是，分别确定隐含层和输出层的输出函数。

假设隐含层用的激活函数是 Sigmoid（当然也可以用其他激活函数，如 Tanh 等），那么在任意第 t 时间步，隐含层的输出 s_t 可表示为

$$s_t = \begin{cases} 0, & t = -1 \\ \text{Sigmoid}(U_t \times x_t + W_t \times s_{t-1} + b), & \text{其他} \end{cases} \tag{8-2}$$

其中，U 和 W 是网络中的两类权值矩阵，隐含层的神经元结构可用简化版的图 8-10 来描述。

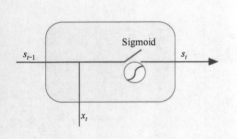

在图 8-10 中，函数 Sigmoid() 的作用与一扇门电路的作用类似。由于该函数的值域在[0,1]之间，若取值为 0 和 1，分别代表关门、开门，中间值则表示门的半掩半闭。在 Sigmoid() 函数的"压缩"处理下，前输入 x_t 和前一时间步的反馈 s_{t-1}，就构成可控的输出 s_t。将某个激活函数的作用比作门电路的做法，在 LSTM 中广泛应用。

图 8-10 隐含层的神经元结构示意图

在第 t 时间步的输出层 y_t 可表示为

$$y_t = V_t \times s_t + c \tag{8-3}$$

式（8-2）中的 b 和式（8-3）中的 c 都是神经元的偏置参数向量。与输入层和隐含层不同的是，输出层的设计更加灵活多变，它并不要求每个时间步都必须有输出。例如，在面向文本分析的情感分类案例中，输入可以是一系列的单词，但输出只是整个句子的情感，它与单词之间并不是一一对应的关系，只需给出整体的判定分类即可。

式（8-3）中的 y_t 可视为一个 logit，为了便于处理，需要经过 Softmax() 精加工一番，最终 logit 被"修饰"的值域为[0，1]区间内的概率模样，输出 y_t 为

$$y_t = \text{Softmax}(y_t) = \text{Softmax}(V_t \times s_t + c) \tag{8-4}$$

> logit 可简单理解为神经网络的直接输出，它可能是一个很大的正值或负值。

8.5.2　双向 RNN 建模

在某些场景下，时间序列时刻 t 的输出不仅取决于之前时刻的信息，还可能取决于未来的时刻，所以有了双向 RNN（Bidirectional RNN，Bi-RNN）。例如，要预测一句话中间丢失的一个单词，有时只看上文是不行的，还需要查看下文。

还拿前面的例子来说事。现在我们要预测横线上的词语，"天空飞过一只＿＿"，RNN 从前向后滑动，先后感知到"天空""飞过"和"一只"这样的历史语境，于是"小鸟"和"蜻蜓"都可能是候选单词，但不分伯仲，难以区分。

但如果还有另外一个 RNN，能够反向划过它后面的句子"＿＿，它有透明的翅膀"，那么横线上的词语就很容易锁定为"蜻蜓"。想象一下，我们时常做的英文完形填空题，在确定某个选项时，是不是也在空白处"前看看、后瞅瞅"，以便获得全面的信息。双向 RNN 只不过将这种生活化场景理论化了而已。

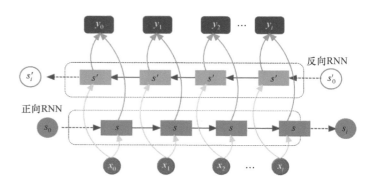

图 8-11　双向 RNN 结构

双向 RNN 的理念并不复杂，它就是两个互相叠加的 RNN，它的任何一个输出，都是正向 RNN 和反向 RNN 两个输出的叠加结果（见图 8-11）图中 s 为正向神经元的隐含态，s' 为反向神经元的隐含态。

由图 8-11 可以看出，每个时刻都有一个输入 x_t，隐含层有两个节点，一个 s_t 进行正向计算，另一个 s_t' 进行反向计算，输出层由这两个值共同决定。描述这个过程的形式化公式为

$$s_t = f(Ux_t + Ws_{t-1} + b)$$
$$s_t' = f(U'x_t + W's_{t+1} + b')$$
$$y_t = g(Vs_t + V's_t' + c)$$

（8-5）

其中，b 和 b' 和 c 为偏置矩阵。U、V 和 W 分别表示正向 RNN 的输入矩阵、输出矩阵和隐含权值矩阵。U'、V' 和 W' 分别表示反向 RNN 的输入矩阵、输出矩阵和隐含权值矩阵。由式（8-5）可以看出，正向计算和反向计算的权值并不共享，因为不同的网络描述不同时间序列的历史信息。

8.5.3 确定优化目标函数

模型构建完毕后，接下来的工作就是定义损失函数（目标函数），然后设法求得损失函数的最小值，这就形成了我们所需优化的目标函数 $J(\theta)$。为简化计算，通常会使用负对数似然函数（交叉熵）

$$\min J(\theta) = \sum_{t=1}^{T} \text{loss}(\hat{\boldsymbol{y}}_t, \boldsymbol{y}_t) \tag{8-6}$$

其中，$\hat{\boldsymbol{y}}_t$ 为预期输出向量（即标签），$\boldsymbol{y}_t$ 为实际输出向量。参数 θ 表示激活函数 σ 中的所有参数集合 $[\boldsymbol{U}, \boldsymbol{V}, \boldsymbol{W}; \boldsymbol{b}, \boldsymbol{c}]$。

事实上，式（8-6）是一个广义的损失函数，我们可以根据自己的需要定义具体的形式。例如，它可以是均方误差（Mean Squared Error，MSE），即

$$J = \frac{1}{2} \sum_{t=1}^{T} \|\hat{\boldsymbol{y}}_t - \boldsymbol{y}_t\|^2 \tag{8-7}$$

为了计算方便，RNN 更一般的损失函数被定义为交叉熵（或对数 Log 损失）函数，即

$$J = -\frac{1}{T} \left(\sum_{t=1}^{T} \boldsymbol{y}_t \cdot \log(\hat{\boldsymbol{y}}_t) \right) \tag{8-8}$$

8.5.4 参数求解与 BPTT

训练 RNN 的算法称为时间反向传播（Back Propagation Through Time，BPTT）。看到"反向传播"字样，就知道它与传统的反向传播算法有类似之处，它们的核心任务都是利用反向传播调参，从而使损失函数最小化。

与传统反向传播算法一样，BPTT 算法的核心也是求解参数的导数，然后利用梯度下降等优化方法来指导参数的迭代更新。所不同的是，BPTT 算法中的参数有 5 类，即

$$\left[\frac{\partial J(\theta)}{\partial \boldsymbol{V}}, \frac{\partial J(\theta)}{\partial \boldsymbol{c}}, \frac{\partial J(\theta)}{\partial \boldsymbol{W}}, \frac{\partial J(\theta)}{\partial \boldsymbol{U}}, \frac{\partial J(\theta)}{\partial \boldsymbol{b}} \right] \tag{8-9}$$

在确定目标函数后，我们就利用随机梯度下降等优化策略来指导网络参数的更新。限于篇幅，本文省略了式（8-9）的偏导数数求解推导过程，感兴趣的读者可以参考相关文献[6]。

由于 BPTT 的权值更新，依赖于梯度递减，因此也存在梯度弥散等潜在问题的困扰。举例说明，假设 RNN 中采用的激活函数是 Sigmoid()，由于

它的导数的值域在[0, 1/4]范围内。因此每层反向传播进行一次，梯度都会以前一层 1/4 的速度递减。可以想象，随着传递时间步数的不断增加，梯度会呈指数级递减，直至梯度消失，如图 8-12 所示。假设当前时刻为 t，那么在(t-3)时刻，梯度将递减至 $(1/4)^3 = 1/64$，依此类推。

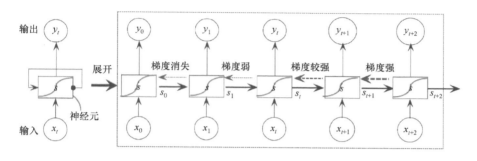

图 8-12　BPTT 梯度递减示意图

一旦存在梯度弥散（或梯度趋近于 0）现象，参数调整就没有了方向感，从而 BPTT 的最优解也就无从获得，RNN 的应用就受到了局限。

前面我们提到，在理论上，RNN 可在时间轴上任意展开，也就是说，它可以"记住"任意过往的信息，但由于存在梯度弥散，那些"记忆"会随梯度递减而"飘零"。

能不能让这些"记忆"更加"天长地久"一点呢？显然，原生态的那种简单神经元已然难以胜任。为了解决梯度弥散等问题，就需要改造神经元的内部构造。这个改造工作就是下节我们要讨论的长短期记忆单元。

> 梯度弥散是指若梯度较小（小于 1），则多层迭代后，梯度很快就会小到对调参几乎没有影响。想一想，$(0.99)^{100}$ 是不是趋近于 0？
>
> 梯度膨胀是指若梯度较大（大于 1），则多层迭代后，导致梯度非常大。想一想，$(1.01)^{100}$ 是不是很大？

8.6　LSTM 的来历

近年来，RNN 在很多自然语言处理项目中取得突破性进展。如果光靠第一代 RNN 的功力，自然是办不到的。如前所述，传统 RNN 多采用 BPTT 算法。这种算法的弊端在于，随着时间的流逝，网络层数的增多，会产生梯度消失等问题。

问题的解决方案就是于尔根·施密德胡伯（Jürgen Schmidhuber）在 1997 年提出的 RNN 的一种变体，即带有所谓的长短期记忆单元（Long Short-Term Memory，LSTM）。

施密德胡伯（以下简称胡伯）又是何许人也？我们常说深度学习有三大巨头：Y. Bengio（约书亚·本吉奥）、Y. LeCun（杨立昆）和 G. Hinton（杰弗里·辛顿），他们三人获得 2019 年的图灵奖。如果我们把"三大巨头"扩展为"四大天王",那么这位胡伯应可入围。论开创性贡献,他也算得上深度学习的先驱人物之一,其最杰出的贡献,莫过于 1997 年他和 Hochreiter 合作提出的 LSTM[3]。因此,胡伯也被尊称为"LSTM 之父"。

由于独特的设计结构,LSTM 可以很好地解决梯度弥散问题,它特别适合处理时序间隔长和延迟非常长(甚至可以超过 1000 个时间步)的任务,且性能奇佳。例如,2009 年,研究人员用改进版的 LSTM 赢得国际文档分析与识别大赛(ICDAR)与手写识别大赛冠军[7]。2014 年,本吉奥的团队提出了一种更加好用的 LSTM 变体——GRU(Gated Recurrent Unit,门控环单元)[8],从而使得 RNN 的应用更加广泛。作为非线性模型,LSTM 非常适合构造大型深度神经网络。

8.7 拆解 LSTM

LSTM 的内部结构比较复杂,下面我们就来剖析一下 LSTM 结构。

8.7.1 改造的神经元

> 事实上,学术新锐何凯明等人在提出残差网 ResNet 时,也多少利用了 LSTM 的这个可控自循环理念。

从上面的分析可知,第一代 RNN 的问题主要出在神经元功能不健全上,它把该记住的遗忘了,又把该遗忘的记住了。那如何来改造它呢?这时,就体现胡伯提出的 LSTM 的优势了。LSTM 的核心本质在于,通过引入巧妙的可控自循环,以产生令梯度能够得以长时间可持续流动的路径。

图 8-13 是简易 RNN 神经元和复合 LSTM 神经元的对比示意图。在该图中,每个方块均代表一个神经元。我们先不用纠结具体的细节(后面的章节会娓娓道来),仅从宏观就可以感知到,LSTM 的神经元内部要复杂了很多。

对于图 8-13(a),简易 RNN 可以简单认为"一输入,一输出"。对比而言,对于图 8-13(b),LSTM 的每个输入 X_t 都需要被处理 4 次,可简单认为"四输入,一输出"。它带来的效果就是,数据处理更加细腻了,网络性能(如记忆时长)显著提升了,但付出的代价是网络结构至少复杂了 4 倍。

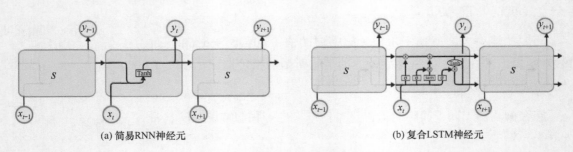

(a) 简易RNN神经元　　　　　　(b) 复合LSTM神经元

图 8-13　简易 RNN 神经元和复合 LSTM 神经元的对比示意图

这就是"天下没有免费的午餐"的生动演绎。根据没有免费午餐定理（No Free Lunch Theorem，NFL），没有哪个算法比其他算法在各种场景下都高效，此处性能好，不过是彼处付出了代价罢了，就看代价相比性能值得不值得。

因此，我们只能在特定任务上设计性能良好的机器学习算法。南京大学周志华教授认为，NFL 定理最重要的寓意在于，让我们清楚地认识到，脱离具体问题空谈"什么学习算法更好"是毫无意义的[9]。

在水平方向上观察图 8-13，简易 RNN 神经元也相对简单，只有隐含状态在"水平（时间序列展开）"方向网络内部流动。而 LSTM 版本的神经元在水平方向有两类信息在流动。除 RNN 固有的隐含状态（用 s 标记）传递，还在水平方向新增加一个记忆单元状态（Cell State，用 c 标记），也称记忆块（Memory Block），如图 8-14 所示。我们可以随性地认为，正是因为 LSTM 多用了一份"心"（多一个内部状态），所以才"记"得更长久。

图片绘制参考了 Christopher Olah 在 GitHub 有关 LSTM 理解的博客。

需要特别说明的是，图 8-14 表面上多了一个水平方向的输出，实际上那不过是在时间维度上的展开，而更本质的描述是，LSTM 比原始 RNN 神经元多了一个自循环（读者可参考图 8-4 以获得更多理解）。

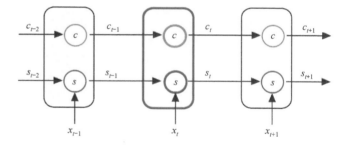

图 8-14　按时间步展开的 LSTM 网络

那如何有效控制这个记忆状态 c 为我所用呢？这是 LSTM 的关键所在。这个记忆单元状态就如同传送带一般，将前一个时间步的信息传递到下一个时间步，但所不同的是，这个信息传送带有所取舍，在合适的时候，既"拿得起（记住某些信息）"，又"放得下"（忘记某些信息），而且它还能对某些信息"充耳不闻"（并非毫无保留地接纳信息），同时还可以对某些信息"谨言慎行"（很多信息放在心中，并不是全部输出）。

这种对信息的处理态度，非常像人类的思维，而这种把控信息的机制，胡伯将其称为门（Gate）。根据不同的具体功能，可命名为"xxx（功能名称）+门"，如遗忘门、输出门和输入门等。为了便于读者理解，我们将图 8-14 中的 LSTM 神经元重新进行绘制，得到复合神经元，控制记忆单元状态 c 的 4 个门如图 8-15 所示。这里，LSTM 的设计思路是，设计几个控制门开关，从而打造一个可控记忆神经元。

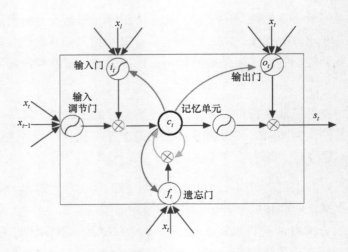

图 8-15　控制记忆单元状态 c 的 4 个门

这些控制门的输入其实是一个复杂的数据向量，在输出时，这些输入向量会被一个值域在 [0,1]或[-1,1]之间的门来管控。管控的方式，取决于所用的激活函数，如 Sigmoid 或 Tanh 等。正常的信息和这些控制信号进行操作（要么是乘积操作，要么是加法操作，这取决于实际需要），就可以控制信息的流动情况。有了这些好用的门开关，记忆就如同调酒师手中的酒，是勾兑可调的。

例如，某个信息和一个值为 0 的控制信号相乘，结果为 0，表明这个信息要被清除。又如，若某个信息乘上一个负值信号（如-0.5），然后再与自身相加，实际上就是削弱这个信息，该信号就代表遗忘。诸如此类。

何时开门，何时关门，何时半开半掩，何时增强，何时抑制，这都是由各种门的权值决定的。而这些权值 LSTM 正是通过海量数据学习得到的。

下面我们逐步解析这几个常见的门对记忆状态和输出状态的影响。

> 💡 前文提及的"门开关"，实际上是一个比喻。在真正的算法中，哪有什么所谓的"开关"可言？这里的"门开关"，实际上是通过激活函数来控制信号输出的大小。

8.7.2　遗忘门

如前所述，遗忘门的目的在于，控制从前面的记忆中丢弃多少信息，或者说要继承过往多少记忆。以音乐个性化推荐为例[9]，如果用户对某位歌手或某个流派的歌曲感兴趣，那么将诸如"点赞""转发"和"收藏"等这样的正向操作作为"记忆"进行加强（换句话说，遗忘要少一些）。反之，如果发生了"删除""取消点赞"或"取消收藏"等这类负向操作，对于推荐功能来说，它的信息就应该被遗忘多一些。

遗忘门可通过以下激活函数来实现。

$$f_t = \sigma(\boldsymbol{W}_f \cdot [s_{t-1}, x_t] + \boldsymbol{b}_f) \tag{8-10}$$

其中，σ 表示激活函数，通常为 Sigmoid。$\boldsymbol{W}_f$ 表示遗忘门权值矩阵，$\boldsymbol{b}_f$ 表示遗忘门的偏置，下标 f 是“遗忘（forget）”的首字母，仅是为了增强可读性而已。

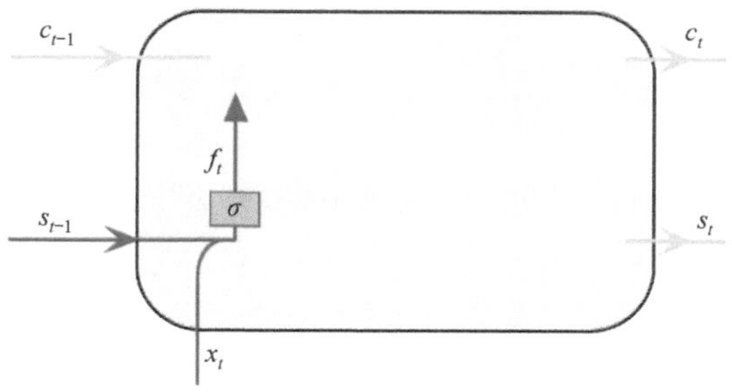

图 8-16 遗忘门的工作过程

事实上，遗忘门是通过将前一隐含层的输出 s_{t-1} 与当前的输入 x_t 进行“调和”（调和的轻重取决于学习到参数 $\boldsymbol{W}_f$），然后利用激活函数将其输出值压缩到 0～1 范围内。若输出值越靠近 1，则表明记忆块保留的信息越多；反之，若输出值越靠近 0，则表明保留的信息越少。遗忘门的工作过程可用图 8-16 表示。

8.7.3 输入门

输入门的作用在于，决定当前时刻的输入信息 x_t 以多大程度添加至记忆信息流中，激活函数 σ 也使用 Sigmoid，即

$$i_t = \sigma(\boldsymbol{W}_i \cdot [s_{t-1}, x_t] + \boldsymbol{b}_i) \tag{8-11}$$

由于输入门与遗忘门的功能类似，因此它们的工作过程也是类似的，与遗忘门结合在一起，如图 8-17 所示。事实上，输入门的输出也是一个中间阶段数据，还需要进一步的调和。

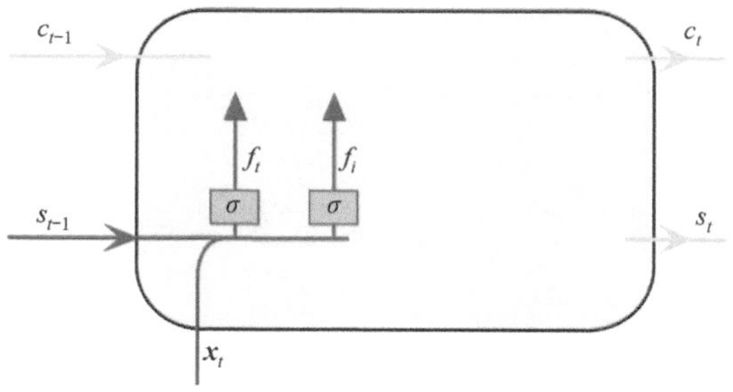

图 8-17 输入门的工作过程

8.7.4 调节门

调节门又称候选门，可视为一个信息的“勾兑门”，它主要负责“勾兑”当前输入信息和过去记忆信息，即负责计算当前输入的单元状态 $\boldsymbol{C}_t'$（相当于生成补充的记忆），即

$$\boldsymbol{C}_t' = \text{Tanh}(\boldsymbol{W}_C \cdot [h_{t-1}, x_t] + \boldsymbol{b}_C) \tag{8-12}$$

其中，激活函数换成了 Tanh()，它可以将输出结果归整到[−1, 1]区间内。这个激活函数的输出有正有负，这就意味着，它可能加强某些记忆，也可能“压制”某些信息。

接下来，我们需要将记忆块中的状态从 $\boldsymbol{C}_{t-1}$ 更新到 $\boldsymbol{C}_t$。记忆的更新

可由两部分组成：① 通过遗忘门过滤掉不想保留的记忆，记为 $f_t \times C_{t-1}$；② 添加当前新增的信息，添加的比例由输入门控制，记为 $i_t \times C_t'$。然后将这两个部分线性组合，得到更新后的记忆信息 C_t，即

$$C_t = f_t \times C_{t-1} + i_t \times C_t' \qquad (8\text{-}13)$$

图 8-18 为输入门与调节门的组合示意图。需要说明的是，该图对于式（8-13）的可视化还是有些粗略。这是因为，状态 C_{t-1} 代表过去，在计算时需要先读出来，经过式（8-13），再次更新 C_t 写回去，这个"一读一写"的过程，实际上更像一个循环，图 8-15 更能形象地描述这个循环过程。

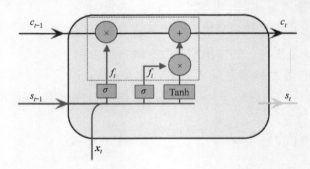

图 8-18　输入门与调节门的组合示意图

8.7.5　输出门

即使神经元内部计算再精巧，如果不外显输出，也终无意义。但 LSTM 的输出也是有章可循的。如何显得"进退有度""呢？这就是输出门的作用了。输出门控制着有多少记忆可以用在下一层网络的更新中。输出门的计算以表示为

$$o_t = \sigma(W_o \cdot [s_{t-1}, x_t] + b_o) \qquad (8\text{-}14)$$

其中，激活函数 σ 依然是用 Sigmoid。通过前面的介绍可知，Sigmoid 函数会把 o_t 规则化成一个在[0, 1]区间内的权值。

这里的输出也需要"控制，因此还要用激活函数 Tanh()将记忆值 C_t 转换成$-1 \sim 1$ 范围内的数（这表明记忆影响输出）。负值区间表示不仅不能输出，还需要压制，正数区间表示合理输出。这样有张有弛，方得始终。最终输出门的公式为

$$s_t = o_t \times \mathrm{Tanh}(C_t) \qquad (8\text{-}15)$$

最后，结合前面的门设计，LSTM 隐含层单元的完整逻辑设计如图 8-19 所示。

常言道，"话，不能说得太满，满了，难以圆通；调，不能定得太高，高了，难以合声"。

LSTM 中的输出门，也不能任意输出，Sigmoid 或 Tanh 的主要作用是将原始的 logit 进行合理的"压制"，以满足需求。

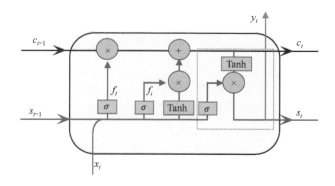

图 8-19　LSTM 隐含层单元的完整逻辑设计

8.7.6　LSTM 的部件功能

现在我们来总结一下 LSTM 单元中各个部件的功能。图 8-19 中的众多细节看起来比较烦琐，可能妨碍了我们对 LSTM 的认知，因此避繁就简，我们虚化了其内部细节，让我们把目光聚焦在如图 8-20 所示的上方水平线部分，它才是 LSTM 的核心所在。从图 8-20 可以看出，LSTM 中的记忆单元状态从 C_{t-1} 到 C_t，就像一条传送带一样，它让信息向量从记忆单元中流过，只不过做了一些必要的线性转换而已。

在线性转换过程中，包括乘法（$\otimes$）和加法（$\oplus$）操作。LSTM 的记忆单元将乘法和加法赋予不同的角色。其中，加法就是 LSTM 的 "秘密" 所在。

加法看起来非常简单，但这个基本的操作能够帮助 LSTM 在必须进行深度反向传播时，维持恒定的误差（或者说保留了信号）。而这个误差信号正是调参的向导，也就是说，正是有了这个加法操作，才可以避免梯度弥散问题。而我们前面诟病传统 RNN 的问题，不正是 BPTT 存在严重的梯度弥散问题吗？

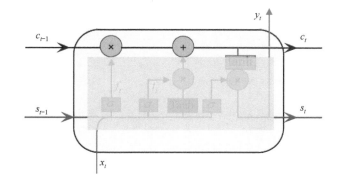

图 8-20　LSTM 核心要素

LSTM 记忆单元中的乘法设计也非常重要。乘法操作的前端输入采用了 Sigmoid 激活函数。如前所言，Sigmoid 输出的元素值是一个[0,1]区间内的实数，表示信息留存的权值（或者说比例）。例如，0 表示 "不让任何信息通过"，而 1 表示 "让所有信息通过"，中间值表示让部分信息通过。

很多文献或深度学习络框架在提及 RNN 时，实际上就是指 LSTM。如果想特指原生版本的 RNN，它的名字通常叫 "Simple-RNN"。

于是，这样的一加一乘的操作设计，既减小了损失信号的梯度弥散，又控制了信息的留存比例。加法和乘法操作正是 LSTM 记忆单元的精华所在。

至此，我们剖析了 LSTM 网络的标准设计流程。虽然 LSTM 神经元看起来很复杂，但由于它效果奇佳，导致它基本上成为 RNN 的代名词了。

8.7.7　GRU 优化

实际上，图 8-19 所示的结构并不是 LSTM 唯一的设计方式。很多研究人员对标准的 LSTM 做了优化。例如，J.Chung 等人提出的门控循环单元（Gated Recurrent Unit，GRU）[8]就是其中的佼佼者。GRU 在 LSTM 的基础上进行了简化，它主要做了两个方面的改进：① 提出了更新门的概念，也就是将输入门和遗忘门合并，形成一个新的更新门；② 将记忆单元状态 c_t 和隐含层单元状态 s_t 融合在一起。

图 8-21(a)是 LSTM 单元的另一种形式，对此不再赘述。对比图 8-21(a)和图 8-21(b)可以看出，GRU 在本质上就是一个没有输出门的简化版 LSTM。因此，在每个时间步内，它都会将记忆单元中的全部内容写入整体网络中。模型的简化意味着运算上的简化，调参上的便捷（虽然性能可能有所损失，但微小的性能损失，相比于调参训练的收益，是值得的）。特别是在训练很多数据的情况下，GRU 能节省更多时间，从而更为用户所接受。

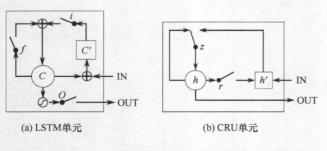

(a) LSTM单元　　　　(b) CRU单元

图 8-21　LSTM 单元与 GRU 单元示意图（图片来源：参考资料[8]）

8.8　LSTM 的训练流程

前面我们用了较多的篇幅讨论了 LSTM 的结构，实际上只是讨论了它的前向传播工作原理。事实上，我们还缺少一个 LSTM 训练算法框架来调整网络参数。LSTM 的参数训练算法，依然是我们熟悉的反向传播算法。对于这类反向传播算法，遵循的流程类似，简单来说，主要有以下三个步骤。

（1）前向计算每个神经元的输出值。对于 LSTM 而言，依据前面介绍的流程，按部就班地分别计算出 f_t、i_t、c_t、o_t 和 s_t。

（2）确定优化目标函数。在训练早期，由于输出值和预期值存在不一致的现象，因此通过计算每个神经元的误差项构造损失函数。

（3）根据损失函数的梯度指引，更新网络权值参数。与传统 RNN 相似的是，LSTM 误差项的反向传播也包括两个层面：一个是空间层面上的，将误差项向网络的上一层传播；另一个是时间层面上的，沿时间反向传播，即从当前 t 时刻开始，计算每个时刻的误差。

然后跳转到第（1）步，重新执行第（1）、（2）和（3）步，直至网络误差小于给定值。

限于篇幅，我们没有给出详细的求导过程，感兴趣的读者可以阅读胡伯的开创性论文，其中有详细的 LSTM 的前向传播和后向传播的推导过程[①]。

接下来我们准备使用 LSTM 完成一个自然语言处理的实战项目。但在此之前，为了便于理解，我们还需要先铺垫一些与自然语言处理相关的理论。

8.9　自然语言处理的假说

在自然语言处理领域中，有一个著名的假说——统计语义假说（Statistical Semantics Hypothesis）。这个假说表明："基于一种语言的统计特征，隐藏着语义的信息。"

这个一般性的假说是很多特定假说的基础。基于此，衍生出了诸如词袋模型假说（Bag of Words Hypothesis）、分布假说（Distributional Hypothesis）、扩展分布假说（Extended Distributional Hypothesis）及潜在关系假说（Latent Relation Hypothesis）等一系列假说。下面我们对前两个应用较多的假说做简要介绍。

先介绍词袋模型假说，在数学上，"袋"（Bag）又称多重集（Multiset），它很像一个集合，不过它允许元素重复。举例来说，{a,a,b,c,c,c}是一个包含 a、b 和 c 的袋，其中 a 与 c 都有多个。在袋和集合中，有一个重要的特性，即元素的顺序是无关紧要的。因此，袋{a,a,b,c,c,c}与袋{c,a,c,b,a,c}是等价的。

---

① 请参考 Arun 的博客，LSTM Forward and Backward Pass。
① 请参考 Arun 的博客，LSTM Forward and Backward Pass。

在信息检索中，词袋模型假说是这样描述的：通过把查询和文档都表示成词袋，我们可以计算一个文档和查询的契合程度。词袋模型假说认为，一篇文档的词频（而非词序）代表了文档的主题，这也是有现实支撑的。例如，如果一篇文章中经常出现诸如"足球""篮球""NBA"等词汇，那么能判断它是一则体育新闻。

下面，我们再讨论一下什么是分布假说。英国著名语言学家约翰·鲁伯特·弗斯（John Rupert Firth）有一句名言，它常指导着计算机科学家构建更为适用的自然语言处理模型。名言是这么说的：

"You shall know a word by the company it keeps."

大意是说"观词群，知词意"。这里的"company"表示"伴随"之意，强调某个词所处的环境。弗斯等人的观点衍生了自然语言处理的另外一个假说——分布假说，即"相同语境出现的词，应具有相似的语义（ Words that occur in similar contexts tend to have similar meanings ）"。

这个假说是在说明，单词的含义需要放在特定的上下文中去理解。因为具有相同上下文的单词，往往是有联系的。例如，在语料库中有这样的句子"The **cat** is walking in the bedroom"和"A **dog** was running in a room"。即使我们不知道"cat"和"dog"为何物，也能根据分布于它周围的语境，推测二者具有语义上的相似性。这是因为"the"对"a"，"walking"对"running"，"room"对"bedroom"，它们都有类似的语义，那么"cat"和"dog"在某种程度上具有（语法或语义上的）相似性，几乎是肯定的。

> 这里"2"是"to"的简化谐音。所以，Word2Vec 的完整含义就是，从单词（Word）到（to）向量（Vector）。

如果将抽象的分布假说用于测量意义的相似性，那么通常就会用到单词的向量、矩阵和高阶张量。因此，分布假说与向量空间模型（ Vector Space Model，VSM ）有着密切的关联。事实上，当前最为流行的 Word2vec 工具就是基于分布假说设计的。下面我们就讨论一下单词的向量空间表示。

8.10　词向量表示方法

对于图像和音频等数据而言，其内在的属性决定了它们很容易被编码并存储为密集向量形式。例如，图片是由像素点构成的密集矩阵，音频信号也可以转换为密集的频谱数据。

类似地，在自然语言处理中，词是语言中的最小单位，词需要找到便于计算机理解的表达方式，之后才能有效地进行接下来的操作。在自然语言处理领域中，对于词的常见的表达方式有 3 种：① 用我们熟悉的独热编码表示；② 分布式表示；③ 词嵌入表示。下面我们分别来讨论这三种方式。

8.10.1　独热编码表示

在早期，词通常都表示成离散的独一无二的编码，也称为独热向量（One Hot Vector）。在前面的章节中，我们也曾介绍过，独热编码有点"举世皆浊我独清，众人皆醉我独醒"的韵味。即在编码方式上，每个单词都有自己独属的"1"，其余都为 0。

假设我们有 10 000 个不同的单词，排在语料库第一位的是冠词"a"，用向量 [1,0,0,0,0,…]表示，即只有第一个位置是 1，其余位置（2 ~ 10 000）都是 0。类似地，排名第二的"abandon"，用向量 [0,1,0,0,0,...]表示，即只有第二个位置是 1，其余位置都是 0，如图 8-22 所示。

独热编码的优点自然是简单直观。但问题在于它的高维、稀疏和正交性（Orthogonality）。从图 8-22 中可以看出，在词的向量空间上，每个向量只有一个

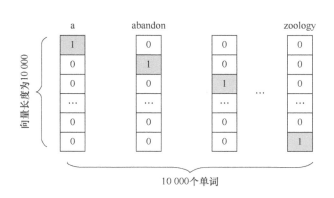

图 8-22　单词的独热编码表示

"1"和非常多的"0"。很显然，这样的表达方法，数据显得非常稀疏。独热编码策略导致每个词都是一个维度。因此，向量空间的维度就等同于词典的大小。例如，若词典中有 10 000 个单词，则这个词典的向量维度就是 10 000，每个单词的向量长度也都是 10 000。

根据资料显示，若按照这种编码方式，则语言识别的维度有 2 万，PTB 的维度大概有 5 万，Big Vocab 的维度大概有 50 万，Google 1T 的维度大概有 130 万。此外，在独热编码表示中，每个词都有一个唯一的编码，且彼此独立。但正因如此，词与词之间的相似性难以衡量。下面举例说明。为简化起见，我们假设"motel（汽车旅馆）"和"hotel（宾馆）"的独热编码如图 8-23 所示。

在自然语言理解上，词"motel"和"hotel"都是指"提供客人住宿的地方"，即使它们有所不同，但语义肯定有相似的地方。但从图 8-23 可见，它们的独热编码没有任何交集（二者向量的点积操作等于 0）。显然，按照这种逻辑推演，对于中文句子"我老婆非常漂亮"和

> 若内积空间中两向量的内积为 0，则称它们是正交的。

"俺媳妇十分好看"，这两句竟然没有任何相似性。事实上，两者是一个意思。

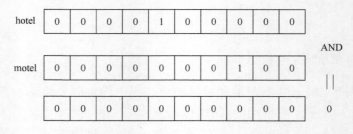

图 8-23 "motel"和"hotel"的独热编码

我们知道，相似性是理解自然语言的重要方式。缺失相似性的度量，是独热编码在自然语言理解上的最大缺陷之一。因此用它处理自然语言，肯定是"功力尚浅"。下面我们举例说明这个观点。

为了简单起见，假设我们的语料库中只有 4 个单词，girl（独热编码为 1000）、woman（独热编码为 0100）、boy（独热编码为 0010）和 man（独热编码为 0001）。虽然作为人类的我们，对它们之间的联系了然于胸，但是计算机并不知道，计算机要想知道这 4 个单词之间的关系，就必须学习。

在神经网络学习中，这 4 个单词在输入层都会被看成一个节点。我们知道，对于神经网络而言，所谓"学习"，就是找到神经元之间合适的连接权值。假设只看第一层的权值，隐含层只有三个神经元，那么，将会有 4×3=12 个权值需要学习，而且连接权值重彼此独立，如图 8-24 所示。图中演示的仅仅是 4 个单词，在动辄上万甚至上百万词典的应用中，独热编码除了面临着巨大的维度灾难问题，在利用深度学习算法训练时，还会产生难以承受的参数之重。

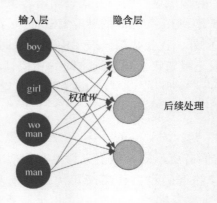

图 8-24 独热编码的神经网络示意图

8.10.2　分布式表示

针对独热编码的不足，人们自然就会设想，能否用一个连续的、低维密集向量来刻画一个词的特征呢？这样一来，人们不仅可以直接刻画词与词之间的相似度，而且还可以构建一个从向量到概率的平滑函数模型，使得相似的词向量可以映射到相近的概率空间上。这个稠密连续向量也被称为单词的分布式表示。

再回到如图 8-24 所示的 4 个单词的讨论上来，我们知道它们彼此之间在语义上的确是存在一定关联的。现在我们人为找到它们之间的联系，且不再使用独热编码。假设我们使用两个节点，每个节点均使用两位编码，其含义如表 8-1 所示。

表 8-1　4 个单词的分布式表达

编码位	0	1
gender（性别）	female（女性）	male（男性）
age（年龄）	child（孩子）	adult（成人）

如果我们规定这个分布式表达有两个维度的特征，第一个维度为 gender（性别），第二个维度是 age（年龄）。那么，girl 可以被编码成向量[0,0]，即"女性孩子"。boy 可以编码为[1,0]，即"男性孩子"。woman 可以被编码成[0,1]，即"成年女性"。man 可以被编码成[1,1]，即"成年男性"。这样我们使用优化后的输入节点，再次构造神经网络，如图 8-25 所示。

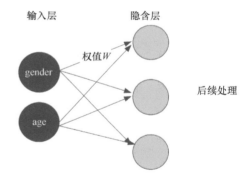

图 8-25　分布式编码神经网络示意图

相比于如图 8-24 所示的网络结构，图 8-25 的分布式编码神经网络要简单很多。此时，需要学习的权值从 4×3=12 个，缩小到 2×3=6 个。由于每个词都有两个节点编码，当输入训练数据"girl"时，与"girl"共享相同连接的其他样本也可以得到训练。例如，它可以帮助到与其共享"female"的"woman"，以及和"boy"共享的"child"的权值训练。如此一来，参数的训练不再彼此孤立，而是彼此"混搭"，即参数共享。

前面我们提到，girl 可以被编码为[0,0]，boy 可以编码为[1,0]等，它们的编码都是或 0 或 1 的整数。实际上，更普遍的情况是，用更多不同实数的特征值表示。这种向量长成这般模样：

```
W("girl")=[0.19, -0.47, 0.72 ...]
W("boy")=[0.0, 0.6, -0.31, ...]
```

这样一来，我们可以把一个词想象成多维向量空间中的一个点。词的意义就由词的在各个维度上向量值来表征。

这里的"分布式表示"中的"分布"，是指每个词都可以用一个向量表达，而这个向量里包含多个特征，而非"独热编码"那么"独"。当然，这里的"多个"，也不能像"独热编码"那么多，其维度以 50 维到 100 维较为常见，相比于独热编码动辄成千上万的维度，分布式表示已经算是低维表达了。

使用分布式表示的最大贡献在于，它提供了一种可能性，可以让相关或者相似的词在距离上可度量。度量的标准可以是欧氏距离，也可以用余弦夹角来衡量，如图 8-26 所示。需要注意的是，图 8-26 表示的范例在二维空间内。事实上，余弦相似度的计算方法可拓展到任意高维空间。

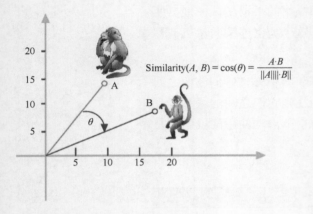

图 8-26　向量的余弦相似度

近年来，人工智能相关领域的学者开始将本体论的观念用在知识表达上，即借由本体论中的基本元素（概念及概念间的关联）作为描述真实世界的知识模型。

分布式表示的概念，多少有点哲学中的"本体论（Ontology）"的影子。因为"本体"是用各种属性（或说特征）刻画出来的。如果我们通过机器学习算法将各种特征都找出来，并精确地将其用数值表征出来，那么这个本体就呼之欲出了。

接下来，我们就要引入本章即将讲到的重点——词嵌入（Word Embedding），它可以得到如图 8-25 所示的神经网络所表示的结果，即从数据中自动学习单词的分布式表示。如前所述，如果分布式表示得以完成，那么就能显著降低向量空间的维度及减少训练所需的数据量。

8.10.3　词嵌入表示

广义来讲，"嵌入"是一种理念，不仅适用于"词嵌入"，还适用于"图像嵌入""语音嵌入"。只要满足高维到低维的变化，且满足单射和结构保存特性，都可称为"嵌入"。

在自然语言处理中，词嵌入（Word embedding，也有资料将其译为词向量））基本上是语言模型与表征学习技术的统称。从概念上讲，词嵌入是指，将一个维数等于所有词数量的高维空间（如前面提到的独热编码）"嵌入"到一个维数低得多的连续向量空间中，并使得每个词或词组都被映射为实数域上的向量。

那么，这个"嵌入"到底是什么意思呢？简单来说，在数学上，"嵌入"表示的是一个映射，即 $f: X \rightarrow Y$。也就是说，"嵌入"是一个函数。

不过这个函数有些特殊，要满足两个条件：①单射，即每个 Y 只有唯一的 X 与之对应，反之亦然。②结构保存，例如，在 X 所属的空间上有 $x_1 > x_2$，则通过映射后，在 Y 所属的空间上一样有 $y_1 > y_2$。

具体到词嵌入，就是要找到一个映射或函数，将词从高维空间映射到另外一个低维空间中，其中这个映射满足前面提到的单射和结构保存特性，好像是"嵌入"到另外一个空间中一样，即生成词在新空间中找到了低维表达方式，这种表达方式称为词表征（Word Representation）。

下面简单介绍一下词嵌入（的来历。词嵌入技术最早起源于 2000 年。伦敦大学学院（University College London）的研究人员 Roweis 与 Saul 在《科学》（Science）上撰文[10]，提出了局部线性嵌入（Locally Linear Embedding，LLE）策略，该策略用来从高维数据结构中学习低维表示方法（其核心工作就是降维）。

随后 2003 年，机器学习的著名学者 Y. Bengio 等人发表了一篇开创性的论文：A neural probabilistic language model（一个神经概率语言模型）[5]。

在这篇论文中，本吉奥等人总结出了一套用神经网络建立统计语言模型的框架（Neural Network Language Model，NNLM），并首次提出了词嵌入的概念，但当时并没有取这个名字，而是称其为投影矩阵（Projection Matrix）。

在 2010 年后，词嵌入技术突飞猛进。T. Mikolov 等人提出了一种 RNNLM 模型[9]，用递归神经网络代替原始模型中的前向反馈神经网络，并将嵌入层与 RNN 中的隐含层合并，从而解决了变长序列的问题。

特别是在 2013 年，由 Mikolov 领导的谷歌团队再次发力，在前人基础上提出更精简的语言模型框架 Word2vec 并用于生成词向量[11]。随后，该团队又提出训练 Word2vec 的两个重要技巧分层 Softmax（Hierarchical Softmax）和负采样（Negative Sampling）[12]。文献[11]的研究工作保证了 Word2vec 的理论可行性，而文献[12]的贡献在于，提供了工程上的可行性，从而使得向量空间模型（Vector Space Model，VSM）的训练速度大幅提高，并成功引起工业界和学术界的极大关注。

现有的向量空间模型可分为两大类。一类是计数模型，如潜在语义分析（Latent Semantic Analysis，LSA）。从字面上的意思理解，LSA 就是通过分析语义，发现文档中潜在的意思和概念。如果每个词仅表示一个概念，且每个概念仅被一个词描述，那么 LSA 将非常简单。

但问题并没有这么简单，因为同一个词可能有多个意思（二义性），一个概念也有多种表达方式。为了简化问题，LSA 引入了一些重要的简化。例如，LSA 将文档看成"一堆词（Bags of Words）"的堆积。在这种策略下，词在文档中出现的位置并不重要，LSA 只是统计某个词出现的频率，这就是它被归属为计数类别的原因。而这些统计出来的频率会被转化为小而密集的矩阵。

另一类是预测模型，如神经概率语言模型（Neural Probabilistic Model，NPM）。这类模型利用神经网络，根据某个词周围的词来推测这个词及其向量空间。相对于计数模型，预测模型通常有更多的超参数，因此预测模型的灵活性要强一些。

相比于独热编码的离散编码，向量空间模型可以将词语转化成连续值，而且是意思相近的词，还会被映射到向量空间的相近位置。这样一来，词语之间的相似性（距离）就非常容易度量了。甚至我们可以发现，词嵌入向量（Embedding Vectors）具备类比特性。

类比特性就是拥有类似于"A−B=C−D"这样的结构（见图 8-27），可以令词向量中存在一些特定的运算，如

$$W("China") - W("Bejing") = W("America") - W("Wanshington")$$

这个减法运算的含义是，北京之于中国，就好比华盛顿之于美国，它们都是所在国家的首都，这在语义上是容易理解的，但是通过数学运算表达出来，还是"别有一番风味"。

(a) 男性-女性　　　(b) 时态差异　　　(c) 国家-首都

图 8-27　词嵌入向量的类比特性

前面我们从词嵌入向量表示角度出发，讨论了主流的三种方法。下面我们再从自然语言处理的统计语言模型出发，谈论一下它的三个发展阶

段：基于 NGram 的语言模型、基于前馈神经网络的语言模型（NNLM）
和基于 RNN 的语言模型（RNNLM）。

在自然语言处理的统计模型中存在一个基本问题，即在上下文语境
中，如何计算一段文本序列在某种语言中出现的概率。之所以说这是一个
基本问题，是因为它在很多自然语言处理任务中都扮演着重要的角色。上面
提及的三种统计模型都围绕如何更快、更准地计算这个概率。限于篇幅，我
们只介绍最后一种模型，对于前两种模型，请读者自行参考相关文献[13]。

8.11 基于 RNN 的语言模型

通过前面的介绍我们知道，RNN 与其他神经网络结构最大的不同之处
在于，通过循环，它引入了"记忆"元素，即在做预测时，其输出不仅依
赖于当前输入，还依赖之前的记忆（历史信息）。

因此，RNN 与语言模型有天然默契的基因。在自然语言处理中，常用
的场景是，预测第 n 个词时，需要依赖前 $(n-1)$ 个词的向量表示，这正是
历史信息此外，相比普通前馈神经网络，RNN 的参数共享机制也可大幅度
减小参数的规模。

图 8-28 是简化的基于 RNN 的语言模型，其
中 t 表示时间。从图中可以看到，循环神经网络
有一个输入层，用 $w(t)$ 表示，该单词的编码方式
为 1-of-V，即 $w(t)$ 的维度为 $|V|$，$|V|$ 是词典大
小，$w(t)$ 的分量只有一个为 1，表示当前单词，
其余分量为 0。实际上这种编码方式就是前面我
们提到的独热编码。

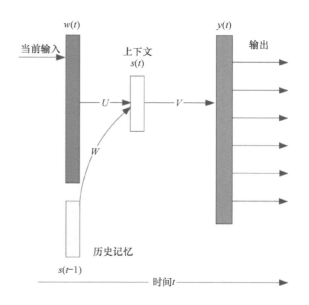

中间有一个隐含层 s，用于保存上下文的状
态 $s(t)$。$s(t-1)$ 表示隐含层的前一次输出。当前
输入 $w(t)$ 和历史上下文 $s(t-1)$ 相结合，共同作
用，形成当前隐含层的上下文 $s(t)$，然后在输出
层 y 中，输出 $y(t)$，这里 $y(t)$ 表示
$P(w_t \mid w_t, s_{(t-1)})$。

图 8-28　简化的基于 RNN 的语言模型

之所以称之为 RNN，就是在 t 时刻，$s(t)$ 会
留下一个副本，在 $(t+1)$ 时刻，$s(t)$ 会被送到输入
层，相当于一个循环。将图 8-28 随时间 t 展开为如图 8-29 所示的形式，
或许能更容易明白为什么称其为基于 RNN 的语言模型了。

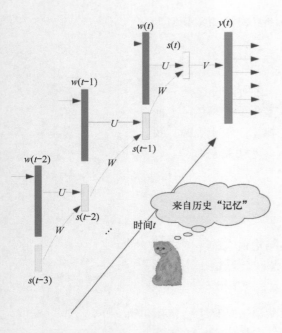

图 8-29 基于 RNN 的语言模型的展开形式

在图 8-29 中，上文信息$(w1, w2, \cdots, w(t-1))$通过 RNN 编码为 $s(t-2)$，它是上一个隐含层，代表着对上文的历史记忆。$s(t-1)$与当前 $w(t)$相结合，得到$(w1, w2, \cdots, w(t-1), wt)$的表示形式 $s(t)$，$s(t)$再通过 RNN 的编码得到预测的输出 $y(t)$。

从图 8-29 可以看出，只要我们愿意，基于 RNN 的语言模型就可以无限展开历史信息。这意味着，这类模型彻底打破了 NGram 模型对词窗口大小的限制，从而能更为充分地利用完整的上文信息。相应地，将获得比其他语言模型更好的性能。

Mikolov 的研究显示，即使采用最为基础的 RNN 和最普通的截断 BPTT 优化算法（这里的"截断"表明 RNN 并非无限展开，而是仅展开若干个时间步，这样做的目的在于大幅度减小训练的开销），其性能也比 NGram 模型的性能好。

从前面的分析可知，RNNLM 可捕获更长的历史信息，从而获得更好的性能，这自然是其优势所在。但 RNNLM 也有其不足之处。因为它使用了 RNN，而我们知道，原生态的 RNN 很容易产生梯度弥散。当然，这个问题已有比较好的解决方案了，那就是前文提到的 RNN 的升级版——LSTM 或 LSTM 的简化版本——GRU。

8.12 实战：基于 RNN 的文本情感分类问题

文本分类是自然语言处理的一个常见任务，它把一段不定长的文本序列变换为文本的类别。本节我们尝试完成它的一个子问题，即使用文本情感分类来分析文本背后作者透露的情绪（正面情绪或负面情绪）。该问题也称为情感分析（Sentiment Analysis），它有着广泛的应用。例如，我们可以分析用户对产品（如对电影的评价、对电商的商品评价）的评价，据此统计用户的满意度，或分析用户对股市行情的情绪，并用以预测接下来的股市行情。

在范例 8-1 中，我们使用经典的数据集 IMDb（Internet Movie Database，互联网电影资料库）作为文本情感分类模型训练所用的数据集[14]，然后训练 RNN 网络，让其判断用户对某一部电影评判的情绪类型（如积极情绪或消极情绪）。下面我们逐步讲解范例的实现过程。

> 官方简称为 IMDb，但很多文献为了方便，全部大写这些字母，即为 IMDB。本书也遵循惯例，采用全部大写模式。

8.12.1　数据读取

诸如 IMDB 之类经典的数据集通常都已内置于深度学习框架中，如果没有指定加载路径，只需要使用专门的 API，那么框架会帮助我们自动加载。IMDB 影评数据集包含 50 000 条用户评价，分别包含 25 000 条从 IMDB 下载的关于电影的"积极"和"消极"的评论。标签为"积极"和"消极"的评论数量相等。

在 IMDB 中，评价体系为：其中 IMDB 评级小于 5 的用户评价标注为 0，即消极；IMDB 评价大于或等于 7 的用户评价标注为 1，即积极。数据集分为训练集和测试集，二者各占 50%，25 000 条影评用于训练集，另外 25 000 条影评用于测试集。

为了便于讲解，我们还是采用 Jupyter 的交互模式来逐步讲解代码（参见随书源文件 chap08-IMDB.ipynb。源代码参见范例 8-1Python 文件 rnn.py）[15]。通过 tf.keras 模块提供的数据集 datasets 工具便可加载 IMDB 数据集，代码如下所示（需要说明的是，给予编号的属于正式代码，没有编号的代码属于解释性或测试性代码）。

范例 8-1　利用 RNN 实施文本情绪分类（rnn.py）。

```
In [1]:
01  import tensorflow as tf
02  from tensorflow.keras import datasets
03  total_words = 10000     # 设定最常用的单词数量
04  (x_train, y_train), (x_test, y_test) = datasets.imdb.load_data (num_words =
                                total_words)

Downloading data from https://storage.googleapis.com/ tensorflow/tf-keras-
datasets/imdb.npz
17465344/17464789 [==============================] - 2s 0us/step
```

从上面的输出可知，如果第一次加载这个数据集，那么 datasets.imdb.load_data()会联网下载，所以需要读者具备必要的联网条件才行。如果已经从互联网上下载好这个文件 imdb.npz，那么可以指定加载路径（path）。例如，上述第 04 行代码，可修改为如下代码。

```
04  (x_train, y_train), (x_test, y_test) = datasets.imdb.load_data(
                                path = './imdb.npz',
                                num_words = total_words)
```

现在，我们着重说明第 04 行的参数 num_words，它被设置为 total_words，其值为 10 000。我们知道英文单词有几十万个，但大部分都是低频词汇，其实使用文档中的前 10 000 个高频词汇已经足够判断文本的情感了。如果保留所有词汇，那么编码空间将会非常大，而性能（情感分类准确率）的提升却非常有限，性价比并不高。最后需要说明的是，参数 num_words 的默认值为 None，即表示所有单词都需要进行编码。

8.12.2 感性认知数据

在将数据读入内存后，我们就可以来感性地认识一下数据。首先我们来检查训练集与测试集的维度（样本数量）。

```
In [2]:    #此处代码仅为解释所用，非必需代码，不予编号，下同
print(x_train.shape, y_train.shape)
print(x_test.shape, y_test.shape)
(25000,) (25000,)
(25000,) (25000,)
```

可以看到，x_train 与 x_test 是长度为 25 000 的一维数组，数组的每个元素都是一个列表，用以存储用户的评价语句。但有所不同的是，这些句子并不是我们能直接阅读的英文，而是为了便于计算机处理，对每一个英文单词给予独一无二的编号。这就好比我们每个个体都有一个唯一的身份证号码一样。

例如，训练集的第一个句子共有 218 个单词，测试集的第一个句子共有 68 个单词，每个句子都包含了句子起始标志 ID。空口无凭，如果我们想感性认识这些语句，那么不妨将其打印出来查看，如打印训练集的第一个标签。

```
In [3]: print(x_train[0])  #输出第 1 个用户的评论句子
Out[3]: [1, 14, 22, 16, 43, 530, 973, 1622, 1385, 65, 458, 4468, 66, 3941, 4,
173, 36, 256, 5, 25, 100, 43, 838, 112, 50, 670, 2, 9, 35, 480, 284, 5, 150, 4,
172, 112, 167, 2, 336, 385, 39, 4, 172, …（省略部分输出），22, 21, 134, 476, 26, 480,
5, 144, 30, 5535, 18, 51, 36, 28, 224, 92, 25, 104, 4, 226, 65, 16, 38, 1334, 88,
12, 16, 283, 5, 16, 4472, 113, 103, 32, 15, 16, 5345, 19, 178, 32]
```

如前面分析可知，标签为"1"表示"积极"情绪。那么这个标签对应的语句到底是什么呢？我们也把它打印出来，即

```
In [4]: y_train[0]         #输出第一个评论的情感标签
Out[4]: 1
```

这样的评论句子输出，可能会令人一头雾水。事实上，这就是一个长度为 218 的句子（用 len(x_train[0])可获得其长度，每个句子都包含了句子起始标志 ID）。

```
In [5]: len(x_train[0])         #输出第 1 条评论的长度
```

```
Out[5]: 218
```

那么这些单词是如何编码为数字的呢？我们可以通过查看它的编码表来获得编码方案，代码如下。

```
word_index = datasets.imdb.get_word_index()
Downloading  data  from  https://storage.googleapis.com/  tensorflow/tf-keras-
datasets/imdb_word_index.json
1646592/1641221 [==============================] - 1s 1us/step
```

从输出可以看到，我们将获得一个名为 imdb_word_index.json 的文档。JSON 是一种常用的用于数据交换的有特定格式文档。

有了这个文档，我们就可以像查字典一般，罗列出单词和其编码之间的对应关系。

```
In [6]:
for word, code in word_index.items():
    print(word,code)
Out [6]:
fawn 34701
tsukino 52006
nunnery 52007
…(省略大部分输出)
```

为了操作方便，在编码/解码时，还需预留 4 个特殊的 ID，它们表示填充标志、起始标志、未知单词标志和未用标志。由于编码表的键（key）为单词，值（value）为 ID，因此为了构建翻转编码字典，通常先把前 4 个编号保留，分配给这 4 个特殊的标志位，代码如下所示。

```
In [7]:
                                        #利用字典推导式构建单词与 ID 之间的对应表
word_index = {word :(code + 3) for word, code in word_index. items()}
word_index["<PAD>"] = 0        #填充标志
word_index["<START>"] = 1      #起始标志
word_index["<UNK>"] = 2        #未知单词标志
word_index["<UNUSED>"] = 3     #预留，以备后用
# 利用列表推导式构建 ID 与单词之间的翻转编码表
reverse_word_index = dict([(value, key) for (key, value) in word_index.items()])
```

有了翻转编码表 reverse_word_index，我们就可以很容易设计一个函数，将 Out[3]处的数字 ID 转换为字符串，代码如下。

```
In [8]:
def decode_review(text):
    return ' '.join([reverse_word_index.get(i, '?') for i in text])
```

上述代码利用了字典的内置方法 get()，它用于返回指定键（key）的值（value）。若值不在字典中，则返回默认值，这里设置的默认值为"？"。有了上面的铺垫工作，我们可以把前面的数字编码逆向转换为单词。

```
In [9]: decode_review(x_train[0])
Out[9]:
"<START> this film was just brilliant casting location scenery story direction
everyone's really suited the part they played and you could just imagine being
there robert <UNK> is an amazing actor…（省略大部分输出）…,the whole story was so
lovely because it was true and was someone's life after all that was shared with
us all"
```

从上面的输出字样 "Amazing" 和 "lovely" 可以大致看出，这句话的情感是积极的。按照约定，我们把积极情感标记为 "1"，消极情感标记为 "0"，这就是为什么 Out[4]输出为 1。此外，我们也看到了<UNK>字样，这表明该单词超过了前面设定的 10 000 个单词之列，属于生僻字。

8.12.3　数据预处理

有时，为了便于处理，我们会人为地对参差不齐的文本设置一个阈值，对大于此长度的句子，选择截断部分单词，即可以选择截去句首单词，也可截去句末单词；对于小于此长度的句子，可选择在句首或句尾填充，这种常用的文本处理功能，Keras 早已替我们考虑到了。我们只需调用函数 keras.preprocessing.sequence.pad_sequences()，即可实现将多个序列截断的功能或将序列补齐为相同长度的功能，代码如下所示。

```
In [10]:
  05  from tensorflow import keras  #导入 Keras 模块
  06  max_review_len = 80
  07  x_train = keras.preprocessing.sequence.pad_sequences (x_train, maxlen =
          max_review_len)
  08  x_test = keras.preprocessing.sequence.pad_sequences(x_test, maxlen = max_
          review_len)
```

该函数的原型如下所示。

```
pad_sequences(sequences, maxlen=None, dtype='int32',
         padding= 'pre', truncating= 'pre', value=0.0)
```

将一个 num_samples 的序列（整数列表）转化为一个二维 Numpy 矩阵，其尺寸为（num_samples, num_timesteps）。num_timesteps 要么是给定的 maxlen 参数，要么是最长序列的长度（相当于 RNN 展开的时间步）。

具体来说，如果输入序列实际长度比 num_timesteps 所设置的长度短，则将在末端用 value 值补齐；如果输入序列的长度比 num_timesteps 所设置的值长，则将会直接被截断，以满足所需要的长度。补齐或截断发生的位置分别由参数 pading 和 truncating 决定（取值选项为'pre' 或 'post'）。其中向前补齐为默认操作。

文本被截断或填充为相同长度后，它们的类型都是 NumPy 数组，不能被 TensorFlow 直接使用，因此需要将其转换为 TensorFlow 中的 Dataset 对象。之所以使用 Dataset 对象，是因为 Dataset 内置了很多好用的数据预处理方法。

```
In [11]:
09  batchsz = 128
10  db_train = tf.data.Dataset.from_tensor_slices((x_train, y_train))
11  db_train = db_train.shuffle(1000).batch(batchsz, drop_remainder = True)
12  db_test = tf.data.Dataset.from_tensor_slices((x_test, y_test))
13  db_test = db_test.batch(batchsz, drop_remainder = True)
```

我们来简单解释上述代码。第 10 行和第 12 行利用 from_tensor_slices() 的目的在于，分别将 NumPy 类型的张量切分成数据块，这些数据切片可通过 for 循环迭代取出。第 11 行和第 13 行分别利用 batch()将前面生成的可迭代对象打包成小批量，然后分批送给模型训练，而不是一股脑地全部参与训练。这里参数 drop_remainder 值得注意，若将其设置为 True，则表示抛弃分块的零头。例如，数据样本有 307 个，每个批次为 100，经过 batch()处理后，得到 3 个批次，那么剩余的这 7 个样本就抛弃不用了。标准化处理流程很容易为了追求效率，而抛弃一些不是十分重要的细节，可谓"大行不顾细谨"。

下面我们来验证一下截断后和补齐后，训练集和测试集的尺寸，即

```
In [12]:  print('x_train shape:', x_train.shape)
Out[12]:  x_train shape: (25000, 80)
In [13]:  print('x_test shape:', x_test.shape)
Out[13]:  x_test shape: (25000, 80)
```

从输出可以看到，因为长度太长而被截断或因为不足而补齐后的句子，其长度都统一为 80，即为前面我们设定的句子长度的阈值。

8.12.4 搭建简易 RNN

下面，利用基础的 RNN 来解决情感分类问题。用于文本情感分类的 RNN 拓扑结构如图 8-30 所示。第一层其实是输入数据的预处理层，用作

把原始的单词（实际上是单词对应的编码）转化为词向量，有时这类数据转换也称为嵌入层。

嵌入层之后的部分才是真正的神经网络。下面我们先尝试设计将这个 RNN 网络的拓扑结果。初步尝试将隐含层数量设置为 2 层。随后看性能如何，再考虑添加更多的层。根据以往经验，网络层数越深，其表达能力越强，故此数据的拟合能力也就越强。但"过犹不及"，网络层数过深也会产生问题，容易导致计算负担过大，且亦可能导致梯度弥散或梯度爆炸。

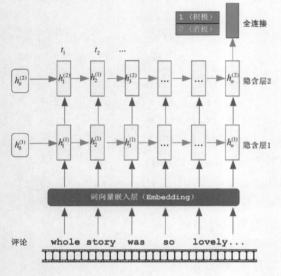

图 8-30　文本用于情感分类的 RNN 拓扑结构

经过 RNN 的训练后，若想做情感分类，最后一定要有一个全连接层（也称稠密层 Dense）。由于这是一个二分类问题，因此全连接层的输出只需要一个神经元即可。

这里需要再次强调的是，图 8-30 的 RNN 看起来很"胖"，实际上并非如此，它只不过是按照时间训练展开的逻辑上的网络拓扑图而已。事实上，图 8-30 中的 t_1 和 t_2 是一个网络，不过是在时间维度上展开而已。

一旦训练完毕后，网络的输入权值 U 和输出权值 V 都是相同的，这就是 RNN 参数共享的含义。所不同的是，包含历史信息的隐含层权值 W，会随着时间的推进而不同（可重温图 8-4 获得更全面的理解）。

下面我们用代码实现如图 8-30 所示的 RNN 拓扑结构。在实现代码前，我们需要一些预备知识的铺垫。在前面章节中，我们已经提到，Keras 有三种模型搭建方式，其中第三种方式就是子类模型（Subclassing Model）。即把 tf.keras.Model 当作模型的父类，通过继承，子类可以共享部分父类模型的特征，达到代码复用的目的，然后，我们可以在子类中定义自己个性化的那部分操作。

在继承类中，我们需要重写（Override）两个父类方法：__init()__() 和 call(input)。前者为构造器，主要初始化模型所需的层和父类的变量；后者描述数据流动的逻辑拓扑结构，即数据如何通过网络层得到输出，这类似于 TensorFlow 1.x 时代的数据流图。

自然，我们也可以根据需要添加一些父类没有定义的方法。自定义 Keras 模型的类构造示意图如图 8-31 所示。

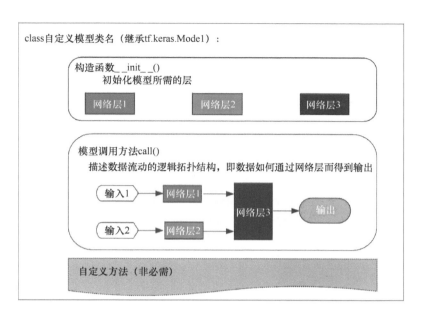

图 8-31　自定义 Keras 模型的类构造示意图

　　下面我们来说明是如何实现自定义模型 MyRNN 的。首先我们使用简易版本的 RNN，这种神经单元在 Keras 中就称为 SimpleRNN（ ）。

```
In [14]:
14  from tensorflow.keras import layers, losses, optimizers, Sequential
15  embedding_len = 100
16  class MyRNN(keras.Model):
17    def __init__(self, units):
18      super(MyRNN, self).__init__()
19      # 嵌入层的维度变化：[b, 80] => [b, 80, 100]
20      self.embedding = layers.Embedding( total_words, embedding_len,
                        input_length = max_review_len)
21      # 循环神经网络部分的维度：[b, 80, 100] , h_dim: 64
22      self.rnn = keras.Sequential([
23        layers.SimpleRNN(units, dropout=0.5,                   #隐含层 1
24                      return_sequences=True, unroll = True),
25        layers.SimpleRNN(units, dropout=0.5, unroll= True)  #隐含层 2
26        ])
27      # 全连接层的维度变化：[b, 80, 100] => [b, 64] => [b, 1]
28      self.outlayer = layers.Dense(1)                      #输出层（全连接层）
29
30    def call(self, inputs, training=None):
31      # 输入张量的维度：[b, 80]
32      x = inputs
33      # 嵌入层向量的维度变化：[b, 80] => [b, 80, 100]
```

```
34        x = self.embedding(x)        #嵌入层，可视为预处理之后的输入层
35        # RNN 神经元计算
36        # 张量的维度变化：[b, 80, 100] => [b, 64]
37        x = self.rnn(x)              #RNN 层，含 2 个隐含层
38        # 输出张量的维度变化：[b, 64] => [b, 1]
39        x = self.outlayer(x)         #输出层
40        # 二分类，用 sigmoid 模拟概率
41        prob = tf.sigmoid(x)         #输出归一化处理
42        return prob
```

简单解释一下上述代码。类 MyRNN 就是按如图 8-31 所示的结构建立的。第 16 行括号内的 keras.Model 表明了继承关系，keras.Model 是父类。然后，先重写了构造器方法__init__( )。由于父类的变量初始化需要父类自己完成，因此先需要调用父类的构造器（第 18 行）。在这个子类的构造器中，我们先构造一个词向量的嵌入层，然后用续贯模式定义一个复合网络层，它包含两个简易 RNN 层。最后，由于该神经网络是用于分类的，因此需要对接一个全连接层。对于一个二分类而言（输出概率>0.5 表示正类，反之表示负类），输出层只需要一个神经元即可（第 28 行）。

对高度封装的 Keras 而言，我们只需要宏观的了解各种层的调用 API，神经元内部的计算就交给 Keras 来协调和处理（通常交由 TensorFlow 和 Caffe 等后端来做幕后工作）。自然，如果你对循环神经网络的原理熟稔，那么也可手动构造各个层（参看本章习题部分）。

在构造器中构造完各个层后，我们要做的工作就是在 call()方法中，定义各个层的数据流动。我们可以看到数据（x）经过了不同层的加工。

在网络模型搭建完毕后，下面的工作就比较常规了，与前面讲到的范例处理流程没有区别，即模型编译（配置各种模型参数）、模型训练和模型评估。

```
In [15]:
43  def main():
44      units = 64           # RNN 状态向量长度
45      epochs = 10          # 训练 epochs
46      training = True      # 设定训练模型
47      model = MyRNN(units)
48      if training:
49          model.compile(optimizer = optimizers.RMSprop(0.001),
50                        loss = losses.BinaryCrossentropy(),
51                        metrics=['accuracy'],
52                        experimental_run_tf_function = False)
53      else:
```

```
54          model.compile(optimizer = optimizers.RMSprop(0.001),
55            loss = losses.BinaryCrossentropy(),
56            metrics=['accuracy'])
57      # 训练和验证
58      model.fit(db_train, epochs=epochs, validation_data= db_test)
59      # 模型测试
60      model.evaluate(db_test)
61  if __name__ == '__main__':
62      main()
```

运行结果

```
Epoch 1/10
193/195 [===========================>.] - ETA: 0s - loss: 0.6286 - accuracy:
0.5446Epoch 1/10
195/195 [============================] - 17s 87ms/step - loss: 0.6276 -
accuracy: 0.5459 - val_loss: 0.4794 - val_accuracy: 0.7704
…(省略大部分输出)
Epoch 10/10
195/195 [============================] - 2s 10ms/step - loss: 0.7337 - accuracy:
0.8121
```

代码分析

从输出可以看到，经过 10 轮训练，基于简易 RNN 的情感分类准确率在 81%左右。在代码层面上，我们来说明这个训练方法有一个值得注意的细节。我们知道，模型的训练和训练后的模型使用，二者的逻辑是有差别的。例如，Droupout 机制，在模型训练阶段，需要随机失活一定比例的神经元（本范例占比 50%，见代码第 23 行和第 25 行）。但模型训练完毕后，为了提高模型的表达能力，进而提高模型预测的准确率，我们希望这些神经元“全员上阵”。

因此，Keras 模型分为两个模型。若是训练模式，则需要在模型编译（装配模型参数）时，显式设置 experimental_run_tf_function = False；否则模型训练过程会报错。

8.12.5　基于 LSTM 的优化

如前所述，简易 RNN 容易出现梯度弥散或梯度爆炸。有个直观的想法就是，如果我们利用更为高阶的模型 LSTM，性能是不是会好一些？在范例 8-2 中，我们将测试这个想法。

由于范例 8-2 仅在定义模型的类 MyRNN 所有不同，其他代码完全雷同于范例 8-1，所以下面仅给出这个类的代码。

范例 8-2　利用 LSTM 实施文本情绪分类（lstm.py）

```
01  class MyRNN(keras.Model):
02    def __init__(self, units):
03      super(MyRNN, self).__init__()
04      self.embedding = layers.Embedding(total_words, embedding_len,
05                              input_length = max_review_len)
06      self.rnn = keras.Sequential([
07        layers.LSTM(units, dropout=0.5, return_sequences=True, unroll=True),
08        layers.LSTM(units, dropout=0.5, unroll=True)
09      ])
10      self.outlayer = layers.Dense(1)
11
12    def call(self, inputs, training : bool = True):
13      x = inputs
14      x = self.embedding(x)
15      x = self.rnn(x)
16      x = self.outlayer(x)
17      prob = tf.sigmoid(x)
18      return prob
```

运行结果

……（省略部分输出）

```
Epoch 10/10
194/195 [=============================>.] - ETA: 0s - loss: 0.1897 - accuracy:
0.9269Epoch 1/10
195/195 [==============================] - 6s 31ms/step - loss: 0.4479 -
accuracy: 0.8372
195/195 [==============================] - 21s 107ms/step - loss: 0.1895 -
accuracy: 0.9269 - val_loss: 0.4479 - val_accuracy: 0.8372
195/195 [==============================] - 6s 29ms/step - loss: 0.4479 -
accuracy: 0.8372
```

代码分析

从输出结果看，分类准确率从简易 RNN 的 81%，提升到了 LSTM 的 83.7%。而我们所做的仅仅是将第 07 ~ 08 行，由范例 8-1 的 layers.SimpleRNN 换成范例 8-2 的 layers.LSTM，即将两个 RNN 神经元换成了 LSTM 神经元。

由于 Keras 模块提供的高度封装性，让我们无须关注 LSTM 的实现细节。如此小小的变动，换来大于 2%性能的提升，还是非常可取的。

8.12.6 基于 GRU 的优化

通过前面的学习可知，GRU 是 LSTM 的又一个升级版本。我们可能会有这样的想法，若将 LSTM 神经元换成 GRU 神经元，则虽然分类准确率稍有降低，但运行时间缩短了，有时候也是值得考虑的。

类似的原因，由于范例 8-3 仅在定义模型的那个类 MyRNN 有所不同（就两行代码有差异），其他代码完全雷同于范例 8-2，所以下面仅给出这个类的代码。

范例 8-3 利用 GRU 进行优化（gru.py）

```
01  class MyRNN(keras.Model):
02    def __init__(self, units):
03      super(MyRNN, self).__init__()
04      self.embedding = layers.Embedding(total_words, embedding_len,
05                              input_length=max_review_len)
06      self.rnn = keras.Sequential([
07        layers.GRU(units, dropout=0.5, return_sequences=True, unroll=True),
08        layers.GRU(units, dropout=0.5, unroll=True)
09      ])
10      self.outlayer = layers.Dense(1)
11
12    def call(self, inputs, training : bool = True):
13      x = inputs
14      x = self.embedding(x)
15      x = self.rnn(x)
16      x = self.outlayer(x)
17      prob = tf.sigmoid(x)
18      return prob
```

运行结果

……（省略部分输出）

194/195 [===========================>.] - ETA: 0s - loss: 0.1922 - accuracy: 0.9265Epoch 1/10

195/195 [============================] - 5s 25ms/step - loss: 0.4525 - accuracy: 0.8356

195/195 [============================] - 20s 100ms/step - loss: 0.1917 - accuracy: 0.9265 - val_loss: 0.4525 - val_accuracy: 0.8356

195/195 [============================] - 5s 24ms/step - loss: 0.4525 - accuracy: 0.8356

代码分析

在代码层面，仅是第 07～08 行代码与范例 8-2 有所不同。二者的差别就在于，把两个 LSTM 神经元换成了两个 GRU 神经元。从上述几个例子可以可以感知到，利用高度封装的 Keras 更换模型，就如同更换汽车上的零部件一般，简单易行。

从运行结果可以看到，本范例的分类准确率与范例 8-2 的分类准确率基本一致。那 GRU 号称的节省计算资源呢？是不是节省了计算时间呢？我们可以利用两个简单的 time()时间戳差值即可完成二者的比较。我们在训练代码添加 4 行代码即可。

```
01  def main():
02      units = 64 # RNN 状态向量长度 f
03      epochs = 10 # 训练 epochs
04      training = True
05
06      import time
07      t0 = time.time()
08
09      model = MyRNN(units)
10      if training:
11          model.compile(optimizer = optimizers.RMSprop (0.001),
12                      loss = losses.BinaryCrossentropy(),
13                      metrics = ['accuracy'],
14                      experimental_run_tf_function = False)
15      else:
16          model.compile(optimizer = optimizers.RMSprop (0.001),
17              loss = losses.BinaryCrossentropy(),
18              metrics = ['accuracy'])
19      model.fit(db_train, epochs = epochs, validation_data = db_test)
20      model.evaluate(db_test)
21
22      t1 = time.time()
23      print("运行的时间为：{0}秒".format(t1 - t0))
24
25  if __name__ == '__main__':
26      main()
```

上述代码仅在第 06～07 行导入 time 模块，并添加运行前的时间戳，第 22 行添加运行后的时间戳，第 23 行输出运行时间，这个修改适用于上述的三个范例。

我们在如下环境（MacBook Pro、2.9 GHz 六核 Intel Core i9、32 GB 2400 MHz DDR4）下做了简单测试：GRU 耗时 168.53s，LSTM 耗时

190.68s。实验发现，GRU 在性能（分类准确率）近似的情况下，相比
LSTM 耗时较少，符合实验预期。

此外，如果我们熟稔于算法和编程，那么可以尝试使用 NumPy 手工
打造各个网络层的实现，有时获得性能的提升也是客观的。因为使用深度
学习框架的好处在于简便，劣势在于，计算框架照顾的是大多数场景，其
各种参数的配置未必是最优的，而在计算框架裹挟之下，我们对框架的内
部实现通常是无法"染指"的。正所谓"凡事有利就有弊"。

最后，从测试的时长可以看到，仅利用 CPU 来训练深度学习模型，
由于是串行训练，在模型并不复杂的情况下，因此训练速度还是比较慢
的。有条件的读者，可以尝试使用 GPU 来训练深度学习模型。由于 GPU
通常有成千上万个 CUDA core，在高并发线程的加持下，预期的训练速度
会快很多。

 训练深度学习的模
型，非常耗时。为了加速
训练流程，人们先后使用
了多核 CPU（中央处理
器）、众核 GPU（图形处
理器）、TPU（张量处理
器）和 NPU（Neural
network Processing Unit，
神经网络处理器）。

NPU 在电路层模拟人
类神经元和突触，并利
用专用指令集直接处理
大规模的神经元权值更
新，大幅提高了计算效
率和并降低了能耗。

8.13　本章小结

在本章，我们学习了循环神经网络（RNN），其最大的特点是，网络
的输出结果不仅与当前的输入相关，还与过往的输出相关。由于利用了历
史信息，当任务涉及时序或与上下文相关时（如语音识别、自然语言处理
等），RNN 要比其他人工神经网络（如 CNN）的性能好很多。

但读者需要注意如下两点：

（1）RNN 中的"深度"，不同于传统的深度神经网络，它主要是指时
间和空间（如网络中的隐含层个数）特性上的深度。

（2）通过对第 7 章的学习，我们知道传统 CNN（卷积神经网络）的主
要特点是"局部连接""权值共享"和"局部平移不变性"，其中"权值共
享"意味着"计算共享"，它节省了大量计算开销。而 RNN 则不同，它
是随着"时间"深度的加深，通过对参数实施"平流移植"来实现"计
算共享"的。

由于传统的 RNN 存在梯度弥散或梯度爆炸，导致第一代 RNN 很难将
神经网络层数提上去，因此其表征能力非常有限，应用性能上也有所欠
缺。于是，胡伯提出了 LSTM，通过改造神经元，添加了遗忘门、输入门
和输出门等结构，让梯度能够长时间地在路径上流动，从而有效提升了深
度 RNN 的性能。

LSTM 对历史信息具有良好的记忆能力，这个特征非常适用于自然语
言处理，因此，接下来，我们先简单介绍了自然语言处理的词向量表示

（包括独热编码表示、分布式表示和词嵌入表示），然后我们介绍了 3 类常见的统计语言模型（包括基于 NGram 的语言模型、基于前馈神经网络的语言模型和基于 RNN 的语言模型）。

最后，我们详细解读了基于 RNN 的文本情感分类这样的自然语言处理项目。通过项目实战，一方面让我们熟悉了 TensorFlow 框架的使用，另一方面让我们更加透彻地理解了 RNN、LSTM 和 GRU 的内涵。

8.14 思考与练习

通过本章学习，请思考与解答如下问题。

1. 梯度弥散问题在一定程度上阻碍了 RNN 的进一步发展，你能想到什么策略可以在一定程度上抑制这个问题吗？（提示：初始化策略。）

2. LSTM 是如何避免梯度弥散的？它都使用了哪些手段？

3. 根据"无免费午餐原理（NFLT）"，在任何一个方面的性能提升，都是以牺牲另一方面的性能为代价的，请问 LSTM 付出的代价（或者说缺点）是什么？

4. 根据 RNN 的工作，改写范例 8-1，请手动实现 RNN 隐含层神经元内部的具体实现。

5. 以莎士比亚小说（shakespeare.txt）为数据集，利用 RNN 设计实现一个简易的文本自动生成器（文本生成指的是，可根据输入的部分句子，预测下一个最有可能出现的字符，不断循环往复，就可以生成任意长度的文本）。

参 考 资 料

[1] JORDAN M I. Serial order: A parallel distributed processing approach[R]. ICS-Report 8604 Institute for Cognitive Science University of California, Elsevier, 1986: 121:64.

[2] ELMAN J L. Finding structure in time[J]. Cognitive science, Wiley Online Library, 1990, 14(2): 179–211.

[3] SIEGELMANN H T, SONTAG E D. On the computational power of neural nets[C]// Proceedings of the fifth annual workshop on Computational learning theory. 1992: 440–449.

[4] HOCHREITER S, SCHMIDHUBER J. Long short-term memory[J]. Neural computation, MIT Press, 1997, 9(8): 1735–1780.

[5] BENGIO Y, DUCHARME R, VINCENT P, 等. A neural probabilistic language model[J]. Journal of machine learning research, 2003, 3(Feb): 1137－1155.

[6] 黄安埠. 深入浅出深度学习[M]. 北京: 电子工业出版社, 2017.

[7] MOZAFFARI S, SOLTANIZADEH H. ICDAR 2009 handwritten Farsi/Arabic character recognition competition[C]//2009 10th international conference on document analysis and recognition. IEEE, 2009: 1413-1417.

[8] CHUNG J, GULCEHRE C, CHO K, 等. Empirical evaluation of gated recurrent neural networks on sequence modeling[J]. arXiv preprint arXiv:1412.3555, 2014.

[9] 周志华. 机器学习[M]. 北京: 清华大学出版社, 2016.

[10] Roweis S T, Saul L K. Nonlinear dimensionality reduction by locally linear embedding[J]. science, 2000, 290(5500): 2323-2326.

[11] MIKOLOV T, SUTSKEVER I, CHEN K, 等. Distributed representations of words and phrases and their compositionality[C]//Advances in neural information processing systems. 2013: 3111－3119.

[12] LE Q, MIKOLOV T. Distributed representations of sentences and documents[C]// International conference on machine learning. 2014: 1188–1196.

[13] 张玉宏. 深度学习之美: AI 时代的数据处理与最佳实践[M]. 北京：电子工业出版社, 2018.

[14] MAAS A L, DALY R E, PHAM P T, 等. Learning word vectors for sentiment analysis[C]//Proceedings of the 49th annual meeting of the association for computational linguistics: Human language technologies-volume 1. Association for Computational Linguistics, 2011: 142–150.

[15] 龙良曲. TensorFlow 深度学习——深入理解人工智能算法设计[M]. 北京：清华大学出版社，2020.